Édouard DE BÉLIZAL
Véronique FOURAULT-CAUËT
Marie-Anne GERMAINE
Élise TEMPLE-BOYER

GÉOGRAPHIE DE L'ENVIRONNEMENT

- cours
- études de cas
- entraînements
- méthodes commentées

ARMAND COLIN

NOUS NOUS ENGAGEONS EN FAVEUR DE L'ENVIRONNEMENT :

Nos livres sont imprimés sur des papiers certifiés pour réduire notre impact sur l'environnement.

Le format de nos ouvrages est pensé afin d'optimiser l'utilisation du papier.

Depuis plus de 30 ans, nous imprimons 70 % de nos livres en France et 25 % en Europe et nous mettons tout en œuvre pour augmenter cet engagement auprès des imprimeurs français.

Nous limitons l'utilisation du plastique sur nos ouvrages (film sur les couvertures et les livres).

11 rue Paul Bert, 92240 Malakoff
www.dunod.com
ISBN 978-2-200-64009-5

Table des matières

MÉTHODES

Penser en géographe

La collection Portail s'adresse à tous ceux et celles qui souhaitent se familiariser avec la géographie. Elle ne propose pas une vision exhaustive de la discipline mais des clés pour l'acquisition d'un questionnement, d'un vocabulaire, de connaissances et de méthodes spécifiques.

Penser en géographe

Le premier objectif de la collection est de permettre au lecteur de se saisir de la démarche géographique.

3 paradigmes disciplinaires

De façon très schématique, et donc forcément très caricaturale, on peut distinguer **trois moments de la discipline** :

- Un premier temps où la géographie se définit comme une étude des relations homme/milieu. Cette géographie dite « classique » ou vidalienne se marque notamment par la séparation entre géographies physique et humaine. Elle privilégie une démarche descriptive et « idiographique », c'est-à-dire fondée sur l'étude du particulier, sans pour autant renoncer au général.
- Un deuxième temps où une partie de la géographie se renouvelle autour du « tournant spatial ». La géographie abandonne ses fondements naturalistes pour devenir une science sociale à part entière. Son objet devient l'espace géographique, c'est-à-dire l'espace en tant qu'il

est *organisé* par les sociétés. La démarche est hypothético-déductive et nomothétique (recherche de lois générales).

- Un dernier temps est celui du territoire, c'est-à-dire l'espace en tant qu'il est *approprié* par les sociétés, les groupes, les individus. Cette appropriation pouvant être politique et/ou subjective. Avec le territoire, la géographie devient *politique* et *humaniste* (elle prend en compte le vécu, le perçu, les pratiques, l'identité, les individus).

Loin d'être étanches, ces trois « paradigmes » disciplinaires se chevauchent, se complètent et empruntent l'un à l'autre. Ils partagent en réalité un questionnement commun. La géographie étudie *in fine* la spatialité, la dimension spatiale des sociétés et des faits sociaux.

Le questionnement de base en géographie

De façon là encore très schématique, on peut résumer en quatre grandes questions le questionnement géographique.

1. **Quoi ?** Identifier l'objet en observant des cas concrets.
2. **Où ?** Localiser l'objet en le repérant dans le temps et l'espace.
3. **Pourquoi ici et pas ailleurs ?** Saisir la singularité de l'objet à partir de la différenciation spatiale, comparer.
4. **Pourquoi et comment ?** Expliquer.

Les réflexes du géographe

Ce questionnement de base s'accompagne d'un certain nombre de réflexes.

1. **Combiner les échelles d'observation et d'analyse :** c'est l'approche multi-scalaire, qui implique de mobiliser plusieurs échelles spatiales (locale, régionale, nationale, continentale, mondiale) et temporelles (temps long, temps court, etc.).
2. **Observer l'interaction entre les échelles :** c'est l'approche transscalaire, rendue indispensable par la globalisation de certains processus (par exemple, comprendre comment le local est dans le global et réciproquement).
3. **Opérer un va-et-vient constant entre le général et le particulier.** Tout raisonnement géographique doit s'appuyer sur des exemples concrets

spatialisés. Inversement, chaque cas particulier, aussi singulier soit-il, doit être mis en regard d'autres cas et être analysé à partir de concepts et de notions qui permettent une montée en généralité.

4. **Apporter une attention particulière aux « acteurs »**, c'est-à-dire aux personnes, aux groupes, aux institutions qui agissent sur, et grâce, à l'espace géographique.

Le changement d'échelle et le lien général particulier permettent de nuancer les explications.

Comment utiliser chaque volume ?

Chaque volume de la collection peut se lire indépendamment *et* en regard des autres. De même, au sein de chaque volume, les parties et chapitres peuvent être utilisés séparément, tout en se répondant.

- L'**INTRODUCTION** pose les notions fondamentales et les questionnements de base. Le vocabulaire et les problématiques peuvent être mis en regard des programmes du secondaire.
- Les chapitres de **COURS** apportent les connaissances de base sur les thématiques propres au domaine. Le cours insiste sur les définitions des termes, les problématiques et les exemples localisés. Il se conclut par une page d'**entraînement** pour vérifier la bonne acquisition des connaissances et par une **étude de cas** qui mobilise l'analyse de documents géographiques. La bibliographie permet à chacun d'aller plus loin.
- La partie **MÉTHODES** reprend les éléments du cours à travers des exercices-types. Elle permet d'appliquer le cours à des cas concrets. Elle fournit également des méthodologies pour chaque exercice. Les méthodes sont identiques pour tous les volumes, leurs applications commentées étant ensuite adaptées aux objets et exigences de chaque branche disciplinaire.
- Les corrigés des exercices d'entraînement et des ressources complémentaires sont disponibles en ligne sur le site : **http://armand-colin.com/ean/9782200640095**

Magali REGHEZZA-ZITT
Directrice de collection

Portail Géographie :

INTRODUCTION

Présentation des grandes problématiques du sujet

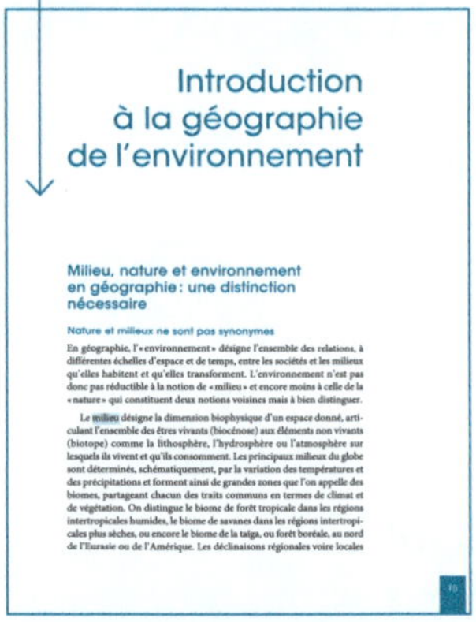

Objectifs de connaissances à acquérir pour chaque chapitre

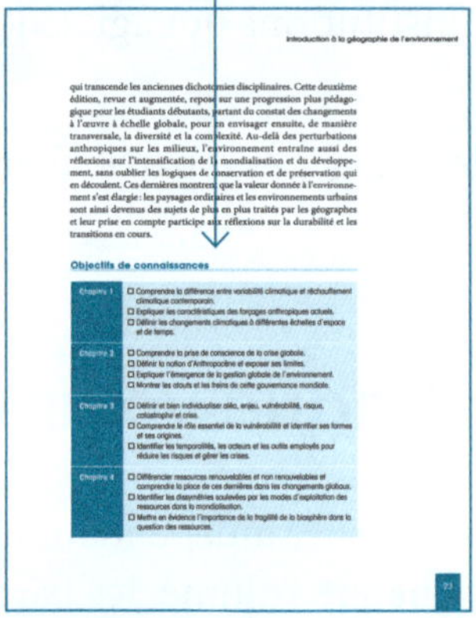

Définitions de toutes les notions à maîtriser

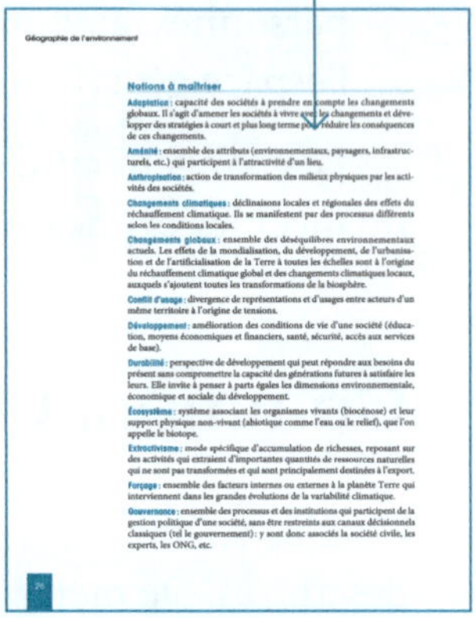

COURS

Document commenté en ouverture de chapitre

Introduction du chapitre et annonce du plan du cours

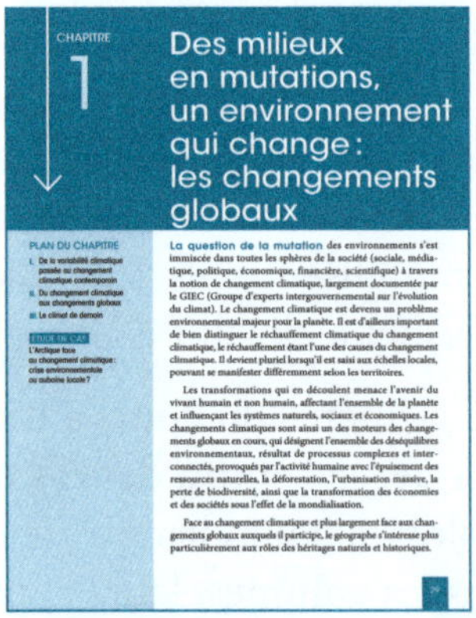

Cours structuré avec des conseils, des renvois et des définitions en marge

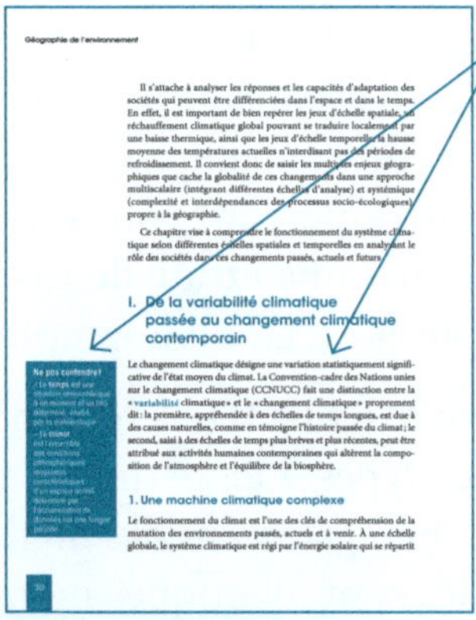

Éléments essentiels du cours à retenir

Notions à mobiliser

Lectures complémentaires pour aller plus loin

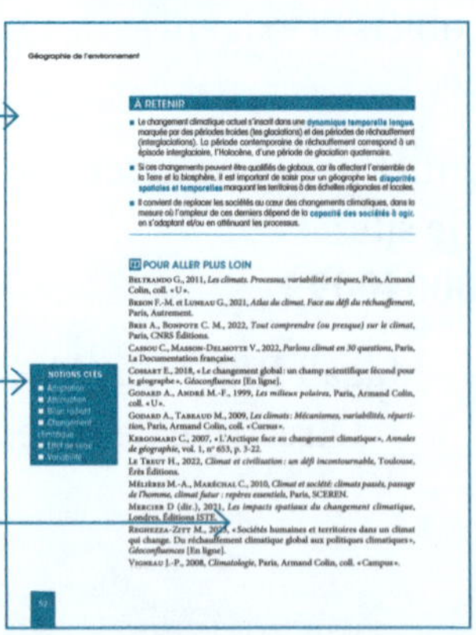

Exercice de validation des connaissances

Questions sur document

Renvoi à la méthode commentée

mode d'emploi

Étude de cas constituée de plusieurs documents

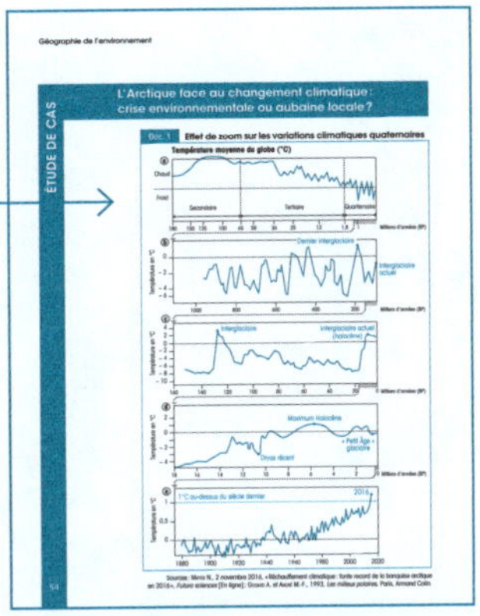

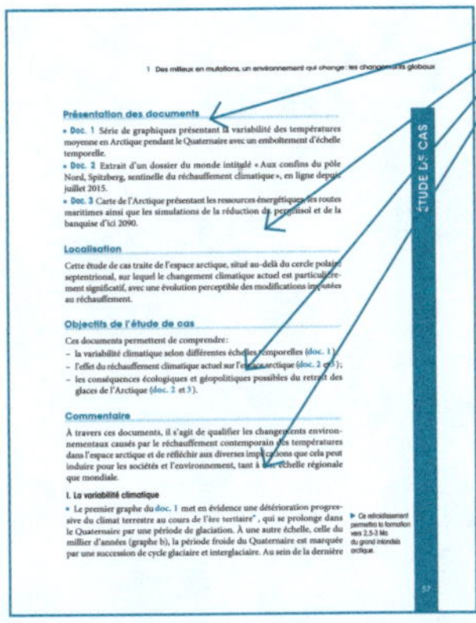

Présentation, localisation et commentaire de l'ensemble documentaire

MÉTHODES

Présentation de chaque grand exercice

Conseils et erreurs à éviter

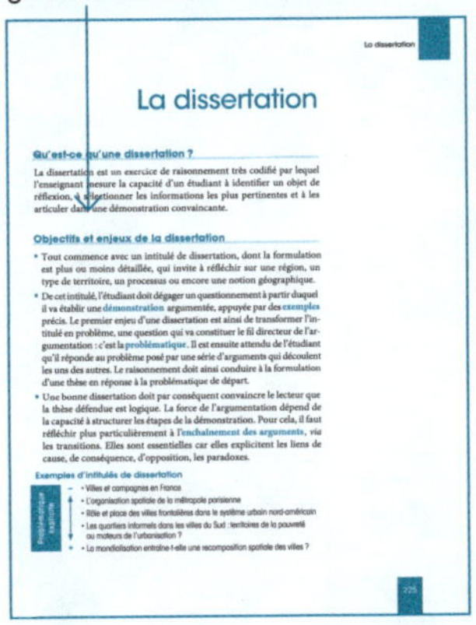

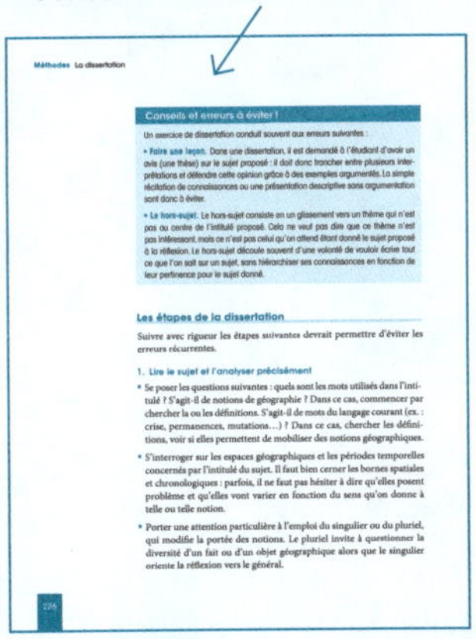

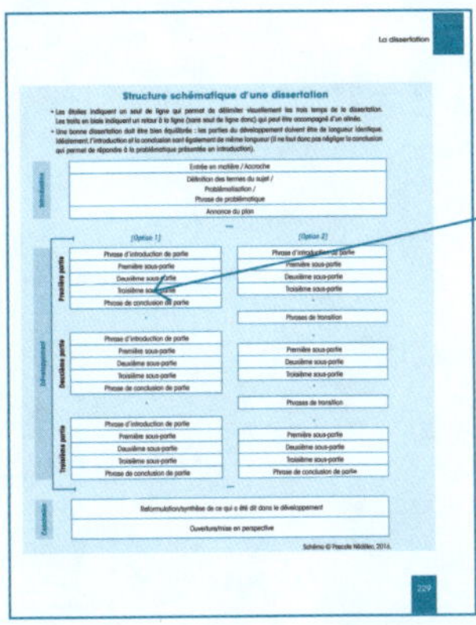

Méthodologie pas à pas

Application de la méthode

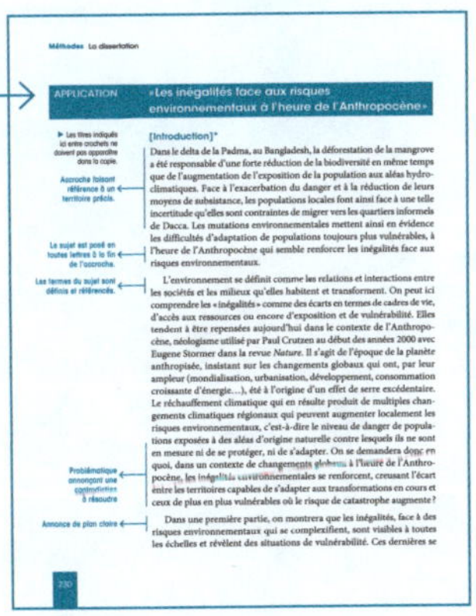

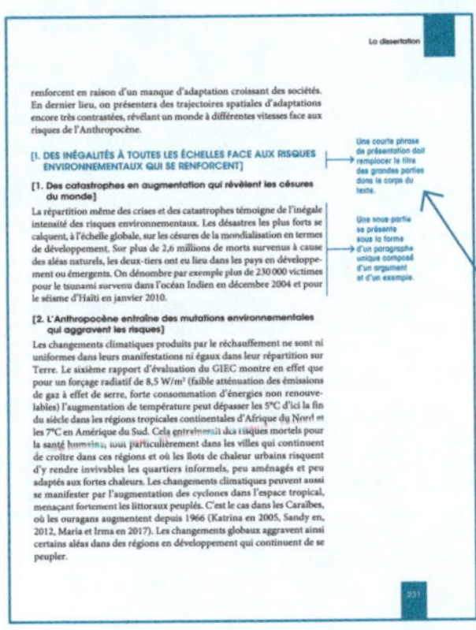

Conseils et commentaires en marge

INTRODUCTION

Introduction à la géographie de l'environnement

Milieu, nature et environnement en géographie : une distinction nécessaire

Nature et milieux ne sont pas synonymes

En géographie, l'« environnement » désigne l'ensemble des relations, à différentes échelles d'espace et de temps, entre les sociétés et les milieux que ces dernières habitent et transforment. L'environnement n'est donc pas réductible au « milieu » ni synonyme de « nature » qui constituent deux notions voisines mais à bien distinguer.

Le milieu désigne la dimension biophysique d'un espace donné, articulant l'ensemble des êtres vivants (biocénose) aux éléments non vivants (biotope) comme la lithosphère, l'hydrosphère ou l'atmosphère. Les principaux milieux du globe sont déterminés, schématiquement, par la variation des températures et des précipitations et forment ainsi de grandes zones que l'on appelle des biomes, partageant chacun des traits communs en termes de climat et de végétation. On distingue le biome de forêt tropicale dans les régions intertropicales humides, le biome de savanes dans les régions intertropicales plus sèches, ou encore le biome de la taïga, ou forêt boréale, au nord de l'Eurasie ou de l'Amérique. Les déclinaisons régionales voire locales de ces biomes, par exemple en fonction des substrats rocheux ou des conditions d'humidité, sont appelées des écosystèmes : ainsi, la savane à épineux ou la savane arborée sont des variantes écosystémiques du biome savane, tandis que la garrigue ou le maquis constituent les versions plus clairsemées ou plus denses du biome méditerranéen. Le milieu, que l'on soit à la petite échelle des biomes ou à la grande échelle des écosystèmes, se conçoit donc comme l'ensemble spatialisé des interactions entre les êtres vivants et leurs supports abiotiques.

Très souvent, les milieux sont qualifiés de « naturels », ce qui soulève plusieurs problèmes. La notion de nature s'oppose d'abord à l'artificialisation induite par les activités des sociétés et propose une grille de lecture binaire du monde entre l'espace des sociétés et l'espace de la nature. À l'heure où la mondialisation a déployé ses réseaux sur l'ensemble de la planète, une telle approche dichotomique apparaît de moins en moins probante tant les milieux « naturels » s'amenuisent. L'ampleur des changements globaux et du réchauffement planétaire qu'ils ont produit dépasse d'ailleurs largement l'espace de vie des sociétés développées et se communique jusqu'aux espaces les plus reculés des forêts primaires ou des déserts polaires. Les méga-feux liés à l'assèchement de certaines forêts canadiennes longtemps isolées ou encore la fonte des glaces arctiques et antarctiques illustrent combien l'action anthropique des sociétés ne se limite plus aujourd'hui aux villes et aux champs cultivés mais déborde désormais vers les marges de l'écoumène (le monde habité). Il ne faut pas non plus oublier que certains milieux parfois identifiés comme « naturels » ont en réalité été façonnés durant de longs siècles par les pratiques des sociétés. Le paysage minéral aux bouquets d'arbres bas et discontinus de la garrigue provençale ne constitue pas le climax de cette région méditerranéenne, c'est-à-dire la végétation théoriquement attendue si l'on en reste aux caractéristiques climatiques et géologiques de l'espace considéré. Elle est au contraire issue de plusieurs millénaires d'érosion, de pâturage et de feux ayant peu à peu aminci les horizons superficiels des sols et favorisé des plantes résistantes à des conditions de chaleur et de sécheresse importantes. Enfin, les espaces urbains, par définition profondément artificialisés, sont eux-mêmes considérés comme des milieux à part entière qui n'ont donc rien de naturel dans leur fonctionnement. Dans le contexte actuel d'anthropisation et d'artificialisation croissante des milieux, c'est-à-dire à l'heure où les traces des sociétés s'observent globalement, la nature constitue plus une représentation qu'une réalité.

L'environnement dénaturalise les milieux et y replace les sociétés

L'approche dichotomique distinguant l'étude de la « nature » de celle des sociétés trouve l'une de ses origines dans la méthode descriptive des débuts de la géographie académique française. Les premiers géographes ont effectivement accordé une place toute particulière aux milieux, longtemps appelés « naturels » puisque la démarche des monographies régionales, qui constituaient alors l'essentiel du corpus de la géographie académique, commençait par une rigoureuse description des conditions topographiques locales avant de s'intéresser au peuplement et aux activités. La géographie instaurée par Paul Vidal de la Blache (1845-1918) était alors une discipline à visée encyclopédique et naturaliste faisant la part belle à l'analyse structurale des milieux, étudiés par la géographie physique, qui se distinguait de la géographie humaine.

Toutefois, l'ambition naturaliste de la géographie est remise en question au tournant des années 1960 et 1970, alors que les sciences de la Terre se dotent d'outils mathématiques que la géographie, trop littéraire, ne maîtrise pas. La géographie physique, autrefois prépondérante, perd alors de son importance dans les programmes universitaires et scolaires, en même temps que son approche méthodologique, souvent perçue comme déterministe au sens où elle subordonnait l'étude des sociétés à leur milieu « naturel », est contestée. Le recentrage de la discipline sur les sociétés a obligé ainsi à repenser la place des milieux au sein d'une géographie qui s'est affirmée comme science sociale. On passe donc d'une « nature » perçue comme préexistante aux êtres humains et sur laquelle se sont développées les sociétés, à un environnement qui est, en fait, produit par l'interaction entre milieu et sociétés.

La géographie de l'environnement dépasse donc la seule idée de nature et s'est constituée comme une science sociale hybride, au croisement des données biophysiques dites « naturelles » et des sociétés, au-delà du clivage entre géographie physique et géographie humaine. Le milieu est désormais envisagé en tant qu'espace modifié mais aussi représenté par les sociétés : il est presque globalement anthropisé. Depuis les années 1980, les recherches sur les paysages ou les risques ont valorisé l'hybridation entre approches humaine et naturaliste en géographie pour comprendre les rapports entre l'homme et les milieux et dépasser le lointain clivage qui opposait la géographie physique à la géographie humaine.

L'environnement peut ainsi être considéré comme une approche croisée qui amène la géographe Yvette Veyret à évoquer une « notion hybride » (2007). Laurent Lespez et Simon Dufour (2020), de leur côté, le définissent comme « une approche anthropocentrée de la nature » tout en insistant sur son aspect polysémique et parfois ambigu tant les acceptions sont larges. Quoi qu'il en soit, l'environnement ne peut donc se penser en dehors des sociétés. La notion d'Anthropocène, qui a émergé dans les débats scientifiques et les discours médiatiques depuis les années 2000, pose l'idée que le développement des sociétés a des conséquences sur le fonctionnement physique de la Terre à l'échelle globale.

L'environnement : un objet géographique

La géographie de l'environnement se trouve à l'interface entre plusieurs branches de la discipline.

De la variabilité aux changements climatiques actuels : une question d'échelles

La variabilité des milieux s'observe dans l'espace comme dans le temps. À l'échelle des temps géologiques sur des millions d'années, comme sur une temporalité de l'ordre du millénaire, alternent phases de réchauffement et phases de refroidissement. Ces dernières sont liées à de multiples forçages, géologiques, astronomiques ou solaires, qui modifient plus ou moins profondément le climat.

Depuis la fin du xxe siècle, un nouveau forçage a été identifié en même temps que le réchauffement global des températures commençait à être démontré : il s'agit du forçage anthropique, né des dégagements excessifs de gaz à effet de serre des sociétés industrialisées. La mondialisation, l'urbanisation, l'augmentation de la population et la consommation croissante d'énergie constituent des transformations profondes qui ont ainsi produit ce réchauffement des températures moyennes mondiales qui ne cesse de s'intensifier depuis le début du xxe siècle et qui est largement associé au dérèglement du bilan radiatif de la Terre. En l'espace de quelques décennies, l'humanité a acquis une force d'action sur les milieux qui a mis en évidence les limites de la planète. Le groupe de recherche du Stockholm Resilience Centre a d'ailleurs défini neuf limites fondamentales concernant le fonctionnement du climat, les équilibres de la biosphère ou encore le cycle de l'eau. En septembre 2023, six de ces neuf limites avaient déjà été franchies, traduisant une véritable crise environnementale. L'espace des sociétés mondialisées s'élargit toujours davantage et consomme plus de ressources que la planète n'est capable de fournir. Le concept d'Anthropocène, utilisé depuis une vingtaine d'années, met en avant ce forçage anthropique et les conséquences très rapides qu'il produit sur la biodiversité et le système climatique.

Ainsi, si les climats n'ont cessé de se modifier, les mutations actuelles prennent des formes différentes à des échelles plus fines : le réchauffement planétaire peut, localement, se traduire par des risques de sécheresses prononcées ou au contraire par des excédents de précipitations. À la variabilité climatique s'ajoutent désormais les changements climatiques issus du réchauffement global causé par les sociétés et qui sont la manifestation la plus évidente d'une crise environnementale. Celle-ci fait l'objet d'une gouvernance mondiale croissante et prend une place de plus en plus importante dans le fonctionnement des sociétés.

Une dimension sociale essentielle

La gestion politique de l'environnement s'observe d'abord à l'échelle mondiale, à travers les décisions prises au niveau international par les institutions de l'ONU lors de grandes conférences comme la COP21 à Paris (2015) ou les Sommets de la Terre. De tels événements, sous l'apparent consensus qu'ils font émerger, expriment les grands rapports de force de la géopolitique mondiale. La réduction de l'émission du CO_2 est par exemple souvent critiquée par les « pays du Sud » qui la ressentent comme une limite imposée par les pays du Nord à leur développement.

À des échelles locales, la gestion et l'aménagement des milieux nécessitent des prises de décision et des arbitrages entre les acteurs d'un territoire. État, collectivités locales, associations, médias, entreprises privées, populations peuvent avoir des visions différentes de la manière dont l'environnement peut être valorisé. Des concertations sont organisées lors de certains grands travaux d'aménagement, comme dans le projet de parc éolien en Baie de Saint-Brieuc (Côtes-d'Armor) à la fin de l'été 2016. Dans certains cas, les divergences d'opinion donnent lieu à des affrontements plus ou moins violents et médiatisés que l'on appelle des conflits d'usage. Ces derniers peuvent se manifester par une opposition plus violente, débouchant parfois sur des affrontements entre opposants et forces de l'ordre (opposition aux méga-bassines dans les Deux-Sèvres en 2023) voire aboutissant à la création de formes d'occupation illégales plus durables (zone à défendre de Notre-Dame-des-Landes contre le projet d'aéroport au nord de Nantes entre 2009 et 2018 ou celle installée non loin de Toulouse, en protestation de la construction de l'autoroute A69 en 2024).

Des représentations à l'action : la portée politique et géopolitique de l'environnement

Si l'environnement est source de conflits, c'est bien qu'il est au cœur de représentations individuelles et collectives qui lui donnent une valeur. L'approche culturelle permet d'appréhender ces représentations, à partir d'images (artistiques ou non) et de discours. Les géographes se sont ainsi emparés de la notion de paysage, qui définit la relation entre l'environnement tel qu'il est vu et perçu, et la signification, la valeur, que peuvent lui donner les individus et les sociétés. Les discours sur l'environnement sont eux aussi à appréhender, principalement parce qu'ils se sont imposés dans la sphère publique depuis quelques décennies autour du thème de la protection. Il ne s'agit plus d'un sujet réservé aux scientifiques et aux partis politiques. Les populations se sont très largement saisi des problèmes environnementaux actuels, et contribuent à les relayer très largement sur les réseaux sociaux. L'environnement est même entré dans la sphère privée : les individus sont appelés à agir à leur échelle quotidiennement. Les entreprises reprennent ce discours général de protection et cherchent à montrer qu'elles y contribuent, donnant lieu parfois à l'affichage de postures qui peuvent apparaître plus publicitaires qu'efficaces (*greenwashing*).

La géographie de l'environnement fonctionne comme un système

L'environnement est défini comme un objet complexe au cœur de relations et d'interactions multiples. On parle en géographie, de système : l'ensemble des éléments forme un tout. De fait, à l'analyse descriptive se substitue une démarche qui envisage ensemble les éléments constitutifs des territoires étudiés. On appelle cela l'approche systémique qui permet de comprendre les interactions entre les éléments hétérogènes qui le constituent.

Environnement, déterminisme et adaptation

La conception systémique de l'environnement permet d'éviter l'écueil du déterminisme qui fut, un temps, reproché à la méthode analytique des monographies de la géographie vidalienne. Mettre en systèmes, c'est placer les sociétés en interaction avec les milieu : cela empêche de supposer un lien hiérarchique entre eux, qui voudrait que les milieux influencent nécessairement le développement. Malgré tout, la capacité d'adaptation n'est pas uniforme. Certaines sociétés occupent des espaces géologiquement instables ou exposés à des phénomènes hydrologiques ou climatiques intenses, sans forcément avoir les moyens de s'en protéger. L'étude des systèmes environnementaux ouvre ainsi à l'étude des risques, dont la réponse demeure fortement liée au contexte social, économique et politique.

Durabilité et transitions

L'une des approches environnementales classiques est celle de l'utilitarisme qui considère les milieux comme un réservoir de matières premières minérales ou biologiques dans lequel les sociétés puisent pour assurer leurs modes de vie. Le rapport publié en 1972 par Donella et Dennis Meadows, intitulé *Les Limites à la croissance*, insiste sur la consommation excessive de ressources que représentent l'industrialisation occidentale et l'économie d'abondance des Trente Glorieuses. Ces dernières apparaissent incompatibles avec les rythmes géologiques et biologiques de la planète dont les équilibres climatiques autant que la biodiversité sont dès lors menacés. Ainsi, les approches conservationniste et préservationniste, apparues durant les dernières décennies du XIXe siècle, se sont renforcées depuis les années 1970, aussi bien grâce à des acteurs institutionnels comme les États que par la vigilance d'organisations non gouvernementales et ont élargi les principes, les outils et les dispositifs de gestion environnementale. Protéger les équilibres environnementaux fait maintenant partie des priorités de l'agenda international, même si la mise en œuvre des politiques décidées globalement demeure bien difficile à appliquer localement. Cela n'empêche pas la dissémination de certains concepts, comme celui de développement durable, qui évoque la nécessité de « répondre aux besoins du présent sans compromettre la possibilité pour les générations à venir de satisfaire les leurs » (rapport Brundtland, 1987). Proposer un mode de gestion des ressources qui n'empêche pas leur renouvellement montre que la planète est envisagée comme un monde fini, dont la surface ne peut s'étendre alors même que la population y augmente, aux dépens d'une biosphère qui peine à y conserver sa place et sa diversité. La recherche des ressources favorise les conflits mais aussi des logiques de prédation qui exacerbent la dépendance de certains États à des rentes qui vulnérabilisent leur économie, tout en les maintenant dans une forme d'instabilité. La malédiction des matières premières soulève la permanence de divers processus de domination dont la géographie de l'environnement s'empare aussi, notamment à travers la question des injustices environnementales qui deviennent de plus en plus marquées à l'heure de l'Anthropocène.

La notion de développement durable est complétée aujourd'hui par celle des transitions socio-écologiques, qui met davantage l'accent sur un processus de transformation vers des modes d'habiter (produire, consommer) plus durables, dont la trajectoire n'est pas forcément linéaire. Derrière l'approche théorique du « développement durable » se détecte en réalité une multitude d'évolutions qui témoignent des transitions que connaissent à l'heure actuelle les différentes sociétés dans le monde : si la transition économique ou la transition démographique sont d'ores et déjà bien connues, on doit aussi y ajouter les transitions alimentaires, énergétiques ou urbaines qui sont au cœur des processus liés aux changements globaux.

*

Transversales à l'ensemble des savoirs géographiques, les questions environnementales révèlent des problématiques sociales très actuelles qui touchent à la question des ressources, des risques, du développement, de la protection, dans un contexte de changement global qui invite à considérer de concert l'échelle locale et l'échelle mondiale.

Le présent ouvrage cherche ainsi à rendre compte de cette richesse de la géographie de l'environnement en montrant aux étudiants débutants la diversité des problématiques que soulève ce champ disciplinaire qui transcende les anciennes dichotomies disciplinaires. Cette deuxième édition, revue et augmentée, repose sur une progression plus pédagogique pour les étudiants débutants, partant du constat des changements à l'œuvre à échelle globale, pour en envisager ensuite, de manière transversale, la diversité et la complexité. Au-delà des perturbations anthropiques sur les milieux, l'environnement entraîne aussi des réflexions sur l'intensification de la mondialisation et du développement, sans oublier les logiques de conservation et de préservation qui en découlent. Ces dernières montrent que la valeur donnée à l'environnement s'est élargie : les paysages ordinaires et les environnements urbains sont ainsi devenus des sujets de plus en plus traités par les géographes et leur prise en compte participe aux réflexions sur la durabilité et les transitions en cours.

Objectifs de connaissances

Chapitre 1	☐ Comprendre la différence entre variabilité climatique et réchauffement climatique contemporain. ☐ Expliquer les caractéristiques des forçages anthropiques actuels. ☐ Définir les changements climatiques à différentes échelles d'espace et de temps.
Chapitre 2	☐ Comprendre la prise de conscience de la crise globale. ☐ Définir la notion d'Anthropocène et exposer ses limites. ☐ Expliquer l'émergence de la gestion globale de l'environnement. ☐ Montrer les atouts et les freins de cette gouvernance mondiale.
Chapitre 3	☐ Définir et bien individualiser aléa, enjeu, vulnérabilité, risque, catastrophe et crise. ☐ Comprendre le rôle essentiel de la vulnérabilité et identifier ses formes et ses origines. ☐ Identifier les temporalités, les acteurs et les outils employés pour réduire les risques et gérer les crises.
Chapitre 4	☐ Différencier ressources renouvelables et non renouvelables et comprendre la place de ces dernières dans les changements globaux. ☐ Identifier les dissymétries soulevées par les modes d'exploitation des ressources dans la mondialisation. ☐ Mettre en évidence l'importance de la fragilité de la biosphère dans la question des ressources.

Chapitre 5	☐ Définir les modes de protection de l'environnement. ☐ Montrer en quoi la protection de l'environnement est variable dans le temps et dans l'espace. ☐ Expliquer en quoi la protection produit des conflits. ☐ Définir la biodiversité.
Chapitre 6	☐ Comprendre que le paysage est une notion esthétique et culturelle. ☐ Montrer la variabilité des formes d'un même paysage à partir de la notion de trajectoire. ☐ Expliquer en quoi le paysage est une ressource.
Chapitre 7	☐ Définir le développement durable et en expliquer l'importance dans les politiques environnementales mondiales. ☐ Comprendre les différences et les points communs entre développement durable et transitions. ☐ Montrer les problèmes d'échelles et de gouvernance que posent la durabilité et les transitions.

Lectures conseillées

ARNOULD P., SIMON L., 2018, *Géographie des environnements*, Paris, Belin, coll. « Major ».

AYKUT S., DAHAN A., 2015, *Gouverner le climat ? 20 ans de négociations internationales*, Paris, Presses de Sciences Po.

BELTRANDO G., 2011, *Les climats. Processus, variabilité et risques*, Paris, Armand Colin, coll. « U ».

BENHAMMOU F. *et al.*, 2024, *Géographie des animaux*, Paris, Armand Colin, coll. « U ».

BERNIER X., GAUCHON C., 2024, *Atlas des montagnes*, Paris, Autrement.

BEUCHER S., 2021, « Les transitions », *Documentation photographique*, n° 8139, Paris, CNRS Éditions.

BLANCHON D., 2022, *Atlas mondial de l'eau*, Paris, Autrement.

BOULIER J., SIMON L., 2022, *Atlas des forêts dans le monde*, Paris, Autrement.

BORTOLAMIOL S. *et al.*, 2024, *Atlas de la biodiversité*, Paris, Autrement.

BRÉON F.M., LUNEAU G., 2018, *Atlas du climat*, Paris, Autrement.

CARROUÉ L., 2020, *Atlas de la mondialisation*, Paris, Autrement.

CHARVET J.-P., 2023, *Atlas de l'agriculture*, Paris, Autrement.

CHARTIER D., RODARY E. (dir.), 2016, *Manifeste pour une géographie* environnementale, Paris, Presses de Sciences Po.

Collectif (géographes du groupe Cynorhodon), 2020, *Dictionnaire critique de l'Anthropocène*, CNRS Éditions.

Dauphiné A., Provitolo D., 2013, *Risques et catastrophes. Observer, spatialiser, comprendre, gérer*, Paris, Armand Colin, coll. « U ».

Demangeot J., 2010, *Les milieux « naturels » du globe*, Paris, Armand Colin, coll. « U ».

Depraz S., 2010, *Géographie des espaces naturels protégés*, Paris, Armand Colin, coll. « U ».

Dufour S. (dir.), 2024, *Géographie de l'anthropocène – concepts, démarches, éthiques*, Armand Colin.

Estebanez J., 2022, « Humains et animaux, une géographie de relations », *Documentation photographique* n° 8142, Paris, CNRS Éditions.

Gemenne F. (dir.), 2019, *Atlas de l'Anthropocène*, Paris, Presses de Sciences Po.

Gramond D. (dir.), 2023, *Environnements : approche géographique*, Paris, Atlande.

Gunnell Y., 2009, *Écologie et société*, Paris, Armand Colin, coll. « U ».

Laganier R., Veyret Y., 2023, *Atlas des risques et des crises, dans le monde et en France*, Paris, Autrement.

Laslaz L. *et al.*, 2012, *Atlas mondial des espaces protégés*, Paris, Autrement.

Laslaz L., Cadoret A., Milian J., 2020, *Atlas des espaces protégés. Des territoires en partage ?* Paris, Muséum national d'Histoire naturelle.

Le Cœur C. (dir.), 2015, *Éléments de géographie physique*, Paris, Bréal, coll. « Grand Amphi ».

Leone F., Meschinet de Richemond, Vinet F., 2010, *Aléas naturels et gestion des risques*, Paris, PUF, coll. « Licence ».

Lespez L., Dufour S. (dir.), 2024, *Géographie de l'environnement*, Paris, Armand Colin, coll. « U ».

Mercier D., 2024, *Atlas des glaciers*, Paris, Autrement.

Mérenne-Schoumaker B., Barré B., 2021, *Atlas des énergies mondiales*, Paris, Autrement.

Oiry A., 2023, *Atlas mondial des littoraux*, Paris, Autrement.

Reghezza-Zitt M., 2016, « Des hommes et des risques : menaces locales, menaces globales », *Documentation photographique* n° 8113, Paris, CNRS Éditions.

Reghezza-Zitt M., 2023, « L'Anthropocène », *Documentation photographique* n° 8153, Paris, CNRS Éditions.

Sassen S., 2016, *Expulsions. Brutalité et complexité dans l'économie globale*, Paris, Gallimard.

Notions à maîtriser

Adaptation : capacité des sociétés à prendre en compte les changements globaux. Il s'agit d'amener les sociétés à vivre avec les changements et développer des stratégies à court et plus long terme pour réduire les conséquences de ces changements.

Aménité : ensemble des attributs (environnementaux, paysagers, infrastructurels, etc.) qui participent à l'attractivité d'un lieu.

Anthropisation : action de transformation des milieux physiques par les activités des sociétés.

Changements climatiques : déclinaisons locales et régionales des effets du réchauffement climatique. Ils se manifestent par des processus différents selon les conditions locales.

Changements globaux : ensemble des déséquilibres environnementaux actuels. Les effets de la mondialisation, du développement, de l'urbanisation et de l'artificialisation de la Terre à toutes les échelles sont à l'origine du réchauffement climatique global et des changements climatiques locaux, auxquels s'ajoutent toutes les transformations de la biosphère.

Conflit d'usage : divergence de représentations et d'usages entre acteurs d'un même territoire à l'origine de tensions.

Développement : amélioration des conditions de vie d'une société (éducation, moyens économiques et financiers, santé, sécurité, accès aux services de base).

Durabilité : perspective de développement qui peut répondre aux besoins du présent sans compromettre la capacité des générations futures à satisfaire les leurs. Elle invite à penser à parts égales les dimensions environnementale, économique et sociale du développement.

Écosystème : système associant les organismes vivants (biocénose) et leur support physique non-vivant (abiotique comme l'eau ou le relief), que l'on appelle le biotope.

Extractivisme : mode spécifique d'accumulation de richesses, reposant sur des activités qui extraient d'importantes quantités de ressources naturelles qui ne sont pas transformées et qui sont principalement destinées à l'export.

Forçage : ensemble des facteurs internes ou externes à la planète Terre qui interviennent dans les grandes évolutions de la variabilité climatique.

Gouvernance : ensemble des processus et des institutions qui participent de la gestion politique d'une société, sans être restreints aux canaux décisionnels classiques (tel le gouvernement) : y sont donc associés la société civile, les experts, les ONG, etc.

Inégalité environnementale : cette notion exprime le fait que les individus et groupes sociaux ne sont pas égaux vis-à-vis de l'exposition aux nuisances et aux risques environnementaux et ne disposent pas du même accès aux ressources et aux aménités environnementales.

Patrimoine : héritage matériel ou immatériel dont la valeur est reconnue par une société. Il a vocation à être transmis, et nécessite ainsi d'être préservé. Le patrimoine dit « naturel » concerne essentiellement des paysages remarquables et/ou des écosystèmes fragiles souvent menacés de disparition.

Paysage : une partie de territoire telle que perçue par les populations, dont le caractère résulte de l'action de facteurs naturels ou humains et de leurs interrelations dynamiques.

Pollution : altération physique et/ou chimique subi par un milieu physique à la suite de rejets industriels et de l'accumulation des déchets. La pollution peut se diffuser loin de sa source d'émission : nuage radioactif, pluies acides, particules toxiques dans les cours d'eau…

Préservation et conservation de l'environnement : préserver l'environnement nécessite d'exclure les sociétés des milieux, vus comme des espaces naturels à protéger en empêchant leur exploitation. Conserver l'environnement, en revanche, n'interdit pas les sociétés d'accéder et d'exploiter les milieux, alors gérés de manière rationnelle pour éviter leur dégradation.

Réchauffement climatique : augmentation de la température moyenne à la surface de la Terre.

Représentation : image de la réalité qu'un individu ou un groupe produit. Elle peut être matérielle (carte) ou idéelle (pensée). Appréhender les représentations en géographie c'est chercher à comprendre la valeur qu'un individu ou une société accorde à un territoire.

Résilience : capacité d'un système à absorber les perturbations pour pouvoir se relever et reprendre son fonctionnement. En géographie des risques, la résilience cherche à comprendre comment les sociétés se remettent des crises et des catastrophes à différentes échelles d'espace et de temps.

Ressource : ensemble des matières minérales et biologiques qui présentent une utilité pour les sociétés humaines.

Risque : un territoire en situation de risque est caractérisé par des enjeux vulnérables exposés à une menace naturelle ou technologique plus ou moins probable. Un risque élevé laisse craindre une catastrophe.

Système : fonctionnement interactif des différents éléments constitutifs d'un territoire, des milieux physiques aux sociétés. La réflexion systémique permet de caractériser la complexité des rapports milieux-sociétés et d'en comprendre les éventuels déséquilibres.

▲ Brise-glace en direction du passage du Nord-Est
© SeppFriedhuber/Getty-images.

Difficile d'appréhender des environnements en mutation au travers d'une photographie. La fonte de la banquise peut être perçue comme une aubaine locale, ouvrant de nouvelles voies commerciales dans l'Arctique ou comme une catastrophe globale, accentuant l'élévation du niveau marin. Le changement climatique sera ce qu'en feront les sociétés.

CHAPITRE 1

Des milieux en mutations, un environnement qui change : les changements globaux

PLAN DU CHAPITRE

I. De la variabilité climatique passée au changement climatique contemporain
II. Du changement climatique aux changements globaux
III. Le climat de demain

ÉTUDE DE CAS

L'Arctique face au changement climatique : crise environnementale ou aubaine locale ?

La question de la mutation des environnements s'est immiscée dans toutes les sphères de la société (sociale, médiatique, politique, économique, financière, scientifique) à travers la notion de changement climatique, largement documentée par le GIEC (Groupe d'experts intergouvernemental sur l'évolution du climat). Le changement climatique est devenu un problème environnemental majeur pour la planète. Il est d'ailleurs important de bien distinguer le réchauffement climatique du changement climatique, le réchauffement étant l'une des causes du changement climatique. Il devient pluriel lorsqu'il est saisi aux échelles locales, pouvant se manifester différemment selon les territoires.

Les transformations qui en découlent menacent l'avenir du vivant humain et non humain, affectant l'ensemble de la planète et influençant les systèmes naturels, sociaux et économiques. Les changements climatiques sont ainsi un des moteurs des changements globaux en cours, qui désignent l'ensemble des déséquilibres environnementaux, résultat de processus complexes et interconnectés, provoqués par l'activité humaine avec l'épuisement des ressources naturelles, la déforestation, l'urbanisation massive, la perte de biodiversité, ainsi que la transformation des économies et des sociétés sous l'effet de la mondialisation.

Face au changement climatique et plus largement face aux changements globaux auxquels il participe, le géographe s'intéresse plus particulièrement aux rôles des héritages naturels et historiques.

Il s'attache à analyser les réponses et les capacités d'adaptation des sociétés qui peuvent être différenciées dans l'espace et dans le temps. En effet, il est important de bien repérer les jeux d'échelle spatiale, un réchauffement climatique global pouvant se traduire localement par une baisse thermique, ainsi que les jeux d'échelle temporelle, la hausse moyenne des températures actuelles n'interdisant pas des périodes de refroidissement. Il convient donc de saisir les multiples enjeux géographiques que cache la globalité de ces changements dans une approche multiscalaire (intégrant différentes échelles d'analyse) et systémique (complexité et interdépendances des processus socio-écologiques), propre à la géographie.

Ce chapitre vise à comprendre le fonctionnement du système climatique selon différentes échelles spatiales et temporelles en analysant le rôle des sociétés dans ces changements passés, actuels et futurs.

I. De la variabilité climatique passée au changement climatique contemporain

Le changement climatique désigne une variation statistiquement significative de l'état moyen du climat. La Convention-cadre des Nations unies sur le changement climatique (CCNUCC) fait une distinction entre la « **variabilité** climatique » et le « changement climatique » proprement dit : la première, appréhendée à des échelles de temps longues, est due à des causes naturelles, comme en témoigne l'histoire passée du climat ; le second, saisi à des échelles de temps plus brèves et plus récentes, peut être attribué aux activités humaines contemporaines qui altèrent la composition de l'atmosphère et l'équilibre de la biosphère.

Ne pas confondre !
– Le **temps** est une situation atmosphérique à un moment et un lieu déterminé, étudié par la météorologie.
– Le **climat** est l'ensemble des conditions atmosphériques moyennes caractéristiques d'un espace donné, déterminé par l'accumulation de données sur une longue période.

1. Une machine climatique complexe

Le fonctionnement du climat est l'une des clés de compréhension de la mutation des environnements passés, actuels et à venir. À une échelle globale, le système climatique est régi par l'énergie solaire qui se répartit inégalement dans l'espace, du fait de la sphéricité de la Terre (qui détermine la zonalité climatique : latitudes tropicale, tempérée et polaire), et dans le temps du fait de l'inclinaison de son axe de rotation (qui caractérise la saisonnalité). Il repose sur un bilan radiatif terrestre à l'équilibre, c'est-à-dire nul, correspondant à la somme des apports d'énergie solaire absorbée et des pertes radiatives émises (rayonnement infrarouge).

Différents mécanismes interviennent dans l'établissement de cet équilibre, en particulier l'**effet de serre** atmosphérique permettant de stabiliser la température moyenne annuelle de la Terre. En effet, parmi les différents gaz qui composent les couches de l'atmosphère, les gaz à effet de serre (GES) influent fortement sur les échanges d'énergie. Il s'agit notamment de la vapeur d'eau (H_2O), du gaz carbonique (CO_2), du méthane (CH_4) et de l'oxyde nitreux ou protoxyde d'azote (N_2O).

Ne pas confondre !
Un **forçage radiatif positif** tend à réchauffer le système (plus d'énergie reçue qu'émise), alors qu'un **forçage radiatif négatif** va dans le sens d'un refroidissement (plus d'énergie perdue que reçue).

La « machine climatique » forme ainsi un système extrêmement complexe dont les éléments (atmosphère, hydrosphère, surface terrestre, biosphère ainsi que les sociétés humaines) sont en perpétuelle interaction. Elle évolue dans le temps sous l'effet de dynamiques internes, mais aussi à cause de contraintes extérieures telles que les dynamiques astronomiques (activité solaire, paramètres orbitaux de la Terre, collisions avec des astéroïdes ou des comètes…).

Depuis l'**Holocène** et la généralisation et l'intensification de l'anthropisation (agriculture, industrialisation, consommation…), la composition de l'atmosphère se modifie par enrichissement en CO_2. On parle de « forçage » pour désigner les perturbations dans l'équilibre énergétique de la Terre. Le forçage climatique ou radiatif désigne la différence entre l'**énergie radiative** reçue et l'énergie radiative émise par un système climatique donné.

Période postglaciaire actuelle, marquée par un réchauffement climatique ayant débuté il y a 12 000 ans. L'**Holocène** coïncide avec l'avènement du Mésolithique, marqué par l'expansion rapide de l'espèce humaine.

Fig. 1.1 L'effet de serre dans le bilan radiatif

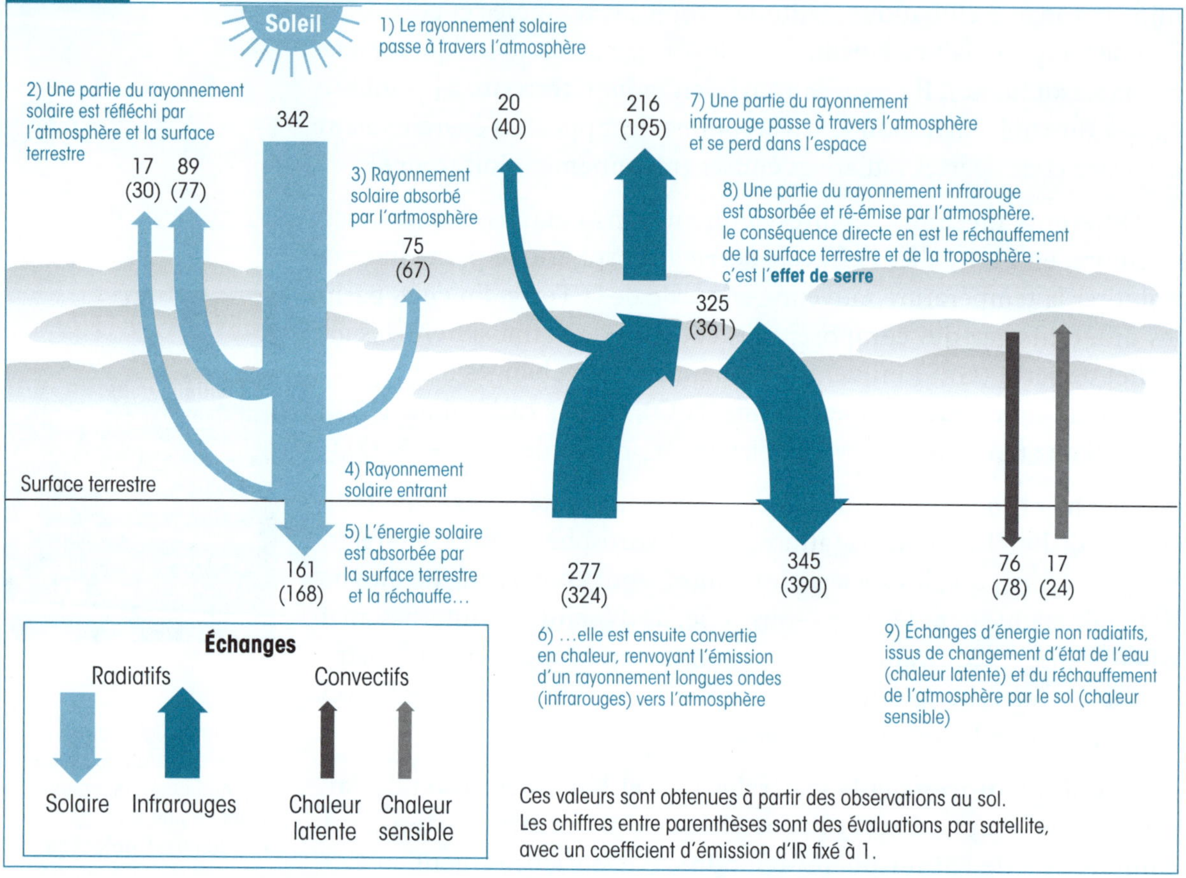

Sources : d'après Philippe Rekacewicz, 2002 ;
Beltrand G., 2011, *Les climats*, Paris, Armand Colin.

Définitions

- **Variabilité :** changement de caractéristiques physiques et chimiques d'un phénomène en fonction de l'espace et du temps. Le climat change au cours d'une année (saisons) en fonction de la latitude, mais a aussi fortement évolué au cours de l'histoire de la Terre.
- **Effet de serre :** phénomène naturel important pour la survie de la planète car permettant d'avoir une température moyenne sur Terre de 15 °C (soit 395 °C) contre – 18 °C si cet effet n'existait pas.
- **Énergie radiative** ou rayonnante **:** énergie transmise par le Soleil, par exemple, sous forme de lumière visible et de rayonnement infrarouge.

Les variations climatiques se réalisent à des échelles de durée et d'amplitude très variables. Par exemple, malgré le fait de s'inscrire depuis 10 000 ans dans la période interglaciaire de l'Holocène (période de réchauffement), l'Europe du Nord a connu, à l'échelle séculaire, une période de refroidissement du XVIe au XIXe siècle, qualifiée de **Petit Âge glaciaire.** L'approche multiscalaire est donc fondamentale pour saisir toute la complexité du système climatique.

Le **Petit Âge glaciaire** désigne une période particulièrement froide (refroidissement net de l'ordre de 1,5 °C en été en Suisse), caractérisée par une pluviométrie soutenue et par des hivers très rudes en Europe, comme l'illustrent les peintures hivernales de Brueghel l'Ancien.

2. Des approches pluri-disciplinaires pour mesurer les variabilités climatiques

Les outils d'investigation pour dater et caractériser les environnements passés sont tributaires de l'échelle temporelle considérée. La reconstitution de la variation climatique reste inachevée, avec une précision qui se réduit au fur et à mesure que l'on remonte dans le temps. On peut distinguer trois niveaux d'échelles : l'échelle paléoclimatique, de l'ordre du million d'années pour les périodes les plus anciennes ; l'échelle historique de l'ordre du millénaire ou du siècle ; enfin, l'échelle instrumentale, de l'ordre de la dizaine d'années couvrant la période la plus récente.

Le saviez-vous ?

Le radiocarbone (carbone 14) est une méthode de datation absolue couramment utilisée. L'année 1950 est devenue l'année de référence de cette datation, suivie de « B » pour *Before Present*. Par exemple, la période de l'Holocène débute il y a 10 000 ans BP !

Des paléoenvironnements aux archives historiques

Il est possible de dater les événements climatiques de deux manières. La datation relative permet de situer un événement par rapport à un autre grâce à la **stratigraphie.** La datation absolue vise, elle, à obtenir l'âge le plus précis possible en années : elle s'appuie sur les recherches historiques pour les temps les plus récents et des méthodes fondées sur l'activité radioactive de certains éléments chimiques pour les temps plus anciens.

La **statigraphie** désigne la succession des couches rocheuses permettant de retracer l'histoire géologique d'un espace donné.

Les paléoenvironnements désignent l'ensemble des conditions physico-chimiques et biologiques des milieux naturels passés. Un support d'enregistrement paléoenvironnemental est constitué par tout ce qui est susceptible d'être modifié par le climat et qui peut garder la trace de cette modification. Ces supports peuvent ainsi être considérés comme de véritables archives de l'évolution du climat terrestre, de natures très diverses, soit historiques, soit physico-chimiques, soit biologiques, permettant également de reconstituer l'histoire des paysages végétaux.

Ces environnements des temps anciens sont analysés à l'aide de différents indicateurs issus d'études stratigraphiques, géomorphologiques et de bio-indicateurs, tels que les traces de la faune et de la flore passées qui ont pu être piégées dans des milieux enregistreurs (tourbières, coraux, sédiments lacustres…), constituant des archives continentales, à des pas de temps très divers. Elle intègre à la fois des disciplines issues de la paléoécologie (la palynologie, par exemple, étudie les pollens ; l'anthracologie s'intéresse aux charbons de bois ; la dendrochronologie analyse les cernes de croissance des arbres), de la géoarchéologie et des sciences sociales (l'archéologie, l'histoire et la géographie).

Le saviez-vous ?
Les informations fournies par les chroniques sur les dates des moissons ou des vendanges par exemple indiquent que l'apogée de l'Empire romain a correspondu à un optimum climatique (période chaude), tandis que les XVIIe et XVIIIe siècles ont correspondu à une période plus froide.

Deux indicateurs, fondés sur l'évolution du rapport des isotopes de l'oxygène au cours du temps, ont particulièrement révolutionné, à partir des années 1960, la compréhension des environnements du passé. Les archives océaniques retracent l'évolution du volume des glaces stockées sur les continents sur des millions d'années. Les archives glaciaires permettent de reconstituer l'évolution de l'atmosphère sur près de 800 000 ans. Enfin, les archives archéologiques et historiques (gravures, peintures, écrits…) sont des sources précieuses, bien que complexes à interpréter, pour saisir les environnements passés inscrits dans la période historique. Les annales historiques, d'après J. Beauchamp, permettent de reconstituer approximativement les grandes variations climatiques jusqu'aux années 400 av. J.-C. environ, soit 2350 **BP**.

BP (*Before Present*) prend comme référence le présent daté en 1950 et av. J.-C. (avant Jésus-Christ, en anglais *Before Christ*, B.C.) faisant référence à l'an 1 du calendrier grégorien, année supposée de la naissance du Christ.

Les mesures contemporaines

À ces preuves indirectes, s'ajoutent dans la deuxième moitié du XIXe siècle (période dite « instrumentale »), des mesures directes réalisées avec des instruments normalisés issus de réseaux de stations météorologiques. Ces données directes permettent d'enregistrer l'évolution des paramètres climatiques afin d'extraire des tendances au réchauffement après vérifications et corrections, sans pour autant être exemptes de critiques. En effet, le géographe saisit bien la difficulté à donner des indicateurs d'un changement climatique planétaire, à partir d'un réseau de stations inégalement réparties dans l'espace (quasiment pas de stations d'observation dans les océans qui représentent les trois-quarts de la surface terrestre, concentration des stations dans les pays développés ; mesures trop récentes pour la plupart des pays en développement) et de différentes qualités. Enfin, la critique majeure est l'urbanisation croissante des sites de mesures : ceux-ci subissent une hausse locale des températures due également à l'îlot de chaleur urbain.

Le saviez-vous ?
Le centre d'une agglomération est plus chaud (+ 1 à + 2 °C) que la périphérie : concentration d'industries, de chauffages et de moteurs ; beaucoup de surfaces sombres qui retiennent la chaleur ; peu d'espaces verts pour adoucir les températures.

3. Les causes des variations climatiques

Les facteurs affectant la variation climatique ne s'inscrivent pas toujours dans la même temporalité et peuvent être de différents ordres. On peut distinguer les causes externes au système Terre, tels que les facteurs astronomiques et les causes internes (qu'elles soient d'origine géodynamique ou anthropique). Ces divers facteurs, présentés plus haut comme des « forçages », agissent sur le système climatique. Ils peuvent perturber son état d'équilibre et modifier son bilan radiatif.

Fig. 1.2 Les causes des variations climatiques

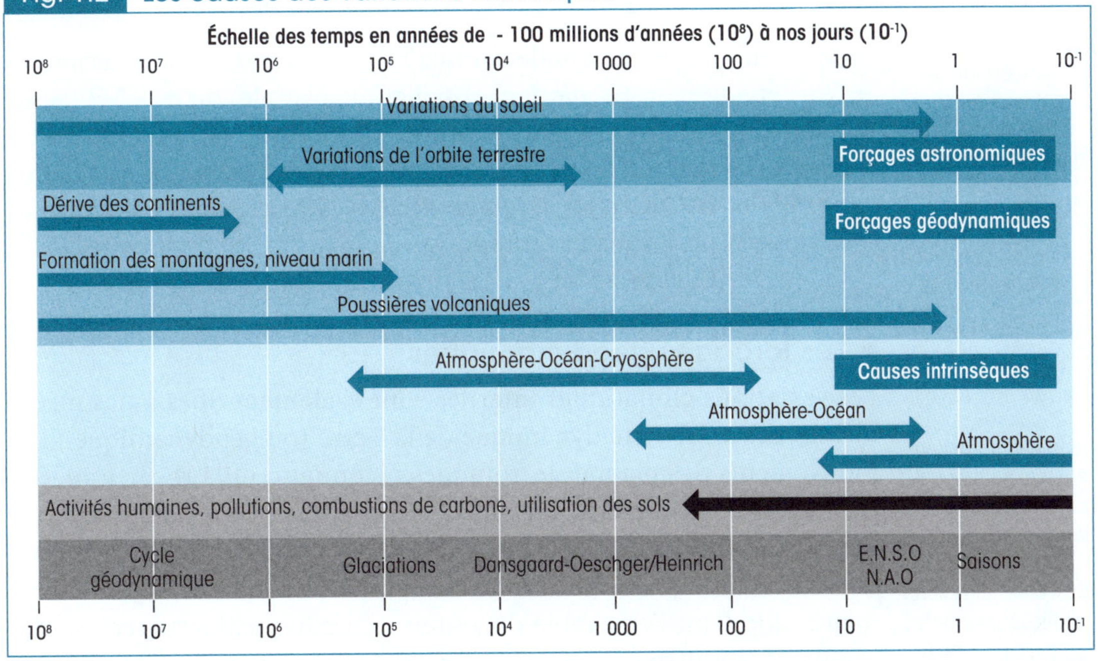

Source : d'après Delmas R., Chauzy S., Verstraete J.-M., Ferré H., 2007, *Atmosphère, océan et climat*, Paris, Belin.

Les forçages astronomiques

L'énergie solaire, qualifiée de constante solaire, est quasiment la seule source d'énergie disponible pour réchauffer la Terre ; une baisse d'émission solaire entraîne donc mécaniquement une diminution des températures moyennes. Les variations de la constante solaire sont en partie reliées au nombre de tâches solaires et se manifestent selon différents cycles. Outre les variations de l'activité solaire, les autres causes d'origine astronomique responsables de fluctuations entre périodes chaudes et périodes froides sont la révolution de la Terre autour du Soleil – celle-ci modifie les conditions d'exposition – et les bilans radiatifs du climat terrestre à divers pas de temps.

On peut distinguer :

Les **trois facteurs** sont : (1) la déformation de l'orbite terrestre, dite l'excentricité de l'écliptique (100 000 ans), (2) le changement de l'inclinaison de l'axe des pôles, dit l'obliquité (41 000 ans) et (3) la précession des équinoxes, lent changement de direction de l'axe de rotation terrestre (20 000 ans).

- des cycles longs liés à **trois facteurs orbitaux** comme les glaciations de Milankovitch, du nom de celui qui les a définies dans les années 1920 ;
- des cycles à période intermédiaire, comme les événements Dansgaard-Oeschger (modification temporaire des vents et courants marins de l'hémisphère nord liées à une réduction brutale des calottes glaciaires) ;
- des cycles à courte période comme l'ENSO (acronyme des termes *El Niño* et *Southern Oscillation* – oscillation australe) ou le NAO (acronyme anglais de l'Oscillation Nord-Atlantique), qui perturbent les caractéristiques des saisons pendant quelques mois. Ainsi, l'indice positif du NAO dans les décennies 1980 et 1990 a eu pour conséquence des hivers plus doux et humides sur la majorité du continent Nord-Ouest de l'Europe.

Les forçages géodynamiques

L'**albédo** est la fraction de l'énergie solaire qui est réfléchie vers l'espace. Sa valeur est comprise entre 0 et 1. Plus une surface est réfléchissante, plus son albédo est élevé (exemple de la neige avec un albédo de 0,87).

Les variations climatiques internes sont également dues à des mécanismes liés à l'activité dynamique de la Terre (ou géodynamique). Les mouvements des plaques tectoniques reconfigurent la répartition des continents et des océans, ainsi que leur position en latitude, changeant fortement l'**albédo** terrestre. Les courants océaniques et atmosphériques qui redistribuent l'énergie solaire sont ainsi amenés à circuler différemment, modifiant l'ensemble du système climatique. La surrection des chaînes de montagnes (orogenèse) peut également avoir une incidence importante sur les conditions climatiques. D'abord localement, car les parties les plus élevées sont plus froides et souvent plus arrosées, mais aussi aux échelles régionales et mondiales en faisant obstacle à la circulation atmosphérique.

Les **aérosols** sont un ensemble de particules solides ou liquides en suspension dans l'air.

Quant aux éruptions volcaniques, en projetant dans l'atmosphère de grandes quantités d'**aérosols** et de gaz (SO_2, CO_2), elles modifient l'état atmosphérique, en interceptant une part du rayonnement solaire incident et en le renvoyant vers l'espace. Cela a pour conséquence de baisser durant quelques mois, voire quelques années, la température moyenne à la surface de la Terre. À l'inverse, l'émission par les volcans de gaz à effet de serre (dont le dioxyde de carbone) peut entraîner un léger réchauffement.

FOCUS Les volcans et le climat

Une équipe internationale pluridisciplinaire de chercheurs géographes, volcanologues, géophysiciens, géochimistes et historiens a récemment démontré qu'une éruption volcanique survenue au Samalas sur l'île de Lombok en Indonésie, en 1257 après J.-C., avait modifié le climat en Europe occidentale.

Sur la base de relevés de terrain (répartition, composition et épaisseur des différents types de dépôts laissés par l'éruption ; études de la morphologie du volcan), d'interprétation de documents historiques (chroniques locales, archives européennes), les chercheurs, coordonnés par le géographe français Franck Lavigne, ont pu reconstituer le déroulement et l'intensité de cette éruption, qui fut identifiée comme la plus importante de la période historique.

La comparaison avec des cendres emprisonnées dans les glaces polaires a révélé que les aérosols du Samalas se sont largement répandus sur l'ensemble de la Terre. Les archives européennes, elles, ont permis d'associer cet épisode éruptif avec un dérèglement momentané du climat régional.

Ce cas n'est pas isolé : l'éruption fissurale du volcan islandais Laki en 1783 a déréglé le climat d'Europe occidentale et y a détruit les récoltes, aggravant les famines. En 1809, une éruption (dont on ignore encore le volcan d'origine) a refroidi les températures sur l'ensemble de la Terre, et favorisé l'expansion d'épidémies (typhus). Il existe donc un lien entre les éruptions volcaniques et le climat. On parle de « volcanisme de trapps », du nom des plateaux basaltiques massifs que produisent, pendant des milliers d'années, ces coulées de lave très abondantes.

Les effets des éruptions explosives intenses se produisent rapidement après l'éruption, peuvent durer quelques semaines à plusieurs années, puis se résorbent. En revanche, les éruptions effusives (coulées de lave) très abondantes, se produisant sur de très longues périodes (milliers d'années), injectent plus progressivement de très grandes quantités de gaz dans l'atmosphère, ce qui a pour effet de modifier bien plus durablement le climat.

Certains géophysiciens pensent que de telles périodes de recrudescence d'activité volcanique effusive peuvent avoir été en partie responsables des grandes extinctions de masse survenues au cours des dernières 500 millions d'années.

Le saviez-vous ?
En 2020, les forêts françaises ont absorbée près des 3/4 des émissions de gaz à effet de serre du pays.

■ Les forçages anthropiques

Le cycle du carbone (un des principaux éléments de la matière organique) est important pour le système climatique car il régule deux gaz à effet de serre fondamentaux : le dioxyde de carbone et le méthane. La biosphère marine et continentale absorbe le CO_2, présent sous forme dissoute dans les océans et sous forme gazeuse dans l'atmosphère lors de la photosynthèse.

▶ Les principaux réservoirs sont les océans et la biosphère, en particulier les forêts. Cette notion est apparue avec l'ère industrielle, dès lors que le cycle du carbone a été modifié par la déforestation et la combustion fossile.

On parle aussi de « puits de carbone », réservoirs▸ qui captent et stockent le carbone atmosphérique, car la biosphère réduit la teneur en CO_2 de l'atmosphère en le stockant naturellement. Le carbone est ensuite soit rejeté dans l'air ou dans l'eau par la respiration des végétaux, soit stocké plus ou moins longtemps dans les sols et les fonds marins. Or, les activités industrielles conduisent à une consommation importante des stocks de carbone, qui se traduit entre autres par l'utilisation massive des combustibles fossiles. Ceci provoque une croissance considérable des rejets de CO_2 dans l'atmosphère.

▶ Voir Chapitre 4.

De plus, les changements notables d'occupation du sol, en particulier la déforestation▸, ont réduit fortement les puits de carbone. Ces perturbations du cycle naturel du carbone participent ainsi à l'augmentation de l'effet de serre. Ce surcroît de gaz à effet de serre dans l'atmosphère constitue l'effet de serre dit « additionnel » ou « anthropique ».

II. Du changement climatique aux changements globaux

Les **changements d'affectation** désignent l'utilisation humaine d'un espace dans un but précis (agriculture, urbanisation…). Les changements d'affectation des sols modifient les propriétés de la surface du sol, comme la déforestation.

▶ Voir chap. 4 - II.2.

Par changements globaux, on entend couramment les changements climatiques qui affectent le système Terre dans son ensemble, auxquels s'ajoutent les **changements d'affectation** du sol à large échelle spatiale, qui participent également à la modification du climat. Entre 2015 et 2020, la déforestation reste encore importante, avec en moyenne 10 millions d'hectares de forêts détruites dans le monde par an, d'après la FAO▸, principalement aux basses latitudes, ce qui n'est pas sans conséquence localement pour l'équilibre des milieux et globalement sur le cycle du carbone. L'adjectif « global » insiste sur le fait que son étendue géographique est mondiale, affectant l'ensemble du vivant et les sociétés habitant le globe.

1. La petite histoire de l'anthropisation dans la grande histoire climatique

■ L'environnement des temps géologiques

Les grandes divisions des temps géologiques, ou « ères », correspondent à des événements géologiques et climatiques majeurs, qualifiés de « crise ». Ces événements ont entraîné l'apparition ou la disparition de groupes entiers d'organismes vivants.

Après le **Protérozoïque**, trois grandes ères subdivisent les temps géologiques. De ces périodes, Alain Godard et Martine Tabeaud (2009) retiennent schématiquement une série d'alternances de deux modes de fonctionnement du système climatique terrestre : l'un plutôt chaud et humide, marqué par la dissociation des continents et l'extension des océans qui facilite les transferts d'énergie égalisant les températures ; l'autre plus froid, plus sec et plus contrasté, marqué par le regroupement de vastes unités continentales.

Le **Protérozoïque** est la dernière période du Précambrien, datée de –2,5 milliards d'années à –542 millions d'années.

On observe ainsi les grandes tendances suivantes :

- au Paléozoïque (ère primaire : –540 à –252 millions d'années) : climat aux températures supérieures à celles d'aujourd'hui mais ponctué de deux longues phases glaciaires ;
- au Mésozoïque (ère secondaire : –252 à –66 millions d'années) : malgré quelques inflexions, climat globalement chaud à très chaud. Le crétacé (145 Ma BP à 65 Ma BP) est une période de relative stabilité climatique qui se déroule dans un contexte climatique plus chaud que l'actuel (les estimations sont de l'ordre d'une dizaine de degrés de plus) ;
- au Cénozoïque (ère tertiaire : –65 millions d'années à 2 millions d'années) : refroidissement tendant vers les températures actuelles.

Fig. 1.3 Évolution de la biosphère et de la géosphère au cours des temps géologiques

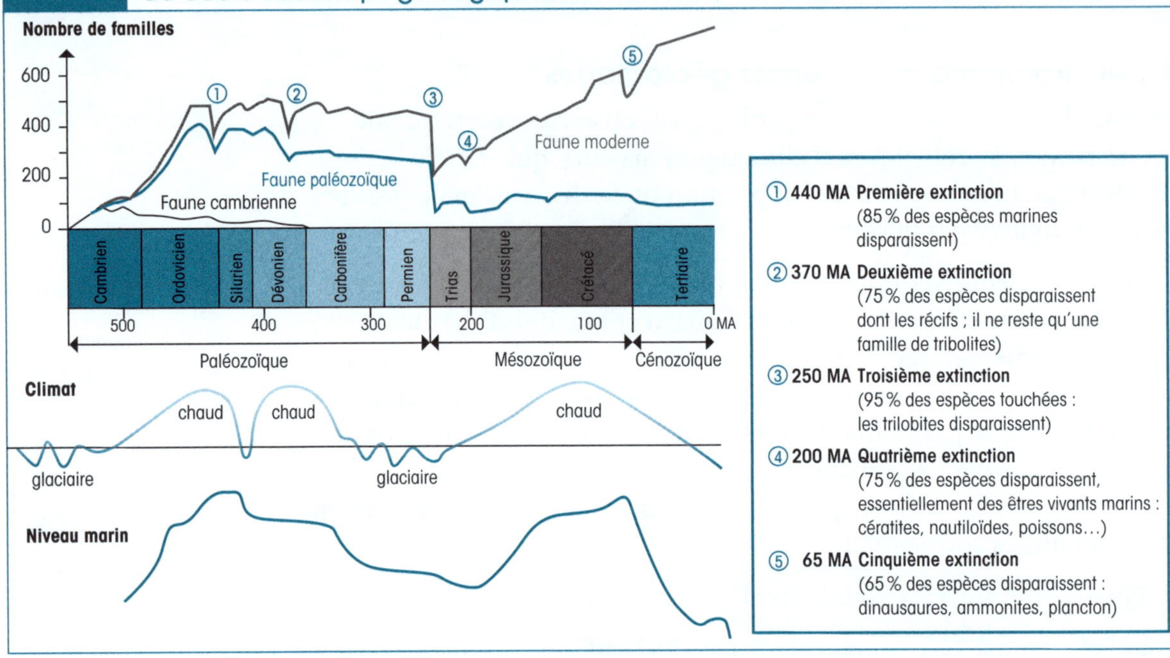

Source : Tardy Y. et Roquin C., 1998, *Dérive de continents, paléoclimats et altérations tropicales*, BRGM, Orléans.

La courbe générale de la biodiversité (en a) montre l'évolution des faunes cambrienne, paléozoïque et moderne et les grandes crises biologiques (numérotées de 1 à 5) les affectant. Elle est corrélée aux variations générales du climat (en b), du niveau marin (en c) et de la vitesse d'expansion des dorsales océaniques (en d).

Le saviez-vous ?
Il y a 8 000 ans, le Sahara se couvre de végétation et de multiples lacs s'y forment, permettant l'établissement de grands herbivores, suivis de chasseurs-cueilleurs. Le retour du désert, entre – 3000 et – 1000, contraint les hommes à migrer sur les rives du Nil, à l'origine de la civilisation égyptienne.

L'environnement du Quaternaire à nos jours

Il y a 2,6 millions d'années environ débute le Quaternaire qui se caractérise par une série d'alternance de périodes glaciaires et interglaciaires, associées à des régressions (diminution du niveau marin) et des transgressions (augmentation du niveau marin), et par l'apparition de l'homme et des sociétés.

Après un dernier cycle glaciaire (désigné « Würm » en Europe), qui atteint son maximum il y a 21 000 ans, commence l'époque holocène (à partir de 10 000 BP). Elle correspond à un interglaciaire, c'est-à-dire à un réchauffement se traduisant par un retrait rapide des glaces, la remontée du niveau de la mer et l'expansion de zones forestières. Les sociétés s'organisent et se sédentarisent, adoptant l'agriculture et l'élevage. La période historique commence.

Dans le dernier millénaire, on peut distinguer entre le IXe et le XIVe siècle en Europe une période de léger réchauffement, qualifiée d'optimum climatique médiéval à laquelle succède une période plus froide, du XVIe au IXe siècle, le Petit Âge glaciaire.

2. Le réchauffement contemporain

Le réchauffement contemporain est généralement considéré et présenté comme issu de l'utilisation des combustibles fossiles▸, débutée avec l'exploitation du charbon et accentuée avec l'exploitation des hydrocarbures au XXe siècle. Certains scientifiques évoquent même le début d'une nouvelle période géologique, l'Anthropocène, débutant avec l'industrie et faisant de l'homme un agent majeur de l'évolution du climat planétaire. Cette dénomination reste encore largement débattue.

▶ Voir chap. 4 - II.1.

D'après les données statistiques▸, la hausse observée des températures moyennes globales est de 1,1 °C depuis la période préindustrielle. L'année 2023 enregistre une hausse moyenne de 1,4 °C. Mais cette moyenne ne doit pas cacher des disparités dans l'espace et des irrégularités dans le temps. La hausse des températures moyennes est plus marquée sur les continents que sur les océans, avec une sensibilité de l'hémisphère nord plus forte que l'hémisphère sud. Si le réchauffement est très marqué de 1910 à 1940, il s'infléchit entre les années 1940 et 1970, pour reprendre à la hausse jusqu'à nos jours, avec une moyenne décennale entre 2010 et 2019 de +0,97 °C. D'ailleurs, cette période d'infléchissement a sûrement contribué d'après Claude Kergomard (2010) à retarder la prise de conscience du changement climatique.

▶ Voir Doc. 1 p. 54.

L'augmentation de la teneur en dioxyde de carbone (CO_2) est ainsi passée de 280 **ppm** à l'ère pré-industrielle à plus de 410 ppm en 2019 et le méthane de 715 à près de 1 866 **ppb**. Actuellement, la concentration en CO_2 augmente d'un peu plus de 2 ppm par an. Au total, l'effet des différents gaz à effet de serre représente un forçage de près de 3 $W.m^{-2}$ qui explique au moins partiellement le réchauffement observé. Enfin, l'inertie climatique et la longévité des gaz à effet de serre dans l'atmosphère expliquent que leur pouvoir réchauffant se prolongera dans les périodes futures. Ce potentiel de réchauffement global (PRG) est un moyen simple de comparer les différents gaz à effet de serre qui influencent le système climatique. Il se base sur leurs propriétés radiatives et leur durée de vie.

ppm : partie par million, soit 390 molécules de CO_2 pour un million de molécules d'air « pur ». Représente un forçage d'environ + 1,6 $W.m^{-2}$.

ppb : partie par milliard. Correspond à un forçage de l'ordre de 0,4 à 0,5 $W.m^{-2}$ (IPCC, 2007a).

Fig. 1.4 Évolution de la composition atmosphérique en CO_2

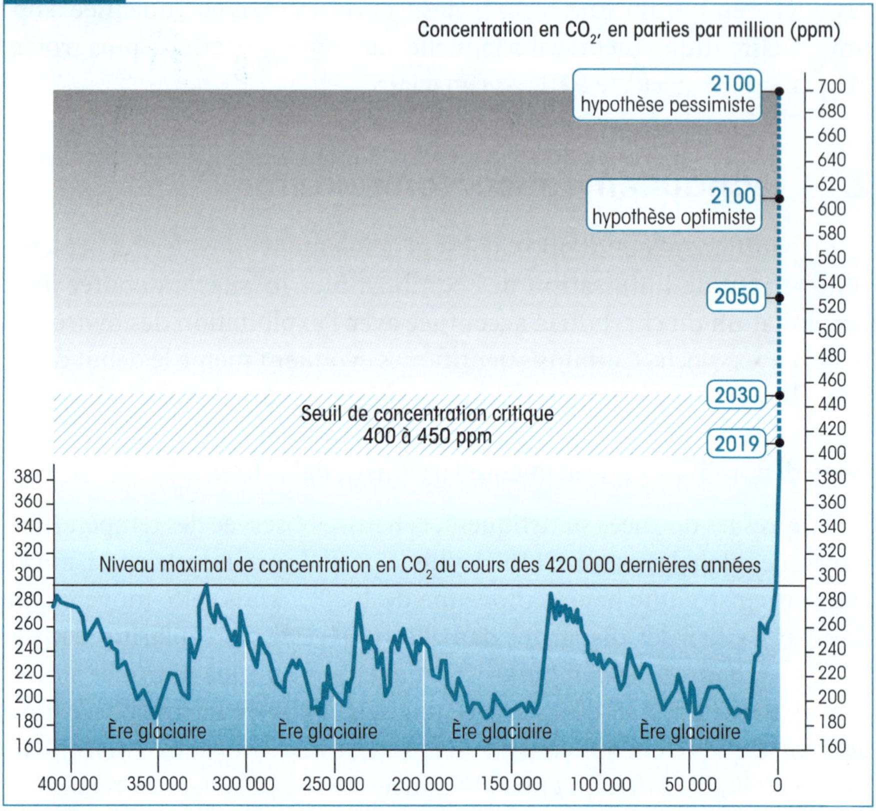

Source : Rekacewicz P., « Changements climatiques : le grand tournant », *Le Monde diplomatique*, 4 décembre 2009.

Fig. 1.5 Cycle du méthane et évolution des températures

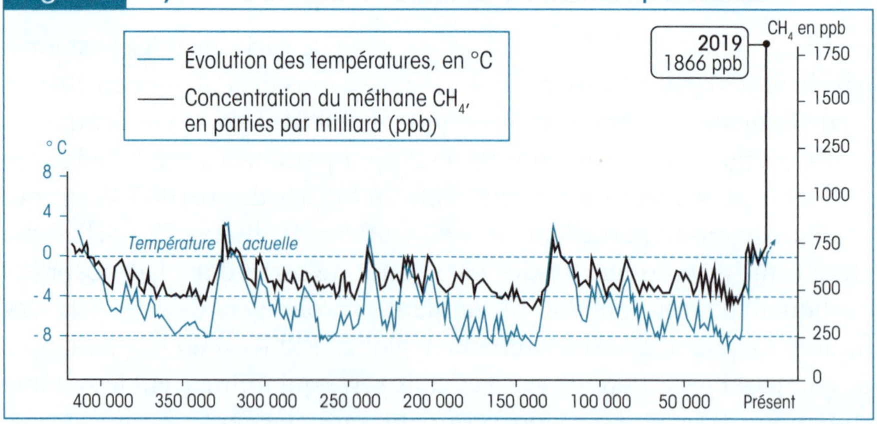

Au regard des variations climatiques passées, le changement climatique contemporain apparaît atypique par sa rapidité et son ampleur : la vitesse moyenne du réchauffement est supérieure à tout ce qui a pu se produire, avec une élévation de température jamais atteinte depuis plus de 2 millions d'années, tandis que les teneurs actuelles de l'atmosphère en CO_2 et en méthane sont sans équivalent depuis au moins 420 000 ans.

Tableau 1.1 Caractéristiques de deux gaz à effet de serre

	Durée de vie	Sources principales	Puits principaux	Contribution à l'effet de serre	PRG
CO_2 (Dioxyde de carbone	100 ans	Combustibles fossiles (80 %), Combustion végétale (20 %)	Océans, biosphère	66 %	1
CH4 (méthane)	12 ans	Ruminants et insectes (30 %), rizières et zones marécageuses (50 %)…	Sols	16 %	28

3. Des conséquences déjà manifestes sur les milieux et les sociétés

À la hausse contemporaine des températures s'ajoute l'observation des nombreuses modifications de l'environnement résultant du changement climatique en cours. Les conséquences directes du changement climatique ne sont pas homogènes selon les latitudes et les expositions, marquant différemment les territoires et les milieux. Une même cause à l'échelle globale n'entraîne pas nécessairement les mêmes effets localement du fait de la diversité et de la singularité des environnements, d'autres facteurs locaux pouvant interagir, comme la nature de la végétation, la configuration topographique, les activités anthropiques…

Les espaces les plus sensibles à ces changements actuels sont les milieux semi-arides et les milieux froids. Parmi les conséquences les plus marquantes se trouve l'évolution de la cryosphère (couverture neigeuse, **pergélisol**, glaciers, **calottes**, **banquises**, **icebergs**…), dont les observations concordent pour signaler la régression généralisée de celle-ci. À titre d'exemple, la banquise arctique a perdu près de 45 % de sa superficie et 80 % de son volume depuis 1979 et l'épaisseur des glaciers alpins a diminué d'1 m/an depuis le début du siècle (d'après le GIEC)▸.

▶ Voir Étude de cas p. 54.

Définitions

- **Pergélisol (ou permafrost) :** sous-sol gelé en permanence (au moins pendant deux ans) situé dans les régions de hautes altitudes, arctiques et antarctiques.
- **Banquise (ou glace de mer) :** étendue d'eau de mer gelée en permanence ou de façon saisonnière.
- **Calotte glaciaire :** glacier d'eau douce très étendu, s'écoulant dans différentes directions sur un socle rocheux. S'il est suffisamment vaste (plus de 50 000 km^2), il s'agit d'un inlandsis.
- **Iceberg :** Bloc de glace d'eau douce de grande taille, flottant et dérivant à la surface de la mer, issu de la désagrégation des plates-formes de glace flottantes, aux marges des calottes glaciaires.

L'augmentation du niveau marin moyen est, malgré une variabilité assez marquée dans le temps et dans l'espace, l'un des aspects les moins contestables du changement climatique en cours. L'augmentation de l'ordre de 1 à 3 mm/an observée durant le XXe siècle, soit une hausse de 20 cm depuis 1900, est due à la fusion des glaces et à la dilatation thermique▸ du volume des eaux océaniques. Les eaux de surface se réchauffent (à l'exception de l'Antarctique) et l'augmentation du CO_2 atmosphérique provoque une pénétration de celui-ci dans la masse des eaux océaniques qui s'accompagne d'une acidification progressive des eaux, fragilisant, voire détruisant, les milieux marins.

▶ L'augmentation de la température moyenne terrestre entraîne la hausse de la température des eaux, provoquant une expansion de la couche océanique des mille premiers mètres de 15,6 cm au cours du dernier siècle.

Les effets du réchauffement global sur la biosphère sont multiples et s'observent déjà par l'enregistrement du mouvement de milliers d'espèces animales et végétales vers les plus hautes latitudes et une remontée en altitude▸, ainsi que la dégradation, voire la disparition de leurs habitats. Selon les biologistes, un réchauffement de 1 °C se traduit par un déplacement des aires de répartition des espèces vers le nord de 180 km (et de 150 m en altitude) en moyenne. Le raccourcissement de la période hivernale engendre un démarrage plus précoce du cycle annuel de la végétation, provoquant des dysfonctionnements dans les écosystèmes. Déplacement des aires de répartition, modification des cycles de vie, accroissement du risque d'extinction de certaines espèces vulnérables, et réorganisation des interactions entre les espèces (**fragmentation** des écosystèmes, compétition interespèces) sont les principales conséquences de la hausse des températures.

▶ Voir Chapitre 5.

La **fragmentation** d'un écosystème est son morcellement en lieux plus petits et isolés, tandis que la compétition est la rivalité entre espèces pour l'accès aux ressources. Ils ont des effets négatifs à long terme non seulement sur la biodiversité des écosystèmes mais aussi sur leur fonctionnement.

Fig. 1.6 La cryosphère

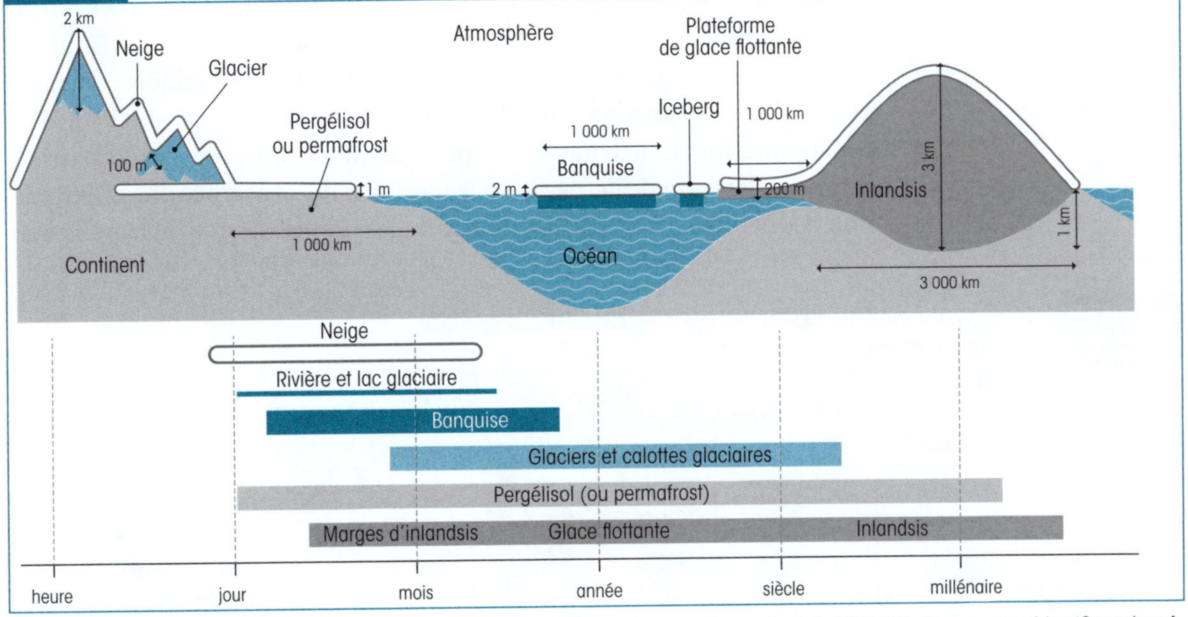

Source : « Understanding Earths's frozen regions », site de la NASA (http://ice.nasa.gov/aboutCryosphere/).

De ce constat d'une érosion exceptionnelle de la biodiversité, les scientifiques évoquent aujourd'hui l'hypothèse d'une sixième extinction, exprimant l'idée d'un phénomène de disparition massive des espèces en cours, à la suite des cinq grandes crises d'extinction antérieures, tant il semble que la sixième crise de la biodiversité▸ frappe par son amplitude et sa rapidité et par le fait que ces causes sont grandement liées aux activités humaines. Celle-ci concerne principalement les grands mammifères et les oiseaux, et se caractérise par des taux d'extinction cent à mille fois supérieurs aux taux d'extinction moyens du vivant et cent fois supérieurs à ceux qui ont prévalu aux cours des crises précédentes.

▶ Voir Chapitre 5.

Les effets des changements climatiques se manifestent en interdépendance avec d'autres facteurs anthropiques, tels que l'artificialisation des terres et l'industrialisation des sociétés amplifiant et accélérant les effets des changements globaux.

L'urbanisation, et plus encore la métropolisation qui conduit à une concentration des populations et des activités dans les villes, génère une pression accrue sur les ressources naturelles locales (eau, énergie, terres agricoles), provoque une pollution plus intense et transforme les paysages, en particulier en imperméabilisant les sols et en détruisant les continuités écologiques. S'ajoutent également les effets de la mondialisation, qui accentue les échanges économiques, culturels et technologiques à l'échelle planétaire, transforme les modes de vie, les réseaux de production et de consommation. Ces dynamiques perturbent les écosystèmes, conduisant à une accélération de l'érosion de la biodiversité, exacerbée par la destruction des habitats naturels, la surexploitation des ressources et la pollution.

Fig. 1.7 Variations des températures à l'échelle du globe et des continents

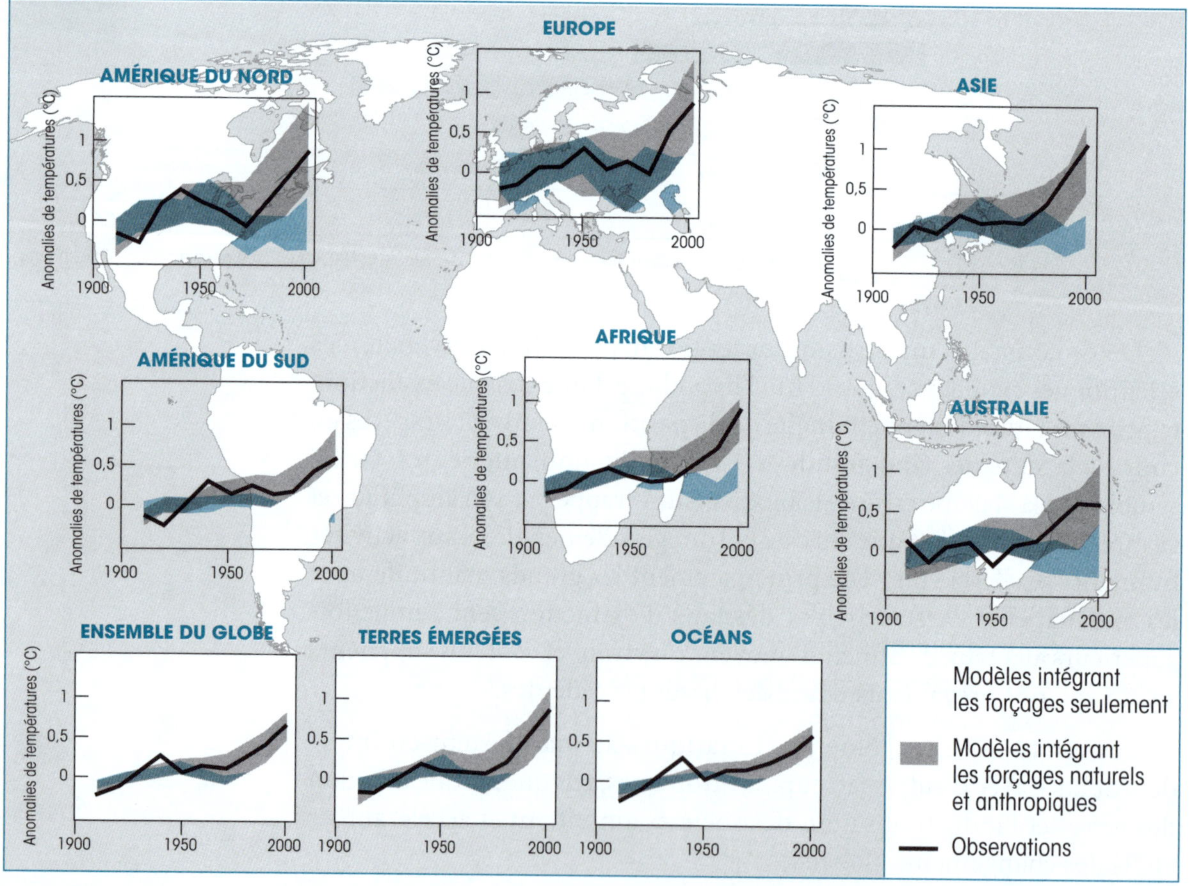

Source : IPCC, 2013, *Changements climatiques 2013 - Les éléments scientifiques*, contribution du Groupe de travail I au cinquième rapport d'évaluation du GIEC (www.ipcc.ch/pdf/assessment-report/ar5/wg1/WG1AR5_SummaryVolume_FINAL_FRENCH.pdf).

Les changements globaux observés et à venir se traduiront essentiellement par l'amplification des risques déjà existants pour les sociétés, les événements hydro-climatiques extrêmes (sécheresses, inondations, cyclones) tendant, par exemple, à devenir plus intenses et plus fréquents. De plus, la remontée du niveau marin menace près de la moitié de la population mondiale qui vit à moins de 100 km de la côte au début du XXIe siècle, tandis que la fonte de la banquise en Arctique, en ouvrant de nouvelles voies de communication, peut apparaître comme une nouvelle opportunité économique et géopolitique.

▶ Voir Chapitre 3.

▶ Voir Étude de cas p. 54.

III. Le climat de demain

Si la réalité des changements climatiques observés depuis un siècle est aujourd'hui avérée et si la responsabilité des activités humaines dans les changements observés est incontestable, reste à savoir l'ampleur que prendra ce changement dans les années, décennies et siècles à venir, les choix que feront les sociétés pour y faire face et les coûts que ces réponses entraîneront.

1. Les scénarios du futur : modèles et prospectives

La simulation du climat futur repose depuis les années 2000 sur quatre éléments bien distincts : des scénarios d'évolution des émissions de gaz à effet de serre ; des scénarios de « forçage radiatif » ; des scénarios climatiques fondés sur des modèles de climat, combinant l'ensemble des paramètres en interaction susceptibles de jouer dans le système climatique ; des scénarios socio-économiques reposant sur des gradients d'évolution des sociétés et prenant en compte les évolutions démographiques, socio-économiques, technologiques et politiques possibles. Tous les scénarios potentiels d'émissions prévoient une augmentation des concentrations de CO_2, une élévation de la température moyenne mondiale et du niveau de la mer au cours du XXIe siècle.

Tableau 1.2 **Les différents scénarios d'émission de GES et leurs conséquences**

Projections issues des rapports du GIEC pour 2100	Estimations en 1995 (par rapport à 1990)	Estimations en 2001 (par rapport à 1990)	Estimations en 2007 (par rapport à 1980-1999)	Estimations en 2014 (par rapport à 1986-2005)	Estimations en 2019 (par rapport à 1995-2014)
Hausse des T° moyenne	+ 1 °C à 3,5 °C	+ 1,5 °C à 5,8 °C	+ 1,1 °C à 6,4 °C	+ 0,3 °C à 4,8 °C	+ 1,8 °C à 4,4 °C
Élévation du niveau de la mer	+ 0,15 à 0,95 m	+ 0,08 à 0,88 m	+ 0,18 à 0,59 m	+ 0,26 à 0,98 m	+ 0,28 à 1,01 m
Concentration de CO^2 dans l'atmosphère	500 ppm	540 à 970 ppm	600 à 1 550 ppm	55 à 1 500 ppm	490 à 1 370 ppm

Source : notre-planete.info, d'après GIEC, 1995-2021.

Il faut rappeler que les scénarios élaborés n'ont bien évidemment aucun caractère déterministe : ils correspondent à une formalisation statistique des dynamiques environnementales futures et illustrent une partie de la diversité des choix qui s'offrent aux sociétés. Ils relèvent de la prospective qui, en géographie, consiste à explorer les futurs possibles en germe dans la situation actuelle d'un territoire, pour aider à déterminer des futurs souhaitables et à identifier les moyens à mettre en œuvre pour les atteindre.

Qu'est-ce que la prospective ?

Le néologisme « prospective » est créé par G. Berger en 1957. Il exprime le regard porté vers l'avenir par opposition au terme « rétrospective » qui regarde vers le passé. Il ne faut pas confondre la prospective qui consiste à élaborer des scénarios futurs possibles sur la base de l'analyse des données disponibles actuelles ou passées avec la prédiction ou la prévision, qui consiste à décrire l'avenir, soit sur une base déterministe, soit sur une base statistique.

Si la validité des modèles à l'échelle planétaire est avérée, la démarche prospective en géographie conduit à s'interroger sur sa pertinence spatiale et temporelle et sur sa véritable capacité à intégrer des données socio-économiques. Faire le lien entre le diagnostic du changement global et les phénomènes observés localement ou prendre en compte la variabilité dans le temps et l'espace des phénomènes climatiques et leurs incidences sur l'environnement, sont autant d'éléments auquel un géographe doit s'attacher.

2. Le changement climatique, entre certitude et incertitude

La prise de conscience de la réalité d'un changement climatique d'origine humaine a d'abord été le fait de la communauté scientifique internationale, avec la création en 1988 du GIEC▸.

▶ Voir Chapitre 2.

Ce changement est clairement passé ces quarante dernières années du statut d'hypothèse vraisemblable à celui de certitude largement confirmée par l'accélération de la hausse de la température globale, de la fonte des glaces et de la hausse du niveau marin. Les incertitudes restent cependant importantes pour qualifier et préciser l'ampleur, l'évolution et les incidences du changement global dans le futur, et ce pour plusieurs raisons.

Une première source d'incertitude est liée, d'une part, au principe même de la modélisation, la construction d'un modèle s'accompagnant nécessairement d'une simplification et d'une certaine partialisation du système ; d'autre part, aux techniques de mesures et à leurs représentations.

Une autre source d'incertitude importante vient de la connaissance encore partielle du fonctionnement détaillé du système climatique (restent de nombreuses données inconnues concernant les cycles de l'eau et du carbone notamment) à laquelle s'ajoute l'imprévisibilité du devenir et du choix des sociétés, ainsi que des réponses du système écologique, l'ensemble étant en interaction dynamique. Ces interactions donnent lieu à des boucles de rétroaction, des processus où un changement initial déclenche une série de réactions qui renforcent (rétroaction positive) ou réduisent (rétroaction négative) ce même changement. La présence de nombreuses boucles de rétroaction rend le système climatique non linéaire, imprévisible et donc difficile à étudier.

Par prudence, les travaux du GIEC indiquent dans la mesure du possible la part de l'incertitude associée à la conception des modèles. Il est impossible de tout prendre en compte : un modèle ne peut pas représenter toutes les parties du système climatique. Toute simplification entraîne ainsi des imprécisions de la réalité. Des erreurs peuvent être dues aux appareils de mesure : pannes, mauvais positionnement ou calibrage…

Comprendre les limites des modèles et intégrer la part importante d'inconnues scientifiques liées au système climatique et à sa variabilité ne signifie pas pour autant tomber dans le scepticisme quant à la réalité du changement global actuel. Ce dernier dépendra avant tout du forçage radiatif lié aux concentrations de gaz à effet de serre atteint d'ici la fin du siècle, invitant les sociétés à agir en conséquence.

La **CCNUCC** est la Convention-cadre des Nations unies sur les changements climatiques.

Il s'agit dans un premier temps de lutter contre le réchauffement climatique global, en diminuant les sources d'émission de gaz à effet de serre, responsable en grande partie de la hausse. On parle alors d'atténuation (*mitigation* en anglais). La réduction de la hausse de la température à 2 °C, fixée par la **CCNUCC**, passe par la maîtrise des émissions nettes de gaz à effet de serre, en stoppant la croissance des émissions pour 2020 et en réduisant les émissions nettes mondiales de moitié d'ici 2050 (par rapport à celles de 1990) pour que ces dernières soient quasiment nulles au cours de la seconde moitié du XXIe siècle. Cela signifie une transformation considérable des économies et des politiques mondiales, qui passe par la transition énergétique▸ ou encore le développement durable▸. Mais, compte tenu de l'inertie climatique, la seule solution de l'atténuation ne suffira pas.

▶ Voir Chapitre 4.
▶ Voir Chapitre 7.

Depuis le quatrième rapport du GIEC en 2007, largement documentée dans les derniers rapports, une autre réponse est mise en avant : une réponse sociale, économique et spatiale aux changements. Il s'agit de trouver et d'adopter de nouvelles pratiques afin de s'ajuster à un futur climat probablement plus chaud, en réduisant les effets néfastes et en exploitant les opportunités bénéfiques. On parle alors d'adaptation qui consiste à réduire la vulnérabilité et à accroître la résilience des sociétés. Les politiques d'adaptation ont ainsi pour objectif de limiter les conséquences du changement climatique et d'en supporter les transformations, en anticipant et en réduisant leurs impacts attendus et en profitant des opportunités potentielles.

Conclusion

Il est important de rappeler que la plus grande inconnue dans les processus des changements globaux est indéniablement la capacité des sociétés à évoluer. Face à ces changements, les sociétés se trouvent à un moment décisif et difficile de leur histoire : elles sont impuissantes à maîtriser totalement les effets de ces changements futurs, tout en étant, peut-être, à même d'en infléchir les processus. L'avenir est incertain, tant la situation dans laquelle se trouvent les sociétés est inédite. Mais il apparaît fort probable qu'à l'avenir plus le changement s'éloignera de l'état actuel du système climatique, plus grand sera le risque d'atteindre un seuil critique, au-delà duquel le système tendra vers des modifications extrêmes, difficilement prévisibles et, sans doute, irréversibles. Reste à savoir le rôle que prendront les sociétés dans ce long processus, rôle qui commence par la prise de conscience globale de ce changement planétaire.

À RETENIR

- Le changement climatique actuel s'inscrit dans une **dynamique temporelle longue**, marquée par des périodes froides (les glaciations) et des périodes de réchauffement (interglaciations). La période contemporaine de réchauffement correspond à un épisode interglaciaire, l'Holocène, d'une période de glaciation quaternaire.
- Si ces changements peuvent être qualifiés de globaux, car ils affectent l'ensemble de la Terre et la biosphère, il est important de saisir pour un géographe les **disparités spatiales et temporelles** marquant les territoires à des échelles régionales et locales.
- Il convient de replacer les sociétés au cœur des changements climatiques, dans la mesure où l'ampleur de ces derniers dépend de la **capacité des sociétés à agir**, en s'adaptant et/ou en atténuant les processus.

POUR ALLER PLUS LOIN

Beltrando G., 2011, *Les climats. Processus, variabilité et risques*, Paris, Armand Colin, coll. « U ».

Breon F.-M. et Luneau G., 2021, *Atlas du climat. Face au défi du réchauffement*, Paris, Autrement.

Bres A., Bonpote C. M., 2022, *Tout comprendre (ou presque) sur le climat*, Paris, CNRS Éditions.

Cassou C., Masson-Delmotte V., 2022, *Parlons climat en 30 questions*, Paris, La Documentation française.

Cossart E., 2018, « Le changement global : un champ scientifique fécond pour le géographe », *Géoconfluences* [En ligne].

Godard A., André M.-F., 1999, *Les milieux polaires*, Paris, Armand Colin, coll. « U ».

Godard A., Tabeaud M., 2009, *Les climats : Mécanismes, variabilités, répartition*, Paris, Armand Colin, coll. « Cursus ».

Kergomard C., 2007, « L'Arctique face au changement climatique », *Annales de géographie*, vol. 1, n° 653, p. 3-22.

Le Treut H., 2022, *Climat et civilisation : un défi incontournable*, Toulouse, Érès Éditions.

Mélières M.-A., Maréchal C., 2010, *Climat et société: climats passés, passage de l'homme, climat futur : repères essentiels*, Paris, SCEREN.

Mercier D (dir.), 2021, *Les impacts spatiaux du changement climatique*, Londres, Éditions ISTE.

Reghezza-Zitt M., 2023, « Sociétés humaines et territoires dans un climat qui change. Du réchauffement climatique global aux politiques climatiques », *Géoconfluences* [En ligne].

Vigneau J.-P., 2008, *Climatologie*, Paris, Armand Colin, coll. « Campus ».

NOTIONS CLÉS

- Adaptation
- Atténuation
- Bilan radiatif
- Changement climatique
- Effet de serre
- Variabilité

Corrigés en ligne

Tester ses connaissances

Complétez le texte avec les termes de la liste ci-dessous (certains ne sont pas à utiliser) : forçages externes – variation – périodes – cycles solaires – anthropiques – activité humaine – changement climatique – variabilité climatique – réduire – renforcer – attendu – conséquences – effets préjudiciables.

Les changements climatiques désignent une ---------- de l'état du climat qui peut être identifiée par des changements affectant la moyenne et/ou la variabilité de ses propriétés, persistant pendant de longues ---------, généralement des décennies ou plus. Les changements climatiques peuvent être la conséquence de processus naturels internes ou de -------- tels que : les modulations des ---------, les éruptions volcaniques et les changements ------------ persistants de la composition de l'atmosphère ou de l'utilisation des terres. On notera que la Convention-cadre des Nations unies sur les changements climatiques (CCNUCC), dans son Article 1, définit le changement climatique comme étant : « des changements de climat qui sont attribués directement ou indirectement à une ---------- altérant la composition de l'atmosphère mondiale et qui viennent s'ajouter à la variabilité naturelle du climat observée au cours de périodes comparables. » La CCNUCC établit ainsi une distinction entre le --------- qui peut être attribué aux activités humaines altérant la composition de l'atmosphère, et la ----------- due à des causes naturelles.

Source : IPCC 2014.

Questions sur document

Dessin © Kal, États-Unis, paru dans le *Courrier international*.

1. Quel espace géographique est illustré sur ce dessin ?
2. Quel est le contexte environnemental décrit ?
3. Quels enjeux ce dessin soulève-t-il ?
4. Expliquez le point de vue adopté ici.

▶ Voir Méthode p. 263.

ÉTUDE DE CAS

L'Arctique face au changement climatique : crise environnementale ou aubaine locale ?

Doc. 1 Effet de zoom sur les variations climatiques quaternaires

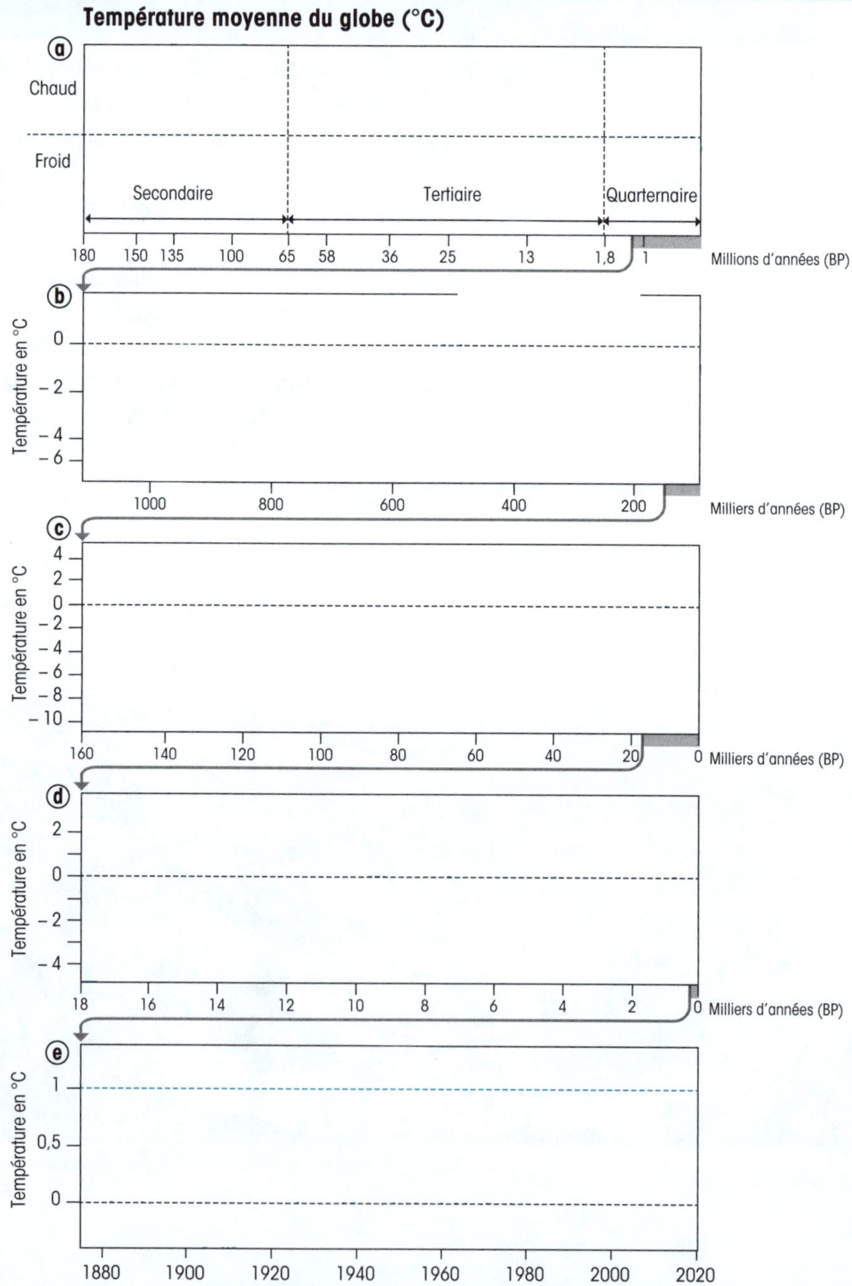

Sources : Mayer N., 2 novembre 2016, « Réchauffement climatique : fonte record de la banquise arctique en 2016 », *Futura sciences* [En ligne] ; Godard A. et André M.-F., 1993, *Les milieux polaires*, Paris, Armand Colin.

Doc. 2 Observations au Spitzberg

« ***Aux confins du pôle Nord, Spitzberg, sentinelle du réchauffement climatique***

Sous l'effet du réchauffement, le sol gelé libère notamment du méthane, l'un des gaz à effet de serre qui entretiennent le cycle infernal du dérèglement climatique. [...] Les données collectées depuis vingt ans livrent une première conclusion : la température moyenne de l'air de Ny-Alesund a augmenté de 1,7 °C. Un chiffre très élevé au regard des 0,8 °C de hausse du thermomètre terrestre depuis l'ère pré-industrielle. « Ce qui se passe ici interagit sur les masses d'air de toute la planète et sur la distribution de l'énergie océanique. On ne peut pas prendre le risque d'une catastrophe planétaire, il faut agir », implore le chercheur italien.

[...] "Pour construire les scénarios climatiques, on a besoin de données scientifiques établies sur le temps long », rappelle l'ingénieur suisse [...]. Mais les glaciers qui bordent le fjord présentent déjà des stigmates inquiétants". "Ils ont un rythme de fonte plus élevé qu'ailleurs, observe Doug Benn. Ce processus d'écoulement commence à atteindre la banquise du Groenland, mettant en jeu des élévations de plusieurs mètres du niveau de la mer. [...] Les glaciers envoient une réponse irréfutable aux climatosceptiques" !

"Entre le début et la fin de la séquence enregistrée en 2014, la langue a reculé de 300 mètres, pour un glacier qui avance d'environ 700 mètres par an, observe Heidi Sevestre [...]. Cela représente 1 kilomètre de glace perdue en une saison." [...]

Première femme élue maire de Longyerabyen en 2011, cette ancienne universitaire prône le maintien d'une activité minière dans l'archipel, arguant que les progrès technologiques permettront bientôt de limiter les émissions de gaz à effet de serre. Un discours bien accueilli dans une ville où 40 % de la population vit directement ou indirectement du charbon, au sein d'une région arctique qui recèlerait 13 % des réserves mondiales de pétrole et 30 % des ressources en gaz.

[...] "Avec le réchauffement, c'est devenu un endroit ouvert, riche en poissons, attractif pour ses hydrocarbures. Mais réfléchit-on suffisamment à ces bouleversements ?" s'interroge le chef de la base scientifique britannique. "Cette fragilité se ressent surtout l'été, quand la toundra est exposée, quand les paquebots croisent à l'entrée du fjord." Avec la fonte du glacier de Blomstrand, la Baie du roi doit faire face à une nouvelle menace : l'essor du tourisme de masse. »

Source : *Le Monde*. Consulté le 17 février 2017 (disponible sur www.lemonde.fr/planete/visuel/2015/07/18/aux-confins-du-pole-nord-spitzberg-sentinelle-du-rechauffement-climatique_4684111_3244.html#C8cB0VUwc4KsYXth.99).

ÉTUDE DE CAS

Doc. 3 Carte de l'Arctique

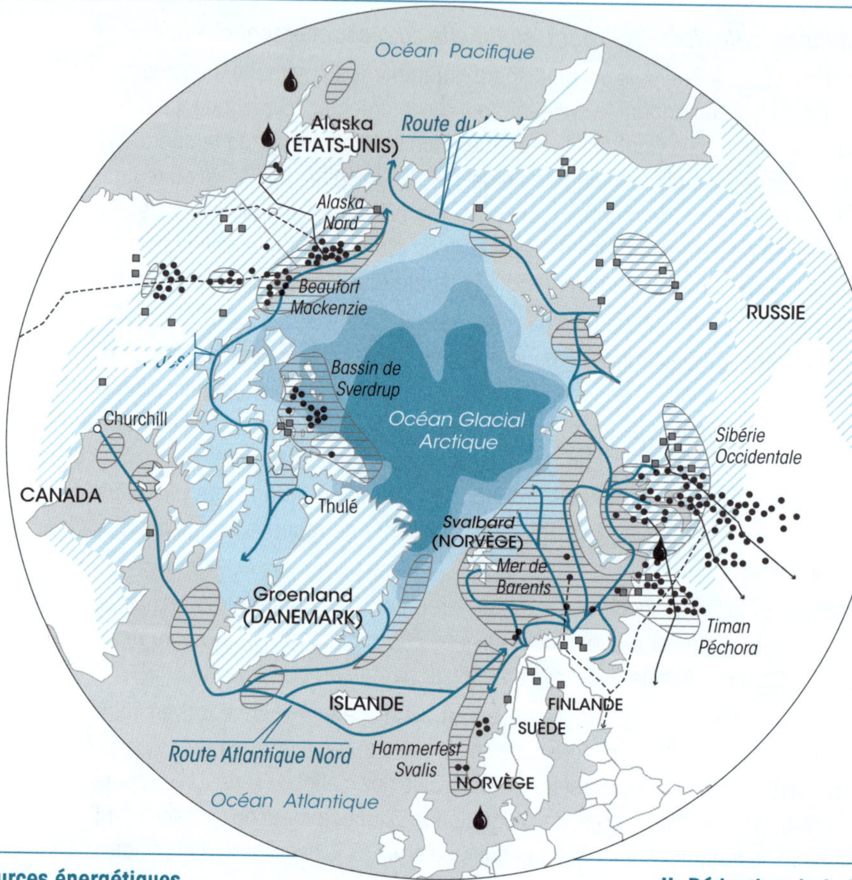

I. Ressources énergétiques

- Réserves connues de pétrole et de gaz, zones en cours de prospection
- Extraction de pétrole et de gaz
- Extraction minière
- Oléoducs et gazoduc existants
- Oléoducs et gazoduc en projet
- Principales marées noires ou ruptures d'oléoducs (> 50 000 tonnes de pétrole)
- Routes maritimes utilisables en permanence à échéance de 10 ou 15 ans si le réchauffement climatique persiste et que la calotte glaciaire continue de reculer

II. Réduction de la banquise

(situation moyenne en septembre)

- Au début des années 2000
- Entre 2010 et 2030
- Entre 2040 et 2060
- Entre 2070 et 2090

III. Réduction du permafrost

- Extension au début des années 2000
- Extension prévue vers 2100

Source : « L'Arctique : une zone symbolisant l'ère de l'anthropisation », *L'ère du temps*, 2013 [En ligr
(http://danslredutemps.blogspot.fr/2013/03/larctique-une-zone-symbolisant-lere-de.htm

Présentation des documents

- **Doc. 1** Série de graphiques présentant la variabilité des températures moyenne en Arctique pendant le Quaternaire avec un emboîtement d'échelle temporelle.
- **Doc. 2** Extrait d'un dossier du monde intitulé « Aux confins du pôle Nord, Spitzberg, sentinelle du réchauffement climatique », en ligne depuis juillet 2015.
- **Doc. 3** Carte de l'Arctique présentant les ressources énergétiques, les routes maritimes ainsi que les simulations de la réduction du pergélisol et de la banquise d'ici 2090.

Localisation

Cette étude de cas traite de l'espace arctique, situé au-delà du cercle polaire septentrional, sur lequel le changement climatique actuel est particulièrement significatif, avec une évolution perceptible des modifications imputées au réchauffement.

Objectifs de l'étude de cas

Ces documents permettent de comprendre :
- la variabilité climatique selon différentes échelles temporelles (doc. 1) ;
- l'effet du réchauffement climatique actuel sur l'espace arctique (doc. 2 et 3) ;
- les conséquences écologiques et géopolitiques possibles du retrait des glaces de l'Arctique (doc. 2 et 3).

Commentaire

À travers ces documents, il s'agit de qualifier les changements environnementaux causés par le réchauffement contemporain des températures dans l'espace arctique et de réfléchir aux diverses implications que cela peut induire pour les sociétés et l'environnement, tant à une échelle régionale que mondiale.

I. La variabilité climatique

- Le premier graphe du doc. 1 met en évidence une détérioration progressive du climat terrestre au cours de l'ère tertiaire▸, qui se prolonge dans le Quaternaire par une période de glaciation. À une autre échelle, celle du millier d'années (graphe b), la période froide du Quaternaire est marquée par une succession de cycle glaciaire et interglaciaire. Au sein de la dernière

▶ Ce refroidissement permettra la formation vers 2,5-3 Ma du grand inlandsis arctique.

ÉTUDE DE CAS

période de refroidissement (graphe c) sont mises en évidence des variations brutales du climat, qualifiées d'événements de Dansgaard-Oeschger. Une tendance forte au radoucissement climatique (graphe d) s'affirme vers 13 000 BP (graphe d), brutalement interrompue par un retour du froid vers 11 000 BP (Dryas récent). À partir de 10 000 BP, les températures remontent marquant le début de l'interglaciaire actuel (l'Holocène).

▪ Relativement stable, le climat de l'Holocène subit néanmoins des fluctuations mineures (réchauffement vers 5 000 BP, dit « optimum atlantique » et vers 800-1 200 AD dit « optimum viking » ▸) qui se traduisent dans l'Arctique par un recul des glaces, une remontée de la végétation en altitude et en latitude. On peut évoquer aussi les périodes de refroidissement, comme celle du Petit Âge glaciaire (XIVe-XIXe siècles), marquée par l'extension maximale des glaciers arctiques. Depuis le début du XXe siècle est mesuré un radoucissement climatique, qui s'accentue dans les années 1950 pour dépasser 1 °C actuellement (graphe e).

▸ Ce réchauffement favorisa l'expansion Viking dans l'Atlantique Nord.

▪ C'est donc à différentes échelles spatio-temporelles qu'il convient d'envisager les variations climatiques actuelles.

II. Les manifestations physiques du changement climatique en Arctique

▪ Depuis les années 2000, on peut observer un recul manifeste de la banquise en surface, qui devrait se poursuivre dans les décennies futures (**doc. 3**). Les observations soulignent que la fonte estivale des glaces est de plus en plus forte, se traduisant par un retrait important des glaces dans l'Arctique, avec l'exemple d'une langue glaciaire de Longyearbyen qui a reculé de 300 mètres en 2014, au lieu d'une avance de 700 m.

▪ L'autre manifestation de ce réchauffement climatique est la dégradation du permafrost ou pergélisol (**doc. 2**). L'action du gel se réduit en intensité et en durée, du fait du réchauffement provoquant une régression de l'extension des sols gelés. En ce sens, la cryosphère est un indicateur significatif du changement climatique, subissant des modifications importantes (forte diminution de la glace de mer arctique ; rétrécissement continu des glaciers ; diminution du sol gelé de saison).

III. Les conséquences de la fonte de l'Arctique pour les sociétés et l'environnement

▪ Le recul des glaces et du pergélisol rend plus facile et accessible à moindre coût l'exploitation des hydrocarbures, libérant en particulier de nouvelles zones pour l'exploitation offshore, et l'extraction des minerais que renferme l'espace arctique. En outre, le recul des glaces libère de nouvelles voies de navigation, permettant l'ouverture de nouvelles routes maritimes, tels les passages du Nord-Ouest et du Nord-Est (**doc. 3**). Cela raccourcirait les distances entre l'Europe et l'Asie ou entre la côte Est des États-Unis et l'Asie avec, pour corollaire, une durée de transit réduite et des économies de coût de fonctionnement. Enfin, l'espace arctique en devenant de plus en plus accessible rend possible le développement du tourisme « de masse » (**doc. 2**), ce qui n'est pas sans conséquence pour la préservation des milieux naturels.

▪ Les changements environnementaux observés dans l'Arctique peuvent aussi avoir une influence globale sur l'environnement (**doc. 2**). La fonte des glaces risque d'accélérer l'élévation du niveau marin, et, à mesure que le réchauffement s'intensifie, davantage de gaz à effet de serre pourraient être libérés dans l'atmosphère suite au dégel du pergélisol.

Conclusion

Le réchauffement climatique constitue un défi régional majeur pour l'Arctique mais également global pour l'ensemble de la planète. Les changements environnementaux induits présentent à la fois des risques mais aussi des opportunités pour l'espace arctique.

▲ Photo : © E. de Bélizal, 2019

Le glacier de la Mer de Glace, dans le massif du Mont-Blanc à l'Est de Chamonix est un objet de curiosité et une destination touristique depuis la fin du XVIIIe siècle. Il connaît depuis la fin du Petit Âge Glaciaire un fort recul, qui s'est accéléré ces dernières années, mais qui n'enlève rien à son attractivité. Les skieurs y sont nombreux et les visiteurs continuent d'affluer par centaines chaque jour pour visiter la grotte taillée dans les profondeurs de la glace. Les glaciers constituent les marqueurs les plus connus des changements globaux toujours plus intenses que la notion d'Anthropocène caractérise. Ces mutations sont malgré tout encore difficilement prises en compte.

CHAPITRE

2 L'Anthropocène, ou la prise de conscience des changements globaux

PLAN DU CHAPITRE

Face aux mutations environnementales d'ordre planétaire, l'échelle mondiale est de plus en plus mobilisée pour proposer des concepts et des outils partagés par tous. La médiatisation des catastrophes comme l'accident nucléaire de Fukushima, provoqué par un tsunami en 2011, du réchauffement climatique ou des alertes lancées face à l'érosion de la biodiversité font prendre conscience aux opinions publiques de l'existence de menaces globales. Cette idée de crise globale découle du constat que le fonctionnement physique de la planète a été profondément bouleversé par les sociétés. Au-delà du débat scientifique qui accompagne l'émergence de la notion d'Anthropocène pour penser une planète entièrement anthropisée et transformée, l'identification de menaces globales appelle une gestion mondiale pour décider, collectivement, des mesures à prendre. Depuis la fin des années 1940, c'est l'ONU qui s'est imposée comme scène internationale privilégiée des politiques environnementales, avec une mise à l'agenda qui s'est accélérée depuis les années 1970.

Répondre aux changements environnementaux est donc avant tout une question géopolitique, qui pose la question d'une gouvernance internationale dans un cadre onusien. En outre, la portée opérationnelle de ces politiques environnementales soulève beaucoup de questions, notamment dans le passage du niveau mondial à l'échelle locale (entendue à la fois comme échelle régionale, nationale, et des territoires/communautés).

Quelle est la bonne échelle d'action, entre un niveau mondial marqué par les rivalités géopolitiques et les niveaux locaux ?

I. La prise de conscience de l'existence de menaces globales et l'émergence d'un débat scientifique

1. Du monde fini à la crise globale

Depuis la fin du XIXe siècle, la protection de l'environnement a principalement été caractérisée par la création de parcs dans les pays de culture anglo-saxonne (États-Unis, Canada, Australie, colonies britanniques). Ces initiatives demeuraient circonscrites à un territoire strictement délimité, placé en dehors des grands centres des sociétés▸.

▶ Voir Chapitre 5.

Ce n'est qu'après la Seconde Guerre mondiale que la prise en compte de l'environnement s'élargit et change d'échelle, passant progressivement du territoire local à préserver, à la planète entière conçue comme un système à l'équilibre fragile.

■ La prise de conscience d'un monde fini

Cette idée est notamment développée en 1948 par William Vogt et Fairfield Osborn, qui prophétisent une future catastrophe environnementale mondiale. Les pays d'Europe occidentale et d'Amérique du Nord, lancés dans l'industrialisation productiviste depuis la fin du XIXe siècle, puis dans le consumérisme triomphant de la prospérité économique d'après-guerre (les Trente Glorieuses), commencent à entrevoir les limites de leur mode de vie. À l'idée d'une action humaine et d'un progrès sans entraves succède désormais celle d'un monde fini, c'est-à-dire d'une planète aux ressources limitées, qu'il faut préserver non seulement pour continuer à se développer mais aussi pour sauvegarder l'espèce humaine.

L'un des indices de cette prise de conscience de la fragilité d'un environnement pensé à l'échelle planétaire est la création, en octobre 1948, de l'Union internationale pour la protection de la nature (UIPN, aujourd'hui appelée Union internationale pour la conservation de la nature). Son texte fondateur présente l'environnement comme un réservoir de ressources dont il faut protéger le renouvellement pour garantir la pérennité des sociétés. Le même constat est à l'origine du club de Rome, fondé en 1968. Il regroupe des économistes et des intellectuels inquiets des conséquences de la croissance. Parmi eux, les écologues Donella et Dennis Meadows publient en 1972 un rapport intitulé *Les Limites à la croissance*, demandant en particulier l'arrêt de la croissance pour préserver les ressources mondiales.

■ La crise globale

L'idée de crise environnementale globale signifie deux choses :

- D'une part, cette crise prend une dimension qui s'étend à l'ensemble du monde. La représentation d'une planète en pleine mutation environnementale s'impose alors. Les conséquences de ces changements sont largement négatives et se ressentent partout sur le globe.
- D'autre part, parler de crise globale signifie qu'il existe des perturbations qui affectent le système Terre dans son ensemble et qui peuvent représenter un danger pour l'ensemble des sociétés de la planète. Le terme global désigne donc le caractère systémique des perturbations : atmosphère, hydrosphère, lithosphère, mais aussi et surtout biosphère, sont menacées par le déséquilibre qu'engendrent les sociétés.

Voir le documentaire primé *Chasing Ice* de James Balog (2012), qui représente les effets locaux du changement climatique global en montrant la fonte des glaciers en *timelapse*.

La prise de conscience de la crise environnementale globale se manifeste par la mobilisation croissante des opinions publiques : renouvellement des ressources, exposition aux risques, raréfaction de la biodiversité, réchauffement climatique sont des thématiques largement diffusées par les médias et réappropriées par les sociétés. Les images spectaculaires de certains documentaires ou films catastrophes nourrissent l'idée d'une Terre fragile, menacée et, de fait, devenue menaçante. La médiatisation des grandes catastrophes, pourvoyeuses d'images fortes, participe aussi de cette représentation. Les images des tsunamis de 2004 en Asie du Sud-Est ou bien de Fukushima au Japon en 2011 ont été largement diffusées et commentées. Le fait que des touristes européens aient été tués en 2004 ou que la pollution nucléaire se répande dans le Pacifique en 2011 donne à ces catastrophes une ampleur mondiale.

Pour le géographe Michel Lussault, le tsunami de 2004 est l'un des révélateurs d'une société dont l'espace de référence est maintenant « le monde ». Lire le début de *L'homme spatial*, Paris, Le Seuil, 2007.

2. L'environnement global en débats : la notion d'Anthropocène

Les crises environnementales globales, dont les impacts sont de mieux en mieux connus et mesurés, amènent certains chercheurs à questionner le poids des sociétés sur leur environnement. La notion d'Anthropocène, encore très discutée, est le témoin de ces interrogations actuelles sur l'environnement global et de la perception de la crise qu'il traverse.

▶ Voir Chapitre 1.

■ Origine et définition

Le concept d'**Anthropocène** a donné lieu à un colloque réunissant sociologues, géologues, philosophes et historiens des sciences au Collège de France en novembre 2015. La plupart des conférences sont visibles en ligne.

Voir Crutzen P. J., Stoermer E. F., 2000, The "Anthropocene", *Global Change Newsletter* n° 41, 17-18.

La notion d'**Anthropocène** a été inventée par le chimiste et prix Nobel Paul J. Crutzen au début des années 2000. Même si sa définition et son application font toujours débat dans les sciences environnementales et sociales, ce concept s'est répandu et son usage est de plus en plus fréquent. L'Anthropocène renvoie au fait que les êtres humains dans leur ensemble seraient devenus une force géologique agissant sur la planète Terre de façon globale. « Être entré dans l'Anthropocène » signifie que le poids des sociétés dans l'environnement est devenu si important que, désormais, ce dernier a commencé à changer de manière irréversible à l'échelle planétaire.

Selon Paul Crutzen, les impacts des sociétés sur l'environnement sont détectables depuis la fin du XVIIIe siècle, d'après les bulles d'air emprisonnées dans les glaces polaires. C'est à partir de ce moment que les sociétés n'ont cessé de se développer en utilisant massivement les ressources naturelles, notamment les énergies fossiles, et sont ainsi devenues des acteurs majeurs de l'environnement.

▶ Voir Chapitre 4.

Ères et époques géologiques : quelle place pour l'Anthropocène ?

Nous sommes actuellement dans l'ère cénozoïque, période du « Quaternaire », époque « Holocène ». Le Quaternaire commence il y a environ 2,6 millions d'années, et sa première époque s'appelle le « Pléistocène ». Les géologues l'ont arrêtée à la fin de la dernière glaciation il y a environ 12 000 ans. L'époque actuelle est caractérisée par le développement des civilisations qui ont bénéficié du réchauffement interglaciaire.

▶ Voir Chapitre 1.

La proposition de Paul Crutzen est de créer un système de division climatique de l'histoire géologique de la Terre en délimitant une nouvelle époque, dont le climat serait influencé par les sociétés : l'Anthropocène. Avant lui, d'autres tentatives avaient été proposées : pendant la Seconde Révolution industrielle en Europe occidentale, l'Italien Stoppani évoquait « l'Ère Anthropozoïque », succédant au Cénozoïque. Le géochimiste Vladimir Vernadsky, au début du XXe siècle, amena l'idée que la biosphère, perçue et modifiée par l'esprit humain, était devenue la « noosphère » (du grec *noüs*, « l'esprit »).

On est passé, au XXe siècle, d'une conception de la Terre comme une nature extérieure à l'homme à l'idée d'un système-Terre complexe, façonné par les sociétés.

Voir Latour B., 2015, *Face à Gaïa : Huit conférences sur le nouveau régime climatique*, La Découverte, 398 p.

L'Anthropocène renvoie à l'idée que la planète n'est plus un système naturel, mais, au contraire, un système très largement anthropisé. Les impacts anthropiques ne sont plus seulement locaux et régionaux, mais touchent désormais la planète entière. L'impact des sociétés sur les milieux ne s'observe plus seulement là où elles vivent, mais se transmet à une échelle globale et peut toucher des sociétés plus lointaines. C'est ce changement de nature et d'échelle que l'Anthropocène veut définir.

Une notion discutée

L'Anthropocène ne fait pas consensus parmi les scientifiques, notamment chez les géologues. L'Union internationale des sciences géologiques (IGUS) définit, en effet, la subdivision des ères géologiques selon des critères précis : géologiques, biostratigraphiques, physico-chimiques.

Le début de l'Anthropocène, daté de l'industrialisation par Crutzen, est parfois situé plus en amont dans l'histoire des sociétés. Même si les impacts anthropiques sont restés modérés avant l'industrialisation, et ont surtout joué à des échelles locales, voire régionales, on peut être tenté de faire débuter l'Anthropocène à partir du moment où des groupes humains ont commencé à transformer l'environnement. Or, traditionnellement, les unités géologiques sont distinguées à partir de « clous d'or », qui sont des marques globales de changements environnementaux planétaires, apparaissant comme des transitions remarquables dans la stratigraphie.

Les aspects plus climatiques que géologiques de l'Anthropocène en rendent les manifestations difficiles à repérer, et l'absence de clou d'or incontestable empêche donc l'Union internationale des sciences géologiques de statuer unanimement sur l'existence et l'origine de l'Anthropocène. Si, en 2016, la recommandation d'intégrer l'Anthropocène à l'échelle des temps géologiques a été validée, le Congrès géologique international n'est toujours pas d'accord sur la chronologie à adopter▸.

▸ « En 2024, la sous-commission de stratigraphie du Quaternaire a même voté contre la proposition d'acter le début de l'Anthropocène au milieu du XXe siècle. »

La définition de l'Anthropocène soulève non seulement un débat sur son origine et sa signification géologique, mais aussi sur sa définition et ce qu'elle révèle. La racine étymologique « *anthropos* » souligne un caractère universel assez contesté, dans la mesure où l'humanité entière n'est pas également responsable des changements globaux. Ceux-ci sont souvent

▶ Pour d'autres chercheurs, comme l'anthropologue Bruno Latour, l'Anthropocène ne se pense pas en termes de modernité. Au contraire, c'est même la manifestation du fait que « nous n'avons jamais été modernes » (selon le titre de son essai paru en 1991).

perçus comme la conséquence de la modernité occidentale▶ et de ses corollaires sociaux et économiques (domination coloniale, capitalisme, industrialisation), responsables d'inégalités et de dégradations. Concept discuté, concept en cours de délimitation et de définition, l'Anthropocène traduit néanmoins l'idée de la crise environnementale globale, qui appelle une réflexion et une coopération, globales elles aussi.

Au-delà des débats scientifiques qui caractérisent cette prise de conscience, une gouvernance mondiale de l'environnement a émergé, mais elle demeure partagée entre la décision des traités et leur application, compte tenu des difficultés opérationnelles et géopolitiques.

Rechercher les « clous d'or » pouvant marquer le début de l'Anthropocène

Les travaux des géographes anglais Simon Lewis et Mark Maslin, parus en 2015 dans la revue *Nature*, cherchent à délimiter plus précisément le début de l'Anthropocène. Ils discutent notamment de possibles « clous d'or » anthropiques. Les premiers feux (Pléistocène), l'extinction massive de la mégafaune continentale (fin du Pléistocène – les mammouths, par exemple, adaptés aux frimas des périodes glaciaires), les origines et diffusion de l'agriculture (Holocène) ne constituent pas des points de départ suffisants pour l'Anthropocène.

En revanche, la confrontation de l'Ancien Monde et du Nouveau Monde à partir du XVe siècle semble avoir été le catalyseur de plusieurs réactions pouvant représenter un clou d'or potentiel : l'arrivée des Européens en Amérique a abouti à un fort déclin démographique (guerres, maladies) qui a, en contrepartie, fait diminuer les quantités de CO_2 atmosphérique en l'espace de 50 ans.

Un grand nombre d'espèces végétales et animales ont été transportées de leur continent d'origine pour se développer ailleurs, le commerce devient mondial et les populations connectées : la date de 1610 est ainsi retenue pour marquer ce changement majeur, et donc le début possible de l'Anthropocène. Une autre date proposée est 1964, au moment de l'apogée des expériences d'explosions nucléaires sur Terre.

Dans l'idée de donner une vraie existence géologique à l'Anthropocène, il faudrait donc faire de l'Holocène le dernier étage du Pléistocène. Le Quaternaire comprendrait alors deux époques : le Pléistocène et l'Anthropocène.

II. Vers une gouvernance mondiale de l'environnement ?

La gouvernance caractérise l'ensemble des acteurs (privés, publics) et des dispositifs (règlements, traités, etc.) mis en œuvre afin de garantir une gestion optimale. La coordination et la concertation entre les acteurs et outils concernés en sont les principes fondamentaux.

La gouvernance ne se réduit pas au gouvernement et aux institutions politiques, mais est beaucoup plus large et concerne les associations, les ONG, les entreprises ou encore la population. Le terme de gouvernance indique que, au-delà d'une simple gestion internationale de l'environnement planétaire, les menaces et crises environnementales globales appellent de nouvelles formes de coordination, de négociation, de prises de décisions et doivent intégrer les différents acteurs et les différents niveaux d'action et d'intervention. Mais, dans un monde marqué par la division entre des États-nations aux intérêts souvent contradictoires et d'inégale puissance, la gouvernance de l'environnement global, qui suppose à la fois une vision d'échelle mondiale et des actions transnationales, pose problème. Quels en sont les acteurs, quelles en sont les arènes de décision, quelles en sont les échelles d'interventions ?

1. La scène onusienne du traitement des questions environnementales

L'ONU est la scène privilégiée du traitement des questions environnementales à l'échelle mondiale. Elle réunit des acteurs variés, qu'il s'agisse des États-membres ou des institutions spécialisées (PNUE, UNESCO, etc.).

La mise à l'agenda international de l'environnement à l'ONU s'est faite progressivement depuis les années 1950. La logique dominante est celle de la « conservation▸ », c'est-à-dire une protection raisonnée et adaptée des ressources qui, à l'inverse de la « préservation », synonyme de « mise sous cloche », autorise leur exploitation et le développement qui en découle. Les politiques environnementales de l'ONU ont ainsi été très tôt orientées vers l'association étroite entre environnement et développement.

▶ Voir Chapitre 5.

Les orientations des politiques environnementales sont définies lors de conférences (ou sommets) qui se réunissent tous les dix ans depuis 1972. Elles ont été prolongées et négociées lors des Conférences des Parties, qui se réunissent tous les ans depuis 1994, et peuvent enfin aboutir à des protocoles.

La première conférence mondiale sur l'environnement a été organisée en 1972 à Stockholm par l'ONU (Conférence des Nations unies sur l'environnement humain), dans un contexte où émergeait, à la fin des années 1960, une contestation grandissante du mode de vie occidental fondé sur la croissance et la consommation. Les problèmes de pollution se généralisaient et appelaient une action intergouvernementale qui a été l'un des axes de réflexion de cette conférence. Celle-ci a marqué un moment important de la conception globale de l'environnement et de la coopération des États. Elle a posé les jalons d'une réflexion collective sur la nécessité de prendre en compte la planète dans le développement des sociétés. L'image planétaire fut du reste au cœur de cette conférence, qui a été nommée « Sommet de la Terre ».

Si le sommet suivant (Nairobi, en 1982) n'a pas marqué les esprits, le Sommet de la Terre de Rio (1992) et celui de Johannesburg (2002) ont eu plus de retentissement médiatique. Le Sommet de Rio a notamment porté sur le devant de la scène internationale le principe de développement durable pour le XXIe siècle, qui a été au centre des sommets suivants. Le programme Action 21 (ou Agenda 21) y a été défini, avec 2 500 propositions qui ont ensuite pu être déclinées en agendas 21 locaux. Rio a aussi abouti à la Convention-cadre des Nations unies sur le changement climatique (CCNUCC), qui se réunit tous les ans sous le nom de Conférence des Parties (COP) depuis 1994, puis à la Convention-cadre sur la diversité biologique (CDB) et à celle sur la lutte contre la désertification (CLD).

D'autres conférences ont lieu sur des thématiques précises : par exemple, la conférence sur la biosphère, réalisée sous l'égide de l'UNESCO à Paris en 1968. Les COP sont aujourd'hui les plus célèbres de ces conférences. Leurs réunions, plus fréquentes que les Sommets de la Terre, ont pour but de réviser les objectifs à atteindre et de favoriser les rencontres et négociations régulières entre parties. Les COP comptent 195 membres : ce sont les États qui ont signé la CCNUCC. Elles sont à l'origine d'accords globaux comme le Protocole de Kyoto▸ (signé en 1997 et entré en vigueur en 2005) ou les Accords de Paris (2015). Ces

▸ Voir Étude de cas p. 82.

accords sont le fruit de discussions complexes, qui rendent difficile la signature de traités internationaux réellement satisfaisants. De fait, le Protocole de Kyoto, élaboré lors de la COP3 en 1997, n'a pas été ratifié par l'intégralité des parties.

En conclusion, si les sommets et les conférences délimitent les grands objectifs de la politique environnementale mondiale, le consensus reste souvent difficile. Outre les objectifs propres à chaque État, les tensions que les inégalités de puissance et de développement peuvent soulever donnent au traitement des questions environnementales une réelle portée géopolitique.

FOCUS Un exemple de gouvernance mondiale de l'environnement : la COP21 et les Accords de Paris (décembre 2015)

En décembre 2015, les 195 participants à la COP21 réunis à Paris signent les Accords de Paris. Ces derniers prévoient notamment la limitation urgente du réchauffement climatique à moins de 2 °C, en plafonnant les émissions de GES (gaz à effet de serre), l'idée étant qu'elles soient compensées par les puits naturels absorbant le carbone comme les océans. La baisse des émissions de GES s'appelle l'atténuation (ou mitigation).

Une aide de 100 milliards de dollars pour les pays en développement est décidée selon le principe de « responsabilité différenciée » face au changement climatique. Les petits États archipélagiques du Pacifique, faibles émetteurs en GES mais pourtant victimes directes des effets de la montée du niveau des océans, ont été des membres actifs des négociations, et ont demandé à ce que soit annoncée une tentative de limitation de l'élévation des températures à 1,5 °C.

La ville de Paris est devenue le lieu temporaire, mais exemplaire, de la gestion mondiale de l'environnement. La médiatisation de la COP21 en a fait effectivement un événement mondial de réflexion sur le climat et les changements environnementaux, insistant beaucoup sur la nécessité de prendre en compte ces problèmes à l'échelle globale. Malgré tout, de nombreuses critiques ont été émises : le cadre reste trop peu contraignant, et il semble encore impossible de limiter à +1,5 °C l'augmentation maximale des températures.

Fig. 2.1 Les acteurs de la COP21

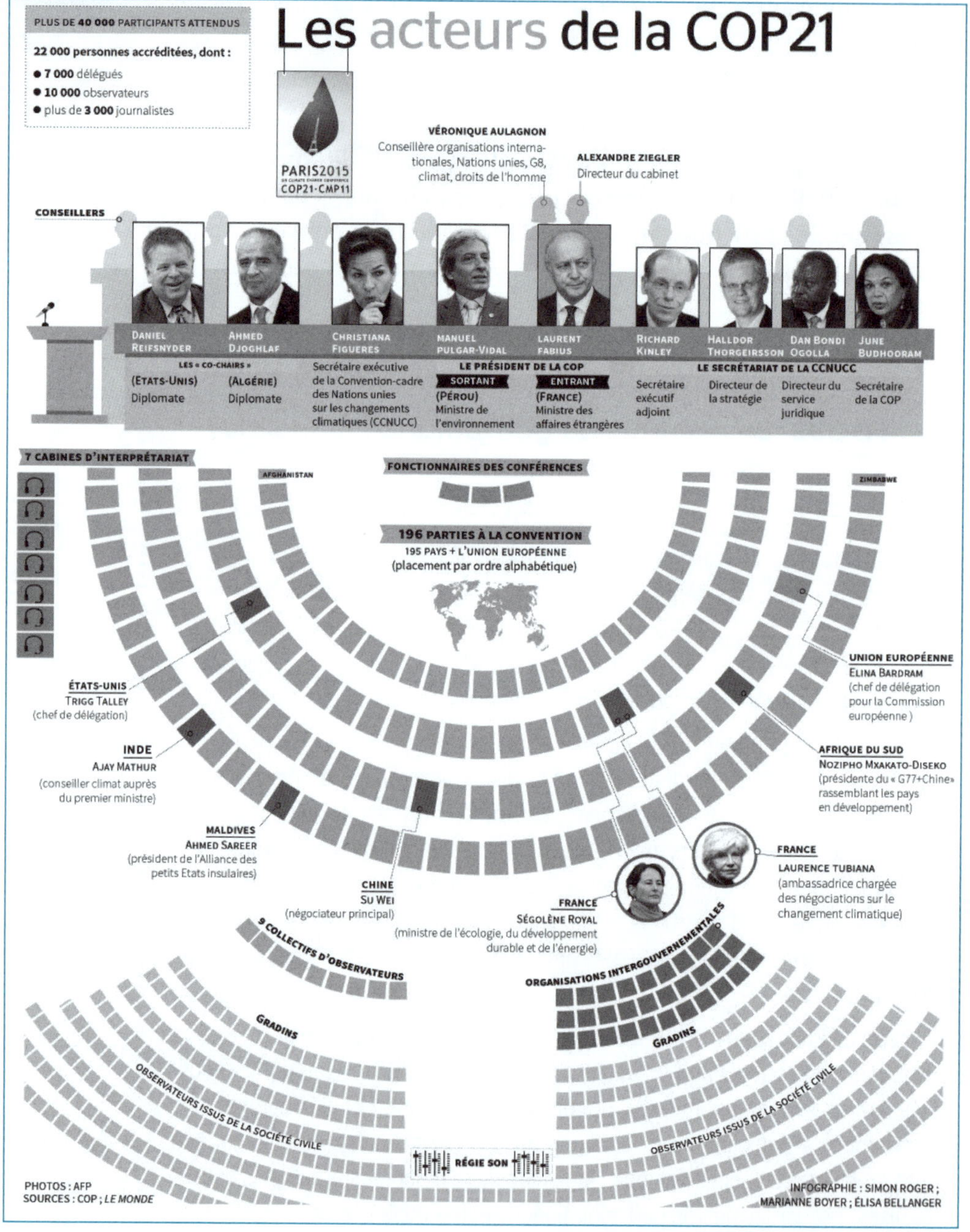

Source : Boyer M. et Bellanger É., « Infographie : qui fait quoi lors de la COP21 ? », *Le Monde*, article du 30 novembre 2015 (www.lemonde.fr/planete/infographie/2015/11/30/infographie-qui-fait-quoi-lors-de-la-cop21_4820699_3244.html).

2. Un problème transnational : l'asymétrie géopolitique Nord/Sud

Les questions environnementales amènent, dans leur traitement sur la scène internationale, un certain nombre d'enjeux géopolitiques s'expliquant par l'asymétrie pouvant exister dans les négociations.

Les inégalités de développement peuvent limiter le consensus. Il s'agit notamment de l'idée que tous les pays du monde n'ont pas participé et ne contribuent pas pareillement aux émissions de GES. Les pays anciennement industrialisés sont accusés d'être responsables du changement climatique global par les pays en voie de développement et les pays émergents. Ils auraient donc une dette envers ces derniers : ils se sont développés en ponctionnant les ressources de ces pays (colonisation) et restent les principaux émetteurs de GES par individu alors même que les pays en développement sont souvent les premières victimes des impacts du réchauffement global.

Les États développés pointent à l'inverse la consommation des ressources et les émissions exponentielles des pays des Suds, notamment des émergents comme la Chine, l'Inde ou le Brésil. Celle-ci reste faible rapportée aux individus (ces États sont très peuplés), mais sont majeures en valeur absolue. La Chine est, par exemple, devenue le premier émetteur mondial de GES en valeur absolue.

Lors de la COP16 à Cancún au Mexique en 2010, les pays développés devaient s'engager à verser 30 milliards de dollars aux PMA (pays moins avancés) avant 2012. Ce genre de financement s'appelle un « *fast start* », pour accompagner les pays moins avancés dans leur transition énergétique vers des alternatives moins polluantes.

▶ Le Fonds Vert pour le Climat a ainsi été créé à partir des contributions des pays les plus riches. Lors de la COP28 de 2023, il fut question d'augmenter la valeur de ce fonds, actuellement d'environ 17 milliards de dollars, pour atteindre les 50 milliards en 2030.

Il s'agit aussi d'aider les pays en développement frappés par des calamités climatiques alors qu'ils ne contribuent que peu au changement global (atolls des Kiribati dans le Pacifique équatorial). Le principe de responsabilité différenciée invite donc à considérer un positionnement différent entre pays face à l'environnement global et pose des questions de justice et d'équité environnementales. À la COP21, l'idée de « responsabilités communes mais différenciées », définie dans la CCNUCC, a été répétée.

L'opposition géopolitique Nord/Sud est ainsi particulièrement sensible dans les questions d'environnement, et se cristallise autour du développement. On observe des stratégies de regroupements d'États pour tenter de peser dans les discussions. Par exemple, au Sommet de Rio en 1992, des États insulaires en développement, exposés aux aléas naturels, vulnérables par isolement, manquant de structures sociales et de ressources, se sont constitués comme un groupe. Appelés Petits États Insulaires en Développement (PEID), ils regroupent une cinquantaine de membres localisés dans les Caraïbes (Haïti), le Pacifique (Kiribati) ou l'océan Indien (Seychelles).

Les pays émergents cherchent quant à eux à jouer un rôle de porte-parole des pays du Sud dans les négociations internationales. Lors de la COP15 à Copenhague en 2009, le Brésil, l'Afrique du Sud, l'Inde et la Chine se sont constitués en un groupe appelé BASIC, formé à partir de leurs initiales anglaises. Leur objectif commun était de faire pression sur les pays développés pour qu'ils reconnaissent leur responsabilité dans le changement climatique et pour adapter le Protocole de Kyoto aux pays en développement.

Les conférences environnementales apparaissent donc comme des arènes internationales, où les rapports de force demeurent inégaux et où la prise en compte mondiale de l'environnement dépend, tout en les révélant, des enjeux géopolitiques actuels.

La justice environnementale

La notion de justice environnementale propose de présenter les inégalités sociales au prisme de l'environnement. Elles se traduisent par des défauts d'accès aux ressources, une exposition inégale aux nuisances, et une inégale possibilité d'amélioration du cadre de vie. Elles sont apparues particulièrement visibles lors des confinements et des limites de déplacement imposées pendant l'épidémie de Covid-19 au printemps 2020. L'accès aux espaces verts s'est révélé très inégal dans les pôles urbains.

Le rapport des sociétés à leur environnement révèle donc de réelles inégalités territoriales. Celles-ci s'observent à toutes les échelles, qu'il s'agisse d'une agglomération ou d'une région (exclusion de population lors de la délimitation d'un parc naturel, par exemple) ou bien de la planète entière. Les aménités et nuisances environnementales sont des révélateurs des inégalités socio-spatiales.

3. L'émergence de nouveaux acteurs

Outre les États réunis dans le cadre des institutions onusiennes, d'autres acteurs participent à la gestion de l'environnement global.

Les scientifiques sont principalement représentés par le GIEC (Groupe d'experts intergouvernemental sur l'évolution du climat) depuis 1988. C'est grâce à ses expertises sur les concentrations en CO_2 et ses scénarios sur le réchauffement climatique que se sont fondées les conférences mondiales.

Les ONG sont également des acteurs essentiels de la gouvernance transnationale de l'environnement : 1 500 ONG étaient présentes au Sommet de la Terre de Rio en 1992. Outre leur participation aux conférences, les ONG contribuent aussi à la diffusion de l'information environnementale et à la médiatisation des changements à l'œuvre (WWF). Certaines sont reconnues pour leur action radicale, justifiant la violence de leurs procédés par la nécessité de se faire entendre et de défendre une situation d'urgence.

Le saviez-vous ?
Les Sea Shepherds, par exemple, se sont distingués dans de nombreuses affaires d'abordage et de violences sur des équipages de baleiniers, ayant conduit à l'interdiction de l'ONG dans certains pays comme la Namibie.

Le sixième rapport du GIEC (2022-2023)

Composé de trois volumes et d'un rapport de synthèse, le sixième rapport du GIEC met en évidence les points suivants :

1. La hausse globale des températures s'est accentuée. Le réchauffement de la planète atteindra 1,5 °C dès le début des années 2030.

2. Il en résulte des changements qui affectent les écosystèmes et les sociétés (augmentation des aléas, impacts sur la ressource en eau, sur la production agricole et l'alimentation, conséquences sur la santé).

3. Les émissions de gaz à effet de serre se poursuivent, à un niveau toutefois deux fois inférieur à celui des années 2010. La neutralité carbone est souhaitée dès le milieu du XXIe siècle.

Les acteurs privés ne sont pas à négliger non plus : certaines grandes firmes multinationales n'hésitent pas à mettre en avant leur respect de l'environnement, à la fois comme argument publicitaire, mais aussi comme preuve d'une certaine moralité.

Enfin, les populations ne sont pas à oublier. Les lanceurs d'alerte parviennent, grâce aux médias et aux réseaux sociaux, à diffuser largement un message. L'interdiction du chalutage en eau profonde (capture de poissons à plus de 800 mètres) décidée en juin 2016 par les institutions européennes doit beaucoup à la bande dessinée de Pénélope Bagieu, massivement diffusée en ligne et qui a permis de soutenir une pétition de l'ONG Bloom.

www.penelope-jolicoeur.com/2013/11/prends-cinq-minutes-et-signe-copain-.html

4. Formes et limites d'une gouvernance internationale

En l'absence d'un gouvernement mondial, la gouvernance de l'environnement global se heurte à la complexité des systèmes d'acteurs, aux rapports de forces asymétriques ou encore aux obstacles juridiques et administratifs.

Les réticences des uns et les contestations des autres freinent l'efficacité de la réponse globale aux changements environnementaux. L'Arabie saoudite, pendant la COP21, a par exemple refusé que l'extraction d'hydrocarbures soit mentionnée comme participant aux émissions de gaz à effet de serre. Signataires du Protocole de Kyoto, les États-Unis ne l'ont cependant pas ratifié, ce qui les dédouane des exigences de limitations des GES. Ils craignent effectivement que le respect des engagements de ce Protocole ne conduise à affaiblir leur économie, dans un contexte de crise. Les États-Unis n'ont pas non plus participé à alimenter le Fonds Vert pour le Climat entre 2014 et 2023.

Leur voisin nord-américain, le Canada, a quant à lui décidé d'exploiter les hydrocarbures non conventionnels, comme les sables bitumineux, dont on récupère du pétrole dans le bassin de la rivière Athabasca en Alberta. Cette activité, appelée à faire du Canada l'un des principaux producteurs mondiaux de gaz et de pétrole (40 % de la production est exportée vers les États-Unis), représente un réel moteur économique pour la province de l'Alberta : ses grandes villes Calgary et Edmonton ont ainsi connu des taux de croissance annuelle de plus de 10 % entre 2001 et 2006. Le coût environnemental de l'exploitation des hydrocarbures non conventionnels demeure cependant élevé, et empêche désormais le Canada d'honorer les engagements du Protocole de Kyoto.

▶ Voir Chapitre 4.

La visibilité médiatique de ces négociations internationales demeure également très inégale et sporadique, collant à l'actualité des conférences et aux calendriers politiques nationaux. Les conférences ne revêtent pas la même portée en fonction du contexte. Il est particulièrement révélateur de noter que la COP21, accueillie à Paris en 2015, a fait l'objet d'une vaste campagne médiatique alors que les COP suivantes ont été peu évoquées dans les médias, à l'exception de la COP28 à Dubaï en 2023. Le premier bilan des Accords de Paris reposant sur le sixième rapport du GIEC a donné à cette conférence une résonance plus forte. La visibilité des acteurs et des initiatives est donc variable, et contribue à affaiblir la cohésion d'ensemble de cette gouvernance de l'environnement global.

III. Du global au local : territorialiser les politiques environnementales

L'articulation entre les prises de décision à l'échelle globale et leur déclinaison locale pose problème. Rendre opérationnelles les politiques environnementales, c'est définir la « bonne échelle d'action » : comment assurer localement les nécessaires transferts de responsabilités et de moyens ?

1. Des politiques « *top-down* »

La procédure de déploiement des politiques environnementales décidées à l'échelle internationale est caractérisée par une structure hiérarchique verticale appelée « *top-down* », dans la mesure où l'impulsion vient du haut pour se communiquer ensuite progressivement aux échelons les plus bas. Un tel fonctionnement se rapproche de l'injonction, ce qui risque d'être normatif et inadapté aux contextes locaux.

En ce sens, les politiques environnementales peinent à être réellement appropriées par les communautés locales. Par exemple, la délimitation des parcs naturels, qui répond souvent à une injonction de protection de la biodiversité à l'échelle internationale, a des conséquences parfois néfastes sur les populations locales. Celles-ci sont parfois expulsées de leurs terres devenues territoire protégé par des institutions extérieures. En Ouganda, par exemple, les Twa ont été déplacés hors de leurs forêts au début des années 1990 lorsque celles-ci sont devenues Parc national de la forêt impénétrable de Bwindi et Parc national des gorilles de Mgahinga, gérés par des institutions comme la Banque mondiale et l'UNESCO. Désormais, les Twa sont installés aux limites de leur ancien territoire, dans d'insalubres camps de fortune.

2. Territorialiser les politiques environnementales en redonnant du pouvoir au local

Pouvoir appliquer à l'échelle locale les décisions prises lors des conférences internationales nécessite d'effectuer des arbitrages entre acteurs à l'échelle des territoires. Les opérations de concertation entre acteurs sont désormais répandues pour limiter l'effet d'injonction qui peut cristalliser des conflits.

En baie de Saint-Brieuc (Côtes-d'Armor), le parc éolien mis en service en mai 2024 se heurte par exemple à l'opposition des pêcheurs de coquilles Saint-Jacques, des habitants mais aussi des acteurs de l'activité touristique dans les stations balnéaires de la baie (St-Quay-Portrieux, Val-André, Erquy…). Une enquête publique a donc été organisée à la fin de l'été 2016 pour tenter de concerter les différents acteurs du territoire de la baie de Saint-Brieuc et pour permettre aux différents acteurs locaux de faire entendre leur voix.

Voir Oiry A., 2015, « Conflits et stratégies d'acceptabilité sociale autour des énergies marines renouvelables sur le littoral français », *VertigO – la revue électronique en sciences de l'environnement*, vol. 15, n° 3.

Redonner du pouvoir au local peut aider à territorialiser les politiques environnementales, c'est-à-dire à faire en sorte que les communautés locales puissent se les approprier pour leur donner du sens, et non seulement les subir. L'inverse d'une politique « *top-down* » s'appelle « *bottom-up* ». Cela signifie que l'impulsion provient du bas de la hiérarchie, et remonte progressivement vers le haut, qui peut ensuite en assurer l'application. Ce système participatif est souvent perçu comme plus adapté aux communautés locales, dans la mesure où elles sont en charge de l'initiative de décision : elles ne reçoivent plus de directives externes, mais sont responsables de leurs propres choix.

Ce mode de gestion recentré sur les communautés locales est de plus en plus mis en exergue par les politiques environnementales internationales, mais demeure encore embryonnaire. Si on peut y voir une volonté démocratique d'impliquer les populations ou de respecter les savoir-faire locaux, on peut à l'inverse pointer le transfert de coûts et de responsabilité, y compris morale, vers des populations souvent dominées, ce qui exonère les dominants (États, industriels, groupes) de leur responsabilité.

La démarche *bottom-up* nécessite souvent un très solide encadrement, y compris financier, pour accompagner l'émergence des décisions locales. Les ONG sont souvent les interlocuteurs privilégiés des communautés locales pour les aider à s'approprier les dispositifs de décision qui commencent à être mis en œuvre.

On observe désormais une très grande quantité d'initiatives locales. Les démarches participatives se multiplient dans le domaine de la protection de zones biologiques remarquables, de la réduction des risques, de la promotion d'une transition écologique ou de la mise en œuvre du développement durable. Toutefois, la majeure partie des actions proviennent des échelons internationaux et nationaux, qui sont aussi pourvoyeurs des financements nécessaires.

3. Où est le local ?

La grande question dans l'application locale des politiques environnementales internationales est précisément celle de ce niveau local qui reste encore bien difficile à définir précisément. L'Agenda 21, mis en œuvre dès la conférence de Rio en 1992, définit par exemple les principaux objectifs à remplir en termes de développement durable▸ pour le XXIe siècle. Les 14 chapitres de sa deuxième section sont consacrés à la protection et à la gestion de l'environnement comme éléments essentiels du développement, concernant la « protection de l'atmosphère », la « gestion des écosystèmes fragiles », ou encore la « préservation de la diversité écologique ». Le texte de base invite explicitement les collectivités locales à adapter à leur niveau la démarche de l'Agenda 21, à partir d'un programme élaboré collectivement. On observe ainsi, en France ou ailleurs, la création d'agendas 21 intégrés aux politiques d'aménagement du territoire.

▶ Voir Chapitre 7.

Par exemple, la mise en place de l'intercommunalité (association de plusieurs communes dans l'optique, entre autres, de mutualiser leurs services) s'accompagne d'un « agenda 21 » qui permet de valoriser la prise en compte de l'environnement dans la gestion de l'eau ou le traitement des déchets. On trouve même des approches plus locales, comme la réalisation d'agendas 21 à l'échelle d'une classe pour initier les élèves aux débats et aux projets environnementaux. Cette éducation est nécessaire si on veut pleinement valoriser l'efficacité de la concertation locale et l'émergence de décisions *bottom-up* : les politiques environnementales insistent aussi sur l'individu.

Le saviez-vous ?
Dans les années 1970 a été mis en place le principe « pollueur-payeur », qui veut que tout responsable d'une activité polluante prenne en compte dans ses coûts de production le prix de la prévention et de la lutte contre la pollution.

L'idée que la réduction du changement global commence par l'effort personnel est très largement véhiculée par les grandes étapes médiatisées de la prise de conscience mondiale des enjeux environnementaux (trou de la couche d'ozone, réduction de la biodiversité, déforestation, gaz à effet de serre…). Les préoccupations environnementales sont entrées dans le quotidien des habitants des pays développés. Les calculs des dépenses carbone individuelles, que ce soit à l'année ou à la journée, sont par exemple proposés sous forme d'applications téléphoniques, mais sont aussi mentionnés lors de l'achat de billets de transport. Le coût énergétique des logements est clairement indiqué et entre dans les négociations immobilières. Les ménages sont invités à recycler leurs déchets et bénéficient de crédits d'impôt pour rendre leur logement plus écologique.

Taxe carbone et marchés du carbone

Cette conception d'une dette environnementale des sociétés se chiffre aussi en argent : c'est le principe de la taxe carbone, qui vise à concrétiser par une sanction financière l'émission des GES et, notamment, le CO_2. Fixée autour d'une trentaine d'euros la tonne en France, cette taxe est mise en place dans de nombreux pays européens. Prévue à la suite du **Grenelle de l'Environnement**, puis momentanément abandonnée, la taxe carbone a finalement été adoptée en 2013.

Le **Grenelle de l'Environnement** (octobre 2007) est une rencontre associant acteurs politiques, ONG et entreprises. Il avait pour objectif de renforcer l'action environnementale du gouvernement français autour de la préservation de la biodiversité, de la réduction de la pollution et du développement durable.

Les exonérations sont encore nombreuses, notamment dans l'industrie des transports. Malgré tout, la création d'une fiscalité du carbone rend ce GES beaucoup plus concret : il a désormais un coût, et peut même animer des « marchés du carbone ». Les émetteurs ayant dépassé un quota imposé se voient dans l'obligation de payer la différence dont ils sont débiteurs. Inversement, les émetteurs ayant réussi à produire moins que leur quota sont créditeurs et peuvent vendre leur quota résiduel.

Le marché du carbone anime ainsi des réseaux d'échanges complexes, qui dessinent une géographie environnementale fondée sur la monétarisation du CO_2 comme mode de calcul du coût environnemental.

Conclusion

L'environnement imprègne désormais tous les espaces, du local au global. Il est devenu un élément essentiel de l'aménagement et du développement des territoires. Si les grandes décisions collectives ne sont pas à ignorer, il faut insister sur le fait que leur efficacité dépend avant tout de leur application aux échelles nationales et infra-nationales.

La gouvernance de l'environnement global apparaît particulièrement complexe, compte tenu des acteurs et enjeux multiples qui sont réunis. Le vernis du consensus masque de réels enjeux géopolitiques et des conflits qui expriment des rapports de force à toutes les échelles : entre pays développés et pays en développement, mais aussi entre usagers d'un même territoire. La valorisation de l'échelle locale et des pratiques individuelles apparaît aujourd'hui comme une solution encouragée et valorisée pour permettre aux communautés de s'approprier les directives données par les politiques environnementales internationales. Cependant, elle est loin d'aller de soi.

À RETENIR

- La mise à l'agenda international des questions environnementales correspond à une **progressive prise de conscience** que la planète possède des **ressources limitées** qu'il faut pouvoir préserver pour assurer la survie et le bien-être de tous.
- L'idée d'une crise environnementale globale a amené l'émergence d'un **débat sur la notion d'Anthropocène**, nom que certains scientifiques, intellectuels et journalistes veulent donner à la période géologique actuelle marquée par l'anthropisation complète de la planète.
- La gestion de la crise globale nécessite **une réponse internationale**, qui se fait dans le cadre privilégié de l'ONU et se matérialise par des sommets et des conférences qui signent des accords. D'autres acteurs ne sont pas à négliger (communauté scientifique, médias, ONG, population…).
- L'apparent consensus mondial sur les questions environnementales ne doit pas occulter les **enjeux géopolitiques** qui traversent les négociations : le droit au développement et les regroupements de pays traduisent l'asymétrie des rapports de force qui marque les grandes réunions.
- Le passage du global au local soulève de **nombreuses questions d'adaptation et de transferts de compétences** pour que les communautés puissent s'approprier les différentes politiques.

NOTIONS CLÉS

- Global et local
- Sommet de la Terre
- Conférence des Parties
- Environnement global
- Gouvernance mondiale
- Démarches *top-down* et *bottom-up*
- Territorialisation des politiques environnementales

POUR ALLER PLUS LOIN

Aykut S., Dahan A., 2015, *Gouverner le climat ? 20 ans de négociations internationales*, Paris, Presses de Sciences Po ; Bonneuil C., Fressoz J.-B., 2013, *L'Événement Anthropocène. La Terre, l'histoire et nous*, Paris, Le Seuil ; Crutzen P. J., Stoermer E. F., 2000, The "Anthropocene", *Global Change Newsletter* n° 41, 17-18 ; Crutzen P. J., 2007, « La géologie de l'humanité : l'Anthropocène », *Écologie & politiquen* n° 34-1, 141-148 ; Latour B., 2015, Face à Gaïa : *Huit conférences sur le nouveau régime climatique*, La Découverte ; Wallenhorst N., Theviot A., 2020, « Les récits politiques de l'Anthropocène. Articulation du politique en Anthropocène et de l'Anthropocène en politique », *Raisons politiques* n° 77-1, 5-34 ; Wallenhorst N., 2021, « La datation de l'entrée dans l'Anthropocène », *Recherches & éducations* n° 23.

• Sur l'Anthropocène : Cycle de conférences au Collège de France à l'automne 2015 (vidéos disponibles en ligne : www.fondationecolo.org/l-anthropocene/video) Texte de l'Accord de Paris sur le climat : http://unfccc.int/resource/docs/2015/cop21/fre/l09r01f.pdf

Aux échelles régionales : consulter les agendas 21 français (www.agenda21france.org/)

Tester ses connaissances

Corrigés en ligne

Définissez puis utilisez les mots suivants pour compléter le texte :

GES – pays développés – pays en développement – atténuation – carbone – COP21– développement durable – Copenhague – adaptation

L'accord international devait d'abord traiter, de façon équilibrée, de … – c'est-à-dire des efforts de baisse des émissions de … – et de l'… des sociétés aux dérèglements climatiques déjà existants.

L'objectif de la … était de bâtir une « alliance de Paris pour le climat », qui permette de contenir l'élévation de la température moyenne de la planète en dessous de 2 °C d'ici 2100 et d'adapter nos sociétés aux dérèglements existants. […]

Autre objectif essentiel visé à Paris : la mobilisation de 100 milliards de dollars par an par les …, de source publique et privée, à partir de 2020. Cet engagement, formulé lors de la conférence sur le climat de … en 2009, devait permettre aux … de lutter contre le dérèglement climatique tout en favorisant un … et juste. Une partie de ces financements transitera par le Fonds vert pour le climat, dont la première capitalisation a atteint 10,2 milliards de dollars, dont près d'un milliard abondé par la France. Plus largement, la Conférence de Paris a permis d'adresser aux acteurs économiques et financiers les signaux nécessaires à la réorientation de leurs investissements, afin d'engager la transition vers des économies bas …

Source : « Accord de Paris, agenda des solutions : ce qu'il faut retenir de la COP21 », ministère de l'Environnement, de l'Énergie et de la Mer, novembre 2015. www.developpement-durable.gouv.fr/Accord-de-Paris-Agenda-des.html

Questions sur document

Source : Flyer produit à l'occasion de l'Année internationale des petits États insulaires en développement par l'ONU en 2014.(www.un.org/fr/events/islands2014/img/getinvolved/card_5.jpg).

1. Identifiez à qui s'adresse ce document.
2. Expliquez le message qu'il veut faire passer.
3. Que révèle ce document sur la gouvernance mondiale de l'environnement ?

▶ Voir Méthode p. 249.

ÉTUDE DE CAS

La réduction des émissions de CO_2, un enjeu global

Doc. 1 Températures globales et CO_2 depuis les années 1880

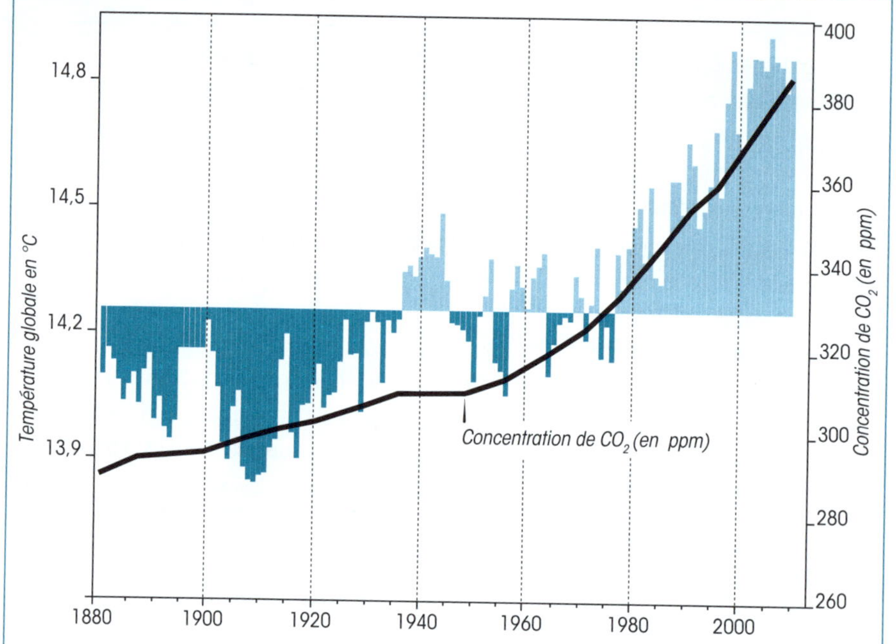

Source : NOAA (National Oceanic and Atmospheric Administration).

Doc. 2 Extraits de l'Accord de Paris (COP21)

« *Article 2*

1. Le présent Accord [...] vise à renforcer la riposte mondiale à la menace des changements climatiques, dans le contexte du développement durable et de la lutte contre la pauvreté, notamment en :

a. Contenant l'élévation de la température moyenne de la planète nettement en dessous de 2 °C par rapport aux niveaux préindustriels et en poursuivant l'action menée pour limiter l'élévation des températures à 1,5 °C [...].

b. Renforçant les capacités d'adaptation aux effets néfastes des changements climatiques et en promouvant la résilience à ces changements et un développement à faible émission de gaz à effet de serre, d'une manière qui ne menace pas la production alimentaire.

Article 4

1. En vue d'atteindre l'objectif de température à long terme énoncé à l'article 2, les parties cherchent à parvenir au plafonnement mondial des émissions de gaz à effet de serre dans les meilleurs délais, étant entendu que le plafonnement prendra davantage de temps pour les pays en développement parties, et à opérer des réductions rapidement [...] sur la base de l'équité, et dans le contexte du développement durable et de la lutte contre la pauvreté [...].

2. Les pays développés parties continuent de montrer la voie en assumant des objectifs de réduction des émissions en chiffres absolus à l'échelle de l'économie. [...]

Article 9

1. La fourniture de ressources financières accrues devrait viser à parvenir à un équilibre entre l'adaptation et l'atténuation, en tenant compte des stratégies impulsées par les pays et des priorités et besoins des pays en développement parties, notamment de ceux qui sont particulièrement vulnérables aux effets néfastes des changements climatiques et dont les capacités sont très insuffisantes comme les pays les moins avancés, et les Petits États insulaires en développement, eu égard à la nécessité de prévoir des ressources d'origine publique et sous forme de dons pour l'adaptation. »

Doc. 3 **Les objectifs du Protocole de Kyoto pour 2012**

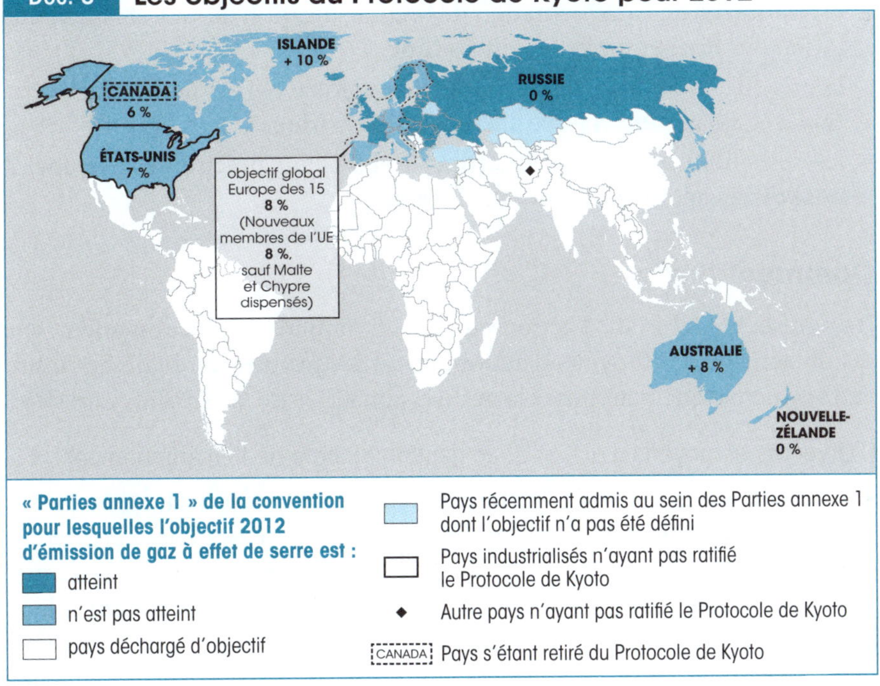

« Parties annexe 1 » de la convention pour lesquelles l'objectif 2012 d'émission de gaz à effet de serre est :

- atteint
- n'est pas atteint
- pays déchargé d'objectif
- Pays récemment admis au sein des Parties annexe 1 dont l'objectif n'a pas été défini
- Pays industrialisés n'ayant pas ratifié le Protocole de Kyoto
- ◆ Autre pays n'ayant pas ratifié le Protocole de Kyoto
- CANADA Pays s'étant retiré du Protocole de Kyoto

Source : CNUCC.

ÉTUDE DE CAS

Présentation des documents

▶ La conversion degrés Fahrenheit/Celsius est : T °F = 1,8T°C + 32 T °C = (T°F – 32)/1,8.

- **Doc. 1** Diagramme de l'évolution des températures globales (en degrés Fahrenheit▸) en bâtons et courbe de la concentration atmosphérique en CO_2.
- **Doc. 2** Extrait de l'Accord de Paris, proposant des objectifs d'actions internationales sur la réduction des températures et des GES dans un souci d'équité.
- **Doc. 3** Carte extraite d'un article paru en décembre 2009 dans *Le Monde diplomatique*, lors de la COP15 représentant l'engagement de réduction de gaz à effet de serre pour 2012 pris dans le cadre du Protocole de Kyoto.

Localisation

Enjeu environnemental mondial : la réduction des gaz à effet de serre (ou « atténuation ») pour limiter le réchauffement global. Le Protocole de Kyoto en a fait son objectif depuis les années 1990 et la 21e Conférence des Parties réunie à Paris en 2015 en a répété l'urgence.

Objectifs de l'étude de cas

En analyse de diagramme, on regarde en priorité : la distribution des données, l'allure générale (croissante, décroissante, constante). On repère les pics et les creux, on les relève et on en donne la valeur sans oublier les unités. On les interprète.

Ces documents permettent de comprendre :
- la relation entre l'augmentation de la concentration de CO_2 et l'augmentation des températures terrestres (**doc. 1**) ;
- la prise de conscience de ce changement global nécessitant la participation, régulièrement révisée, de tous les pays (**doc. 1**, **2** et **3**) ;
- les déséquilibres entre parties (**doc. 2** et **3**). Plus précisément, le **doc. 2** pose directement la question de l'adaptation.

Commentaire

Il s'agit de réfléchir sur l'action globale en matière d'environnement, sur ses objectifs et ses moyens d'action, et sur les problèmes de déséquilibre et d'asymétrie que peut poser la gestion concertée de la réduction du CO_2.

I. Objectifs et moyens d'action de la gestion globale de l'environnement

▶ Cela signifie que pour un volume atmosphérique d'un million de m³, on trouvera 100 m³ de CO_2.

- Le **doc. 1** témoigne de l'élévation des températures depuis l'industrialisation : la distribution des bâtons montre un gain de + 0,9 °C, accéléré depuis 1960-1970. Les bâtons sont répartis autour de la ligne représentant la température moyenne avant l'industrialisation. On repère ainsi d'autant mieux les années « chaudes » des années « froides », lesquelles ont cessé à partir des années 1980. La courbe de concentration du CO_2 est croissante depuis les débuts de l'industrialisation : + 100 ppm▸ entre 1880 et 2010. L'origine anthropique de cette augmentation est vraisemblable, puisque la croissance de la courbe est aisément corrélée à l'anthropisation globale de la planète.

- C'est sur cette émission croissante de CO_2 que les objectifs planétaires de gestion de l'environnement se focalisent (atténuation). Si le CO_2 est indispensable à la vie (photosynthèse) et au fonctionnement de l'effet de serre, il faut limiter son augmentation préoccupante.

- Les mauvais résultats du Protocole de Kyoto (**doc. 2**) amènent à repenser l'action collective globale. Les Accords de Paris en 2015 cherchent à planifier l'action, sans précision quantitative. En revanche, le propos insiste sur la nécessité de s'adapter, dans une optique de résilience : l'objectif est de chercher des voies de développement dans un contexte de changements inéluctables. On n'est donc plus dans l'empêchement, mais au contraire dans l'accompagnement du changement dont il faut limiter la portée. Apparaît l'idée d'une trajectoire de développement cohérente avec la situation socio-économique des parties : pays développés et pays en développement sont séparés dans leurs objectifs.

II. Concilier les échelles de décision et les disparités de développement

- Le **doc. 3** traduit l'inégale réussite des engagements pris dans le cadre du Protocole de Kyoto pour l'année 2012. L'Allemagne s'était par exemple engagée à réduire ses émissions de 21 %. D'autres pays étaient autorisés à les augmenter : +15 % pour l'Espagne. Quelques rares pays sont parvenus à honorer leurs prévisions d'émissions de GES.

- Le **doc. 3** illustre l'effort porté par les pays les plus riches, dédouanant momentanément les pays en développement. Si la responsabilité environnementale des pays développés induit toujours une nette césure envers les pays en développement, clairement sensible dans la plupart des articles de l'Accord de Paris, la participation des pays plus pauvres est quand même assurée (art. 9). Par ailleurs, la question de l'adaptation est posée en termes plus précis pour les pays en développement exposés aux aléas climatiques et en situation de risque élevé. La participation de tous est requise, avec, en fond, des transferts financiers des plus riches vers les plus pauvres pour assurer l'équité de l'effort environnemental.

- Le **doc. 3** est à nuancer : la Chine▸ n'est pas indiquée, alors qu'elle est désormais un acteur majeur des politiques environnementales globales. Le texte de l'Accord de Paris maintient ainsi l'asymétrie géopolitique déjà remarquable dans le Protocole de Kyoto, et rend palpable cet aspect de la complexité de l'environnement dit « global » : comment équilibrer un effort entre acteurs si hétérogènes ?

▸ Elle est, en 2011, le premier émetteur mondial de CO_2 (9 millions de t), devant les États-Unis.

▲

Photo © E. de Bélizal, 2020

Le volcan Etna culmine à 3369 m en Sicile (Italie), à proximité de l'agglomération de Catane peuplée par plus de 300 000 habitants. Ce vaste stratovolcan a connu des épisodes explosifs mais ce sont surtout les éruptions effusives qui en caractérisent la dynamique récente. Les aléas sont concentrés autour des cratères (fontaines de lave, projections de scories) mais peuvent aussi prendre la forme de coulées de lave pouvant atteindre plusieurs kilomètres d'extension. L'agglomération de Catane a été plusieurs fois ébranlée par les séismes volcaniques qui accompagnent les éruptions et a été, au XIXe siècle, partiellement détruite par des coulées de lave. Avec l'étalement urbain et le tourisme, l'exposition aux aléas a considérablement augmenté mais l'instrumentation scientifique a permis de mieux connaître les éruptions et d'en détecter les prémices.

CHAPITRE 3 Les sociétés face aux risques

PLAN DU CHAPITRE

I. Les aléas : à la source du danger

II. La vulnérabilité comme facteur essentiel de risque

III. Gérer les risques et les crises : outils et acteurs

ÉTUDE DE CAS

Les risques à Haïti, entre événements extrêmes et résilience impossible

En géographie, le risque est une situation caractérisée par la présence d'enjeux (population, patrimoine, réseaux...) plus ou moins fragiles (vulnérabilité), exposés à une source de danger probable (aléa « naturel » ou technologique). Le risque est produit par les sociétés qui créent ou aggravent des menaces par leurs activités et leurs interactions avec leur environnement.

Il s'agit d'une mesure du danger variable dans l'espace (zone sûre, zone dangereuse) mais aussi dans le temps. Le risque varie au cours de l'histoire et peut même changer en fonction des saisons ou des moments de la journée pendant lesquels l'exposition des enjeux change. La réalisation de la menace entraîne du reste des conséquences de gravité variable : on parle ainsi de catastrophe, de crise ou d'accident selon l'ampleur de la destruction et du temps pour nécessaire pour se reconstruire. Les échelles ne sont donc pas à négliger.

Le risque présente aussi une dimension politique et géopolitique qui suppose de s'intéresser à toutes les dimensions des territoires et à leurs acteurs, de la population menacée localement aux institutions pouvant les protéger.

La nécessité de prendre en compte les échelles spatiales, acteurs et temporalités des territoires font que le risque est un objet d'étude mobilisant tous les champs de la géographie.

I. Les aléas : à la source du danger

Si le risque ne se réduit pas aux aléas, ces derniers doivent être cependant connus dans la diversité des formes qu'ils peuvent prendre. Leur origine est dite « naturelle » quand il s'agit de processus biophysiques. Pour des processus directement liés aux activités des sociétés (industries, économie…), on parlera d'aléas d'origine anthropique.

Dans tous les cas, les aléas sont caractérisés en fonction de leur intensité (c'est-à-dire l'ampleur du processus, son importance) et de leur fréquence (surviennent-ils régulièrement, souvent, rarement). Dans la plupart des cas, la fréquence est inversement proportionnelle à l'intensité : plus un aléa est intense, moins il est fréquent.

1. Les aléas d'origine « naturels »

Il s'agit de phénomènes déclenchés par le fonctionnement biophysique de l'espace étudié. La connaissance des processus qui les provoquent est nécessaire pour bien comprendre l'origine et les manifestations du danger. Leur intensité est mesurée selon la quantité d'énergie libérée et la dimension de l'espace affecté. Il existe des échelles adaptées à chaque grand type d'aléa, comme l'échelle de Richter pour la magnitude des séismes, l'indice d'explosivité volcanique (VEI) ou encore l'échelle de Saffir-Simpson pour classer les cyclones selon leur force.

On a pris l'habitude de mettre le « naturel » entre guillemets pour rappeler que, du fait de l'anthropisation des milieux, certains aléas sont aggravés, voire produits, par les aménagements des sociétés. Par exemple, l'imperméabilisation des sols urbains augmente le ruissellement en cas de pluie torrentielle et aggrave les crues et les inondations (comme la Nartuby à Draguignan en 2010).

Tableau 3.1 **Typologie des principaux aléas naturels**

FAMILLE D'ALÉAS	PROCESSUS	DOMMAGES POSSIBLES
Aléas géodynamiques *Liés à l'activité tectonique du globe terrestre : leur localisation est donc très largement associée aux limites des plaques tectoniques.*	Séismes	Destructions, blessures mortelles
	Tsunamis	Destructions, blessures mortelles
	Éruptions volcaniques (coulées de lave, flux pyroclastiques ou « nuées ardentes », chutes de cendres, projections)	Incendies
		Ensevelissement
		Blessures mortelles
		Ravage des cultures
Aléas hydroclimatiques *Liés à la variabilité du climat, aux relations océans-atmosphères et aux dynamiques des bassins-versants*	Extrêmes thermiques (canicules, grands froids)	Blessures mortelles
	Sécheresse	Ravage des cultures, famines et disettes, décès
	Précipitations abondantes (pluie, grêle, neige)	Destructions, coupures de réseau
	Vent fort (tornades, cyclones, tempêtes)	Destructions, ravage des cultures
	Crues/Inondations	Destructions
Aléas géomorphologiques *Liés à la gravité et à la teneur du sol en eau, qui déterminent des processus plus ou moins long et plus ou moins massifs*	Mouvements de terrains (éboulements, glissements, laves torrentielles, avalanches)	Destruction, blessures
Aléas biologiques *Agents infectieux et insectes pouvant menacer la santé des groupes, et affecter leur bétail et leur culture*	Épidémies et épizooties	Décès, disparition du bétail et insécurité alimentaire
	Invasion de nuisibles	Destruction des cultures et insécurité alimentaire

2. Les aléas anthropiques

On regroupe sous le terme d'aléas anthropiques l'ensemble des menaces créées par les sociétés.

Les *aléas technologiques* sont liés à des activités incluant du matériel dangereux d'origine technique. Ils peuvent avoir des effets thermiques (combustion, explosion), mécaniques (surpression, onde de choc) ou toxiques. Par extension, on inclut dans ces risques les défaillances des systèmes socio-techniques (pannes, dysfonctionnement des réseaux, virus informatiques, etc.). Ces aléas résultent donc des progrès techniques d'une société. Parmi les aléas technologiques, on distingue les *aléas industriels* qui ont été mis en évidence par des accidents survenus depuis les années 1980 (fuite de dioxine dans une usine chimique à Seveso en Italie en 1976, fuite de gaz mortel à Bhopal en Inde en 1984, explosion de l'usine chimique AZF à Toulouse en 2001…). Les *aléas liés aux activités nucléaires* constituent également une forme d'aléa technologique particulier, souvent classé dans les aléas industriels.

Font également partie des aléas anthropiques tout dysfonctionnement économique et sociétal pouvant représenter des dangers susceptibles de menacer une population donnée : crise économique, faillite, chômage. Les **conflits** et tensions géopolitiques peuvent également être considérés comme des formes particulières d'aléas anthropiques.

Les **conflits** sont d'échelle variable : l'insécurité politique peut concerner une ville, un État, et peut être quotidienne (attentats isolés ou coordonnés) ou jouer sur une longue période (conflit israélo-palestinien).

Les aléas anthropiques réunissent ainsi sous un même vocable des processus variés et très différents les uns des autres en termes d'intensités, d'échelles et de conséquences.

3. Penser au-delà de la distinction physique/anthropique

■ Les aléas sanitaires

Un *aléa sanitaire* désigne un processus de contamination pouvant prendre une extension spatiale de dimension variée et portant atteinte à la santé d'un individu. Il peut s'agir de processus biologiques : infections virales (dengue, chikungunya) et parasitoses tropicales (paludisme) transmises par certains moustiques, qui peuvent s'avérer mortelles si l'accès aux soins demeure lacunaire. Certaines épidémies ont une extension mondiale, qu'il s'agisse d'épisodes ponctuels (souche H1N1 responsable de la grippe A en 2009, grippe aviaire…) ou de pandémies durables (VIH depuis 1981 et vagues de covid depuis 2020). La diffusion est majoritairement liée aux modes de vie des sociétés, à leur concentration et à leurs mouvements. Si l'on prend le cas de l'épidémie due au virus zika, on voit que la maladie, apparue au Brésil en 2015, s'est diffusée sur tout le continent américain et aux îles du Pacifique en 2016, puis à l'Europe et l'Asie. Le risque est bel et bien produit par les sociétés.

Le saviez-vous ?
Les deux espèces responsables des maladies tropicales sont l'*Aedes Aegypti* (dengue, chikungunya, zika) et l'anophèle (paludisme).

Certains aléas sanitaires sont des conséquences des activités anthropiques. C'est le cas des pollutions, qui affectent la santé des populations, augmentent la prévalence de certaines maladies, tout en portant atteinte aux milieux biophysiques. La contamination par des polluants le long de certains grands fleuves, comme le mercure dans le Rio Beni (Amazonie bolivienne), est ainsi liée aux activités humaines. La forte exposition des populations s'explique par les liens qui les unissent à leur environnement, en particulier au fleuve.

Les chaînes d'aléas

Les aléas ne sont pas cloisonnés de manière étanche : bien au contraire, un phénomène peut en induire d'autres. On peut songer à des glissements de terrain ayant déclenché des tsunamis (vallée d'Agaete en Grande Canarie il y a plusieurs dizaines de milliers d'années) ou des séismes ayant provoqué des avalanches (séismes du Népal d'avril 2015). Ce sont des enchaînements d'aléas. Les chaînes d'aléas ne s'observent pas que parmi les processus physiques mais concernent également des infrastructures dont l'endommagement en cascade peut représenter d'autres dangers pour les populations. Il peut donc y avoir des aléas naturels qui déclenchent ensuite des aléas anthropiques.

Les risques à l'heure de l'Anthropocène correspondent donc de moins en moins à un signal simple et linéaire (la « nature » frappe un territoire habité plus ou moins bien protégé), mais davantage à des processus multiples qui intègrent toujours plus d'acteurs et de territoires.

Les effets dominos

Les effets dominos sont présentés par Damienne Provitolo dans son étude sur les chaînes de catastrophes urbaines (2005). Elle développe notamment l'idée qu'un aléa d'origine naturelle, par exemple un tremblement de terre, provoque un aléa dérivé (rupture de digue), entraînant du coup un troisième aléa (inondation), pouvant enfin dégénérer en aléa technologique si une implantation industrielle, une centrale, est touchée. Un aléa survient donc rarement de manière isolée. Surtout, ses effets directs peuvent induire d'autres conséquences très destructrices.

Une excellente illustration de ce dernier cas s'est produite en mars 2011, lorsqu'un séisme survenu au large de la région du Tōhoku au nord-est d'Honshū (Japon) a induit un tsunami qui a coupé l'alimentation électrique assurant le refroidissement des réacteurs nucléaires de la centrale de Fukushima, conduisant à leur fusion et à une contamination radioactive très étendue.

Provitolo D., 2005, « Un exemple d'effets de dominos : la panique dans les catastrophes urbaines », *Cybergeo : European Journal of Geography*, Systèmes, Modélisation, Géostatistiques, document 328 (http://cybergeo.revues.org/2991).

■ De l'aléa au risque

▶ Voir Chapitre 4.

L'aléa est donc une source de danger qui menace une société et son territoire. Toutefois, l'aléa n'est pas synonyme de risque : certains aléas comme la neige ou l'inondation ont été transformés en ressources▸ par des sociétés. La neige est ainsi devenue « l'or blanc » des stations de ski tandis que l'inondation dépose des limons fertilisant les sols. De plus, des aléas différents peuvent induire des risques identiques. Les retombées de cendres d'une éruption volcanique dans des puits, le matériel chimique libéré par un accident industriel dans une rivière ou encore la contamination bactérienne d'un point d'eau sont des aléas différents, mais tous à l'origine de risques sanitaires pour les sociétés.

La notion de risque est donc plus englobante que celle de l'aléa et oblige à prendre en compte les populations et les territoires concernés : c'est leur vulnérabilité qui déterminera la valeur du risque. Un aléa qui survient dans une zone non peuplée ne représente en effet aucun risque.

II. La vulnérabilité comme facteur essentiel de risque

La capacité d'endommagement des aléas n'est pas uniquement liée à leur intensité, car des événements de même puissance ont des conséquences très différentes. Un séisme de magnitude 7,3 à Haïti survenu en 2010 a provoqué la mort de 230 000 personnes, tandis qu'un séisme de magnitude 8,3 au Chili en 2015 a fait 14 victimes. Cette opposition caricaturale a l'avantage de montrer qu'il existe d'autres facteurs qui expliquent la transformation d'un aléa en catastrophe.

Le saviez-vous ?
O'Keefe *et al.*, dans leur article fondateur « Taking the naturalness out of natural disasters » (avril 1976, *Nature*, 260) remettent en cause le risque « naturel ». L'origine des catastrophes serait à chercher dans les dysfonctionnements sociaux et économiques qui fragilisent les sociétés.

La nature des enjeux, leur degré d'exposition ou encore leur capacité à résister aux effets des aléas, expliquent autant (voire plus) les situations de risque que l'aléa. La notion de vulnérabilité est ainsi peu à peu devenue primordiale en géographie des risques, et a permis d'en réintroduire les dimensions sociales et spatiales. Si les aléas révèlent les dimensions biophysiques des territoires et les rapports que les sociétés entretiennent à leur environnement « naturel », la vulnérabilité reflète l'ensemble des fragilités d'un territoire donné.

Comprendre les risques, c'est donc aussi, sinon surtout, tenter de comprendre la vulnérabilité des enjeux exposés : pour un aléa similaire, le risque n'est pas le même partout et à toutes les époques car la vulnérabilité varie.

1. Éléments de définition d'une notion complexe

■ La vulnérabilité comme fragilité physique

La vulnérabilité des sociétés et de leurs territoires désigne leur fragilité, selon leur capacité à subir des dommages causés par un aléa : est vulnérable ce qui sera endommagé ; est invulnérable ce qui ne le sera pas.

Il existe donc une **vulnérabilité physique** qui mesure les blessures que peuvent subir les personnes, mais aussi l'endommagement du bâti et des infrastructures face à la force exercée par les aléas. On peut chercher à rendre le moins fragile possible ces bâtiments : les normes parasismiques, par exemple, permettent d'absorber et de répartir les vibrations induites par un séisme et donc de limiter l'effet dommageable de l'aléa sur un bâtiment. L'impact de l'aléa est d'ailleurs aussi fonction de sa nature et de son intensité.

On considère donc que la vulnérabilité physique est spécifique à certains processus. Un individu immunisé contre certaines maladies grâce à la vaccination ou à une contamination ancienne reste vulnérable à d'autres maladies.

Ne pas confondre !
La **vulnérabilité** d'un enjeu ne doit pas être confondue avec son **exposition à un aléa** ; tout élément exposé n'est pas de fait vulnérable. Par ailleurs, on peut être endommagé sans être directement exposé. Les processus de diffusion des aléas et les effets dominos sont à l'origine de dommages indirects.

■ La vulnérabilité sociale comme incapacité à faire face

On appelle « capacité à faire face » l'ensemble des réponses apportées par une société confrontée à un aléa. La menace n'a pas la même portée selon que cette société a les moyens de supporter les effets de l'aléa ou non, dans le but de se protéger. Une société qui n'est pas capable d'assurer le maintien de sa cohésion sociale et de ses moyens de subsistance économique dans la vie de tous les jours est ainsi dans l'incapacité de faire face à un événement aléatoire potentiellement dommageable.

C'est à travers cette (in)capacité à faire face que l'on peut caractériser le degré de vulnérabilité d'une société donnée. Sont fortement vulnérables celles qui ne peuvent pas se protéger pour des raisons économiques, institutionnelles, géopolitiques ou culturelles.

De même, les sociétés qui ne possèdent pas de dispositifs de prévention, de préparation, d'information, sont plus vulnérables que les autres.

La vulnérabilité comme incapacité à faire face s'étudie à plusieurs échelles sociales : on peut observer la population dans son ensemble ou bien une partie de cette population (groupes, minorités, individus). La vulnérabilité sociale nécessite une étude à des échelles suffisamment fines pour débusquer les inégalités : tout le monde n'a pas les moyens de se protéger.

Il est donc nécessaire de travailler à des échelles très fines, en prenant en compte des pas de temps longs, pour comprendre les nombreux facteurs qui expliquent la vulnérabilité.

Quartiers riches et quartiers pauvres face aux aléas : le cas de La Nouvelle-Orléans

La pauvreté et le mal-développement sont souvent des facteurs de vulnérabilité visibles à l'échelle d'une agglomération. Lors du passage du cyclone Katrina à La Nouvelle-Orléans (Louisiane, États-Unis) en 2005, les populations les plus pauvres, économiquement marginalisées, sont restées prisonnières dans la ville.

Si les quartiers les plus riches, situés sur des terres poldérisées en bordure du lac Pontchartrain, ont été les plus gravement inondés, ce sont ces mêmes populations les plus aisées qui ont eu le plus de facilité à reconstruire leur maison ou à partir refaire leur vie ailleurs. Si la vulnérabilité physique du bâti était plus importante, la vulnérabilité sociale de ces classes moyennes et aisées sur le long terme s'est révélée bien plus faible.

À l'inverse, les populations habitant les territoires urbains les plus pauvres sont celles qui ont le plus souffert des inondations car elles n'avaient pas les moyens de faire face aux inondations et à la paralysie urbaine qui a bloqué la Nouvelle-Orléans pendant plusieurs jours. La catastrophe a ainsi été produite par les dysfonctionnements urbains sociaux et spatiaux de La Nouvelle-Orléans.

2. Les facteurs de vulnérabilité

■ Les facteurs de vulnérabilité sont multiples

Le principal facteur de vulnérabilité physique est un défaut d'adaptation du bâti. Ainsi, un habitat constitué de maisons basses et fragiles dans une zone exposée à des tsunamis (Sumatra Nord, par exemple) est inadapté et donc vulnérable. Cette fragilité est aggravée par le non-respect des contraintes d'exposition (maisons bâties dans des zones théoriquement inconstructibles, comme le lotissement les *Flots Bleus* inondé par une submersion marine en 2010 lors de la tempête Xynthia, causant la mort de 29 personnes).

La vulnérabilité sociale des populations est accrue par des comportements liés à un manque d'information et de préparation. Ces comportements se mettent en place en amont des crises mais s'expriment au moment où l'aléa survient. Par exemple, le refus d'évacuer est un facteur important de décès : la peur de perdre ses biens, le manque de confiance dans les autorités, l'absence de coordination des moyens de la protection civile expliquent que des populations, malgré le danger, n'évacuent pas. De fait, on voit qu'il existe derrière ces comportements volontiers qualifiés d'« inadaptés » des causes sous-jacentes, organisationnelles, sociales et politiques, qui expliquent la décision des individus et des comportements qui semblent *a priori* irrationnels ou dangereux. Dans le même ordre d'idée, les inégalités économiques sont des facteurs majeurs de vulnérabilité. Les plus pauvres sont souvent les plus vulnérables car ils n'ont pas accès à l'information, aux soins, aux secours, au pouvoir politique. Leur comportement est souvent dicté par l'arbitrage entre plusieurs risques.

La vulnérabilité sociale est également fortement liée à des facteurs cognitifs, liés à l'expérience de chacun et aux représentations sociales du monde. Lorsqu'un événement de grande ampleur est gardé en mémoire par les sociétés locales, il imprègne ensuite les mentalités et permet de sensibiliser au danger les individus. Certaines communautés se sont habituées à vivre avec des aléas qui peuvent les menacer et ont adapté leurs pratiques et leurs comportements au risque. Elles ont développé une culture du risque. Par ce terme, on désigne le rapport que les individus entretiennent au risque et la façon dont ils se préparent à la catastrophe. Inversement, la méconnaissance des aléas et des dangers est un facteur majeur de vulnérabilité. Une enquête réalisée dans les années 1990 📖 à la montagne Pelée en Martinique avait ainsi révélé que beaucoup

📖 D'Ercole R. et Rançon J.-P., 1994, « La future éruption de la montagne Pelée : risque et représentations », *Mappemonde*, n° 4, p. 31-36.

d'habitants craignaient des coulées de lave, aléa éruptif très médiatisé, alors que celles-ci sont rares sur ce volcan. En revanche, ils ignoraient l'importance des coulées pyroclastiques▸ ou « nuées ardentes », beaucoup plus probables et meurtrières.

▶ Voir Tableau p. 89.

■ La nécessité d'une approche systémique

La vulnérabilité des individus, des sociétés et des territoires tient par conséquent aussi bien à des facteurs biophysiques et techniques qu'aux organisations politiques et sociales, aux structures familiales, à l'âge des individus, aux rapports de domination genrés, à l'appartenance ethnique ou encore à des croyances religieuses. Tous ces éléments entraînent des situations d'intégration ou de marginalisation qui entraînent des capacités à faire face inégales. Ils expliquent des cultures du risque différentes selon les époques et les territoires et définissent des comportements plus ou moins appropriés.

La multiplicité des facteurs biophysiques, techniques, sociaux, économiques, financiers, culturels, politiques, environnementaux ne peut être saisie que dans une perspective englobante : en effet, ces facteurs s'influencent les uns les autres. Il convient donc d'adopter une **approche systémique** de la vulnérabilité afin de prendre en compte l'intrication des différents facteurs, de rendre compte de leur complexité et d'en comprendre les dysfonctionnements.

L'**approche systémique** consiste à associer ensemble les éléments sociaux, économiques, financiers, culturels, politiques, environnementaux d'un territoire pour montrer comment ils interagissent.

La recherche des facteurs de vulnérabilité d'une société et d'un territoire donnés s'apparente donc à un travail de diagnostic territorial à plusieurs échelles qui est au cœur des pratiques des géographes. Une société, son territoire et son environnement fonctionnent toujours en système : les interactions au sein de ce système expliquent les risques et les catastrophes.

3. Vulnérabilité et résilience

■ La notion de résilience en géographie des risques

On appelle résilience la capacité d'un système (technique, productif, territorial, etc.) à absorber les perturbations provoquées par un aléa et à se relever du choc subi. La résilience suppose donc une continuité : est résilient le système qui se maintient dans le temps. La résilience exige donc une certaine stabilité de ce système pour qu'il soit capable de ne pas rompre et s'effondrer, et pour qu'il puisse se reconstruire et se rétablir en cas de destruction, en retrouvant son état initial ou un état différent, parfois meilleur, en tout cas acceptable. La vulnérabilité et la résilience sont deux processus distincts, mais sont néanmoins liées.

FOCUS Le volcan Merapi (Indonésie)

En Indonésie, sur l'île de Java, le volcan Merapi produit, à la suite de ses éruptions, des lahars fréquents (430 ont été dénombrés dans 17 rivières dans les années 2010). Un lahar désigne une coulée de débris volcaniques, formée par de l'eau (amenée par les précipitations de mousson) qui entraîne le long des rivières du volcan le matériel cendreux et les blocs déposés par les éruptions.

Les lahars représentent un danger pour les habitants des basses pentes peuplées du volcan : outre le risque de blessures mortelles, les lahars ont un fort potentiel destructif (860 maisons détruites en six mois, des dizaines de ponts emportés). La vulnérabilité du bâti exposé est très élevée. En revanche, les populations sont bien préparées et sont capables d'adopter des comportements qui assurent leur sécurité. Un réseau de surveillance des rivières et d'alertes et une forte entraide communautaire montrent que les populations locales ont appris à vivre avec les lahars qui les menacent. Le risque est assez maîtrisé dans les villages.

Le sable volcanique et les blocs de lave laissés par les lahars dans les rivières constituent une ressource pour les populations, qui les vendent en tant que matériaux de construction. Cette activité permet de transformer l'aléa en ressource : le risque devient bénéfice. Après l'éruption de 2010, les personnes momentanément sans travail ont pu conserver une activité rémunérée, et apporter du matériel pour reconstruire les maisons. Les populations sont ainsi capables à très court terme de mobiliser les ressources sociales et politiques pour assurer le maintien de leurs activités et la reconstruction de leurs villages. Cette résilience élevée leur permet de s'adapter très vite et peut contribuer à réduire leur vulnérabilité.

Toutefois, l'intensification de l'activité extractive déséquilibre le système territorial : de nouvelles populations arrivent, la ressource s'épuise tandis que l'extraction provoque des dommages environnementaux qui menacent les activités agricoles (affaissement de versants, perturbation des nappes phréatiques). Sur le long terme, c'est donc la vulnérabilité du territoire qui s'accroît.

Photo 3.1 Transformer l'aléa « lahar » en ressource sur le volcan Merapi (Indonésie)

Photo © Édouard de Bélizal, 2013.

L'exploitation des blocs et sables volcaniques permet aux populations résidant sur le volcan Merapi de transformer les aléas en ressource.

Les limites de la notion de résilience

Étymologiquement, résilience vient du latin « *resilio* », qui signifie « bond en arrière ». La résilience peut être entendue au départ comme un retour à l'état antérieur, initial. Une première difficulté se pose alors, car, dans un tel cas de figure, le système retrouvant son fonctionnement d'avant la crise reproduirait la situation de danger : être résilient, serait-ce donc reproduire indéfiniment les mêmes schémas de risque au prétexte qu'il faut reconstruire et repartir ? Le problème posé alors par la résilience serait donc la conservation des facteurs de vulnérabilité, réactivés après chaque crise. C'est le cas des villes reconstruites à l'identique après avoir été détruites par des séismes ou des éruptions volcaniques : Saint-Pierre de la Martinique par exemple, rasée par l'éruption de la montagne Pelée en 1902, a été reconstruite dans le sillage des coulées pyroclastiques qui l'avaient démolie. Les vestiges des anciens quartiers démolis sont le témoignage de cette menace qui pèse toujours sur cette ville.

Fanny Benitez, 2019, « La catastrophe de la Montagne Pelée le 8 mai 1902 en Martinique : Saint-Pierre, une ville résiliente ou un exemple archétypal de bifurcation », *Physio-Géo*, vol. 14-1, p. 227-252.

Une autre difficulté est de savoir à quel « état initial » on fait référence : les systèmes spatiaux ne sont jamais en état d'équilibre stable. Ils changent en permanence même s'ils conservent leur identité. Le choix de cet état initial est d'abord un choix politique, qui traduit l'expression d'un pouvoir sur un territoire. Il n'est pas neutre : il permet souvent d'exclure les éléments jugés « indésirables » par certains groupes.

La reconstruction de la Nouvelle-Orléans après Katrina illustre ce phénomène puisqu'elle a conduit à l'exclusion des plus pauvres et des marginaux.

La vulnérabilité, facteur essentiel des risques

Comprendre les risques, c'est donc avant tout expliquer ce qui fragilise les sociétés et leur territoire face à un aléa. Les facteurs de vulnérabilité sont multiples et sont souvent à rechercher dans l'approche systémique des sociétés et des territoires exposés. Raisonner en système, c'est voir aussi comment l'ensemble de ces éléments qui interagissent ensemble sont capables de se maintenir dans le temps, en dépit des perturbations. Quand un système est justement perturbé par un aléa, c'est la crise, voire la catastrophe : pour en réduire les effets, une gestion adaptée doit être mise en œuvre.

III. Gérer les risques et les crises : outils et acteurs

La *gestion des risques* recouvre l'ensemble des dispositions prises pour protéger les populations et les territoires exposés et les renforcer face aux aléas qui peuvent les menacer. Il s'agit d'aménagements structurels (digues, constructions parasismiques, routes d'évacuation…) mais aussi de mesures visant à informer (signalisation, campagnes de prévention, exercices de simulation). Il s'agit aussi de limiter la vulnérabilité des populations, en particulier les minorités et les personnes plus démunies.

La *gestion de crise*, elle, désigne l'ensemble des décisions à prendre lorsque survient l'aléa pour organiser les secours, coordonner les évacuations et communiquer auprès des populations concernées pour limiter les dommages.

La gestion des risques et des crises contribue donc à la prévention des catastrophes, c'est-à-dire à empêcher ces dernières de se produire.

1. La catastrophe n'est pas inéluctable

Il ne faut pas confondre crise et catastrophe. La *crise* désigne un événement bref mais pouvant avoir des répercussions sur une longue durée et sur un espace plus vaste, causant une rupture allant de quelques heures à plusieurs semaines dans le fonctionnement d'une communauté et d'un espace donnés. La crise touche donc une population nombreuse, et soulève des problèmes économiques et politiques importants.

La *catastrophe*, elle, a des conséquences beaucoup plus graves sur le fonctionnement d'une société et d'un espace donnés : ces derniers peuvent mettre plusieurs années à s'en remettre. L'extension d'une catastrophe peut être mondiale : le tsunami de 2004 en Asie du Sud-Est a tué aussi bien les populations des littoraux de l'océan Indien que des touristes venus du monde entier. De plus, la médiatisation croissante des événements, comme celle du tsunami de 2011 au Japon filmé en temps réel et retransmis sur les chaînes de télévision du monde entier, fait que directement ou indirectement, ce sont des millions de personnes qui sont touchées. Les conséquences humaines d'une catastrophe sont **politiques**, **économiques**, **sociales**.

Politiques : renforcement du séparatisme au nord de Sumatra (Indonésie) après le tsunami de 2004.
Économiques : fermeture de la moitié de l'île antillaise de Montserrat depuis la reprise d'activité du volcan Soufriere Hills en 1997.
Sociales : migration forcée de plusieurs milliers d'habitants – réfugiés climatiques des Kiribati, dans le Pacifique Sud.

2. Les actions et les outils

Les actions possibles se déclinent en trois catégories : la *prévention* en amont, qui revient à connaître et anticiper les dommages possibles, à agir sur les composantes du risque pour les réduire ou les supprimer et à préparer l'action de gestion ; la *gestion de crise* proprement dite ; et la phase de gestion post-crise, qui s'apparente le plus souvent à la *reconstruction*.

Les outils se déclinent en : travaux scientifiques pour la connaissance, la prévision, l'alerte ; en moyens techniques pour l'atténuation des aléas, la protection des populations ou encore le renforcement du bâti ; et en dispositions juridiques pour l'information, la sensibilisation, le contrôle de l'exposition, la préparation des acteurs.

Les **géosciences** regroupent l'ensemble des disciplines des sciences de la Terre : géologie, géochimie, géophysique, sédimentologie, vulcanologie…

En lien avec les **géosciences**, le géographe est capable de fournir une information spatialisée sur les espaces exposés aux aléas en fonction de leur intensité, afin de poser un diagnostic aidant à la prévention des risques. Les relevés de terrain (niveaux de crue, analyse des dépôts laissés par des tsunamis ou des tempêtes, repérages des mouvements de terrain…) s'accompagnent désormais de puissants outils informatiques permettant de modéliser le déroulement d'un aléa, et donc d'en prévoir les éventuelles conséquences. Ces modèles s'appuient le plus souvent sur des cartes à très haute résolution permettant de reproduire le plus finement possible les aspérités du terrain étudié (altitude, couverture végétale, etc.). Le risque ne se limitant pas à l'aléa, le géographe peut acquérir d'autres données spatiales relatives aux enjeux exposés, à leur vulnérabilité, pour produire des cartes de risques grâce à des systèmes d'informations géographiques qui peuvent superposer et combiner plusieurs couches d'informations.

Tableau 3.2 Actions et outils de la gestion des risques et des crises

Action	Définition	Catégorie	Outils
Mitigation (atténuation) de l'aléa	Anticiper la manière dont un aléa pourra se produire	Prévention	Carte d'aléas (extension de la zone affectée en fonction de l'intensité)
Réduction de l'exposition	Délimiter des zones inconstructibles dans les espaces exposés à des aléas fréquents	Prévention	Carte du zonage des zones exposées (type **PPRN** ou **PPRT** en France) ; documents d'information et outils juridiques (réglementation)
Réduction de la vulnérabilité	Renforcer les sociétés face aux aléas (accès aux ressources, connaissance des aléas, adaptation du bâti et des comportements…)	Prévention	Diagnostic territorial en amont pour cibler les causes de vulnérabilité et cartographier les secteurs les plus fragiles ; ingénierie, actions sociales, simulations
Secours d'urgence	Mobilisation de l'aide sociale, financière, médicale, pour limiter les impacts d'un aléa	Gestion de crise	Équipes disponibles (cellules de crise) appuyées sur des réseaux de communication et de transports opérationnels
Alerte et évacuation	Mise à l'abri des populations une fois dépassé un certain seuil de danger (intensité d'aléa)	Gestion de crise	Système d'alerte opérationnel avec signal connu de la population (en France : sirènes) ; capacité de transport suffisante, centres d'accueil équipés et sûrs
Reconstruction	Réparation des dommages et reprise progressive de la vie quotidienne, sur place ou dans des espaces plus éloignés des sources de danger	Gestion après la crise	Kits de reconstruction (ONU, ONG) pour accélérer le relogement ; fonds nécessaires (indemnités d'origine publique et privée) et moyens humains pour engager des travaux structurels (réparation, protection)

La **mitigation** est l'action de réduire, voire d'éradiquer, l'aléa.

Les Plans de Prévention des Risques Naturels (**PPRN**) et les Plans de Prévention des Risques Technologiques (**PPRT**) en France représentent à l'échelle d'une commune le zonage d'un type d'aléas (inondation, mouvement de terrain, séismes…). Ce document met notamment en évidence les zones inconstructibles. Ils ont été institués en 1995 (loi Barnier) puis 2003. En 2023, 12 103 communes font l'objet d'un plan de prévention des risques naturels approuvé.

Les données historiques, les représentations et perceptions du risque, sont également des informations à intégrer à ce travail de diagnostic, constitutif d'une solide connaissance sur laquelle pourra s'adosser la prévention des risques.

Quelques exemples de gestion des risques

- **Préparation :** L'exercice « EU Sequana 2016 » a simulé une crue majeure de la Seine en région parisienne au printemps 2016. Pendant deux semaines, les responsables politiques d'Île-de-France, les forces de l'ordre, des scientifiques et des experts se sont mobilisés autour d'un scénario prévoyant une inondation catastrophique. La population n'a pas été oubliée. L'événement a bénéficié d'une importante couverture médiatique, et a focalisé l'attention sur un risque majeur pour la métropole parisienne.

- **Réglementation :** En France, il existe des documents d'information pour la population (Document d'information communal sur les risques majeurs) et des plans de gestion à l'usage des maires (Plan communal de sauvegarde). Depuis 1995 existent également des Plans de prévention des risques naturels (PPRN) ou technologiques (PPRT) qui réglementent l'urbanisation dans les espaces exposés aux aléas. On distingue trois catégories : les zones inconstructibles, les zones constructibles sous conditions et les zones constructibles sans conditions. Les inondations provoquées par la tempête Xynthia en 2010 à La Faute-sur-Mer (Vendée) ont causé la mort de 29 personnes vivant dans une zone théoriquement inconstructible. La responsabilité du maire a ainsi été directement engagée et a fait l'objet d'un procès médiatisé.

▶ pour une définition des lahars, voir Focus p. 97.

- **Gestion de crise :** en Colombie autour du volcan Nevado del Ruiz, les lahars▸ provoqués par l'éruption de 1985 ont entièrement détruit le village d'Armero, faisant près de 25 000 morts, à cause d'un signal d'alerte fautif, contradictoire, et l'absence totale de sensibilisation de la population qui n'était pas avertie des menaces encourues.

- **Reconstruction :** Katmandou, au Népal, a été détruite en 1934 lors du séisme du Bihar (magnitude 8), mais reconstruite ensuite rapidement. Emblème du patrimoine urbain népalais, la tour Dharhara a été rebâtie à l'identique. Le séisme d'avril 2015 (magnitude 7,8) a également frappé Katmandou, qui n'a pas pu se doter d'habitats parasismiques, et est restée très vulnérable aux séismes : ces deux épisodes ont chacun provoqué la mort d'au moins 8 000 personnes. La tour Dharhara s'est effondrée de nouveau en 2015, et reconstruite en 2018.

3. Les acteurs de la gestion

La gestion des risques et des catastrophes fait intervenir de nombreux acteurs publics et privés, institutionnels ou informels.

■ Les acteurs publics et institutionnels

À l'échelle internationale, les grandes organisations internationales sous tutelle de l'ONU comme l'UNISDR (Organisation des Nations unies pour la réduction des risques de catastrophes) ont pour mission de définir les orientations des politiques de prévention des catastrophes et de donner des recommandations. Leur action est impulsée et médiatisée à partir de grandes conférences réunissant les Nations unies (Yokohama en 1994, Kobé en 2005, Sendai en 2015). Il s'agit d'abord de pouvoir renforcer la prévention, notamment en apportant une réflexion sur les populations à risque, dans l'optique de réduire leur vulnérabilité (pauvreté, handicap par exemple) et de renforcer leur résilience. Elles peuvent aussi commissionner des agences en charge de l'aide à la reconstruction (*International Recovery Platform*).

Les grandes organisations internationales ont également pour objectif d'organiser les levées de fonds et les actions humanitaires en cas d'événement d'ampleur mondiale (tsunami de 2004 dans l'océan Indien, séismes d'Haïti en 2010 et en 2021, séismes en Turquie et en Syrie en 2023, tsunami au Japon en 2011). Elles interviennent donc aussi bien dans la réduction des risques (prévention, reconstruction) que dans la gestion de crise.

Aux échelles nationales et locales, les principaux acteurs sont les gouvernements et les populations locales. La responsabilité des premiers est d'assurer la sécurité des seconds, avec l'appui des forces de l'ordre, des services de sécurité civile et des **ONG**. En France, la gestion des risques est assurée par plusieurs ministères (ministère de la Transition Écologique ; ministère de la Santé ; ministère de l'Éducation nationale…), mais ce sont les maires qui, à l'échelle locale, celle de la commune, sont responsables de la sécurité de leurs administrés : ils doivent les informer régulièrement des dangers existants, et veillent à l'application des dispositifs opérationnels et à la gestion de crise. Ils sont aidés par les services d'ordre (protection civile et armée).

Une **ONG** est une organisation non gouvernementale qui correspond à une association à but non lucratif, d'intérêt public, qui ne relève ni de l'État ni d'institutions internationales.

■ Les acteurs privés

Participent également à la réduction des risques et à la gestion des crises les acteurs privés en charge du fonctionnement des territoires, notamment les entreprises de transports. La RATP et les opérateurs du réseau de transport en Île-de-France sont ainsi des acteurs incontournables de la réduction des risques et de la gestion de crise, dans la mesure où le fonctionnement d'une métropole comme Paris dépend de l'efficacité de la mise en réseau de ses territoires.

Les manques à gagner induits par les crises et les catastrophes peuvent, du reste, être indemnisés par les assureurs, qui sont justement chargés de couvrir les dommages subis par leurs clients. Cela nécessite la présence d'experts, dont la mission est d'évaluer l'origine et l'ampleur des dégâts, et donc de calculer le montant de l'indemnité. Un tel marché du risque oblige les grandes compagnies d'assurance à elles-mêmes s'assurer pour pouvoir honorer leurs contrats en cas de catastrophe : c'est notamment le travail des réassureurs.

FOCUS Acteurs publics, acteurs privés et enjeux financiers d'une gestion de crise : le cas de l'Eyjafjöll (2010)

Lors de l'éruption du volcan islandais Eyfafjöll en avril 2010, la circulation aérienne a été interrompue au-dessus de l'Atlantique nord en raison de l'abondant panache de cendres projeté dans l'atmosphère. Les autorités de régulation aéronautique ont convenablement joué leur rôle d'informateur par le biais des METARs (METeorological Airport Reports), en application d'une recommandation ancienne de l'OACI (Organisation de l'aviation civile internationale) permettant d'informer les compagnies et leurs pilotes.

En revanche, cette crise a révélé un manque de coordination des autorités européennes entre elles, et des carences de communication face à la diffusion d'un nuage potentiellement dangereux pour la circulation aérienne. Plusieurs dizaines d'aéroports ont été fermés pendant plusieurs jours, des centaines de milliers de vols ont été annulés, touchant des millions de voyageurs.

Cet événement a coûté au total 5 milliards de dollars, avec des pertes financières des compagnies aériennes et d'assurances qui sont montées à 200 millions d'euros par jour, ce qui a fait de cet événement une catastrophe financière sans précédent pour ce type d'aléa.

Conclusion

Un risque ne doit surtout pas être confondu avec un aléa : un séisme, un cyclone ou une inondation ne sont dangereux qu'à partir du moment où ils peuvent affecter des populations et leurs biens. En géographie, le risque désigne effectivement la présence, sur un espace, d'enjeux vulnérables menacés par un aléa. Plus la potentialité de victimes et de dégâts est élevée, plus on dit que le risque est fort. Le risque n'existe donc pas en dehors des sociétés qui les produisent (exposition) et les construisent (perception et gestion). Les géographes ont donc une approche multifactorielle et systémique des risques, permettant de prendre en compte la complexité du territoire étudié et d'y identifier et expliquer les éléments vulnérables.

Les géographes s'intéressent de plus en plus à la gestion des crises et à la reconstruction post-catastrophe, en particulier à travers les questions d'aménagement et de résilience des systèmes unissant les sociétés à leur territoire. La géographie apporte ici une approche spatialisée et territorialisée qui puise dans toutes les branches et les courants de la discipline.

À RETENIR

- En fonction de l'intensité de l'aléa et des capacités à faire face de la société exposée, il existe un risque de crise ou de catastrophe pour le territoire considéré. Le **risque** n'est donc pas l'aléa mais la **gravité des conséquences que cet aléa peut avoir** à différentes échelles d'espace et de temps.
- La **vulnérabilité** est une **composante essentielle du risque**. Les difficultés du quotidien expliquent largement les crises et les catastrophes car ce sont elles qui affaiblissent les sociétés et les individus exposés. Réduire le risque, c'est **connaître les aléas** et en **réduire les effets** quand ils surviennent, mais c'est aussi chercher à **réduire la vulnérabilité** des populations et des territoires menacés.
- De **nombreux acteurs** s'investissent dans la **gestion des risques et des crises**. Ils interviennent à différentes échelles et échelons administratifs à l'aide de différents outils. Leur mise en œuvre est toujours soumise à des contextes sociaux, politiques et économiques, à différentes échelles, qui peuvent entraver ou bien conforter leur efficacité.

NOTIONS CLÉS

- Risque
- Aléa
- Vulnérabilité
- Crise/Catastrophe
- Acteurs
- Résilience

POUR ALLER PLUS LOIN

BENITEZ F., 2019, « La catastrophe de la Montagne Pelée le 8 mai 1902 en Martinique : Saint-Pierre, une ville résiliente ou un exemple archétypal de bifurcation », *Physio-Géo*, vol. 14-1, p. 227-252.

BENITEZ F., REGHEZZA-ZITT M., 2018, « Les capabilités à faire face ou comment repenser la résilience des individus », *VertigO – la revue électronique en sciences de l'environnement*, Hors-série 30.

DAUPHINÉ A., PROVITOLO D., 2013, *Risques et catastrophes. Observer, spatialiser, comprendre, gérer*, Paris, Armand Colin, coll. « U ».

DJAMENT-TRAN G., REGHEZZA-ZITT M., 2012, *Résiliences urbaines, les villes face aux catastrophes*, Paris, Le Manuscrit.

LAGANIER R., VEYRET Y., 2023, *Atlas des risques et des crises*, Autrement.

LEONE F., MESCHINET DE RICHEMOND N., VINET F., 2010, *Aléas naturels et gestion des risques*, Paris, PUF, coll. « Licence ».

REGHEZZA-ZITT M., 2016, « Des hommes et des risques, menaces locales, menaces globales », *La Documentation photographique*, n° 8113.

Corrigés en ligne

Tester ses connaissances

Marginalisation, vulnérabilité et catastrophe

« Les inégalités sociales se transforment souvent en inégalités vis-à-vis des dangers présentés par le milieu naturel. [...] Les catastrophes frappent ainsi plus souvent les individus aux ressources financières limitées et fragiles [...] qui limitent la protection contre les aléas naturels (localisation du domicile, type d'habitat, connaissance des moyens de protection). Marginalisation et vulnérabilité résultent également d'une protection sociale inadéquate [...], de ressources naturelles dégradées et de réseaux de relations et de solidarité réduits. [...] Ceci explique pourquoi des millions d'individus s'installent consciemment dans des zones menacées auparavant évitées au regard de leur dangerosité. En effet, la menace d'une crue saisonnière ou d'une éruption volcanique décennale pèse moins lourd que la faim quotidienne quand il s'agit de décider du choix de son domicile. »

Source : Gaillard J.-C. *et al.*, 2010, « Alternatives pour une réduction durable des risques de catastrophe », *Human Geography*, n° 3, p. 66-88.

1. Relevez dans le texte les notions principales de géographie des risques et donnez-en une définition.

2. Expliquez le lien proposé par Gaillard *et al.* entre marginalisation et vulnérabilité.

Questions sur document

Urbanisation et vulnérabilité face aux inondations à La Nouvelle-Orléans (Louisiane, États-Unis)

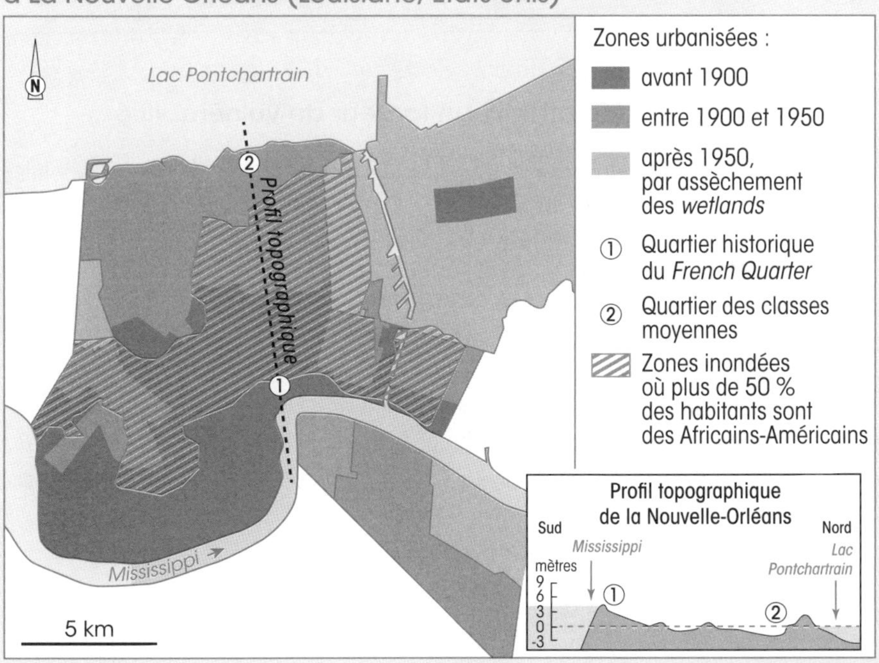

1. Identifiez les facteurs de vulnérabilité de l'espace urbain de La Nouvelle-Orléans.

2. Montrez le lien entre urbanisation et inondations à la Nouvelle-Orléans.

Source : d'après Peinturier E., 2015, « Risques littoraux et aménagement en Louisiane : les défis d'un territoire insoutenable ? », *GéoConfluences*.

▶ Voir Méthode p. 230.

ÉTUDE DE CAS

Les risques à Haïti, entre événements extrêmes et résilience impossible

Doc. 1 Une forte exposition à l'aléa sismique

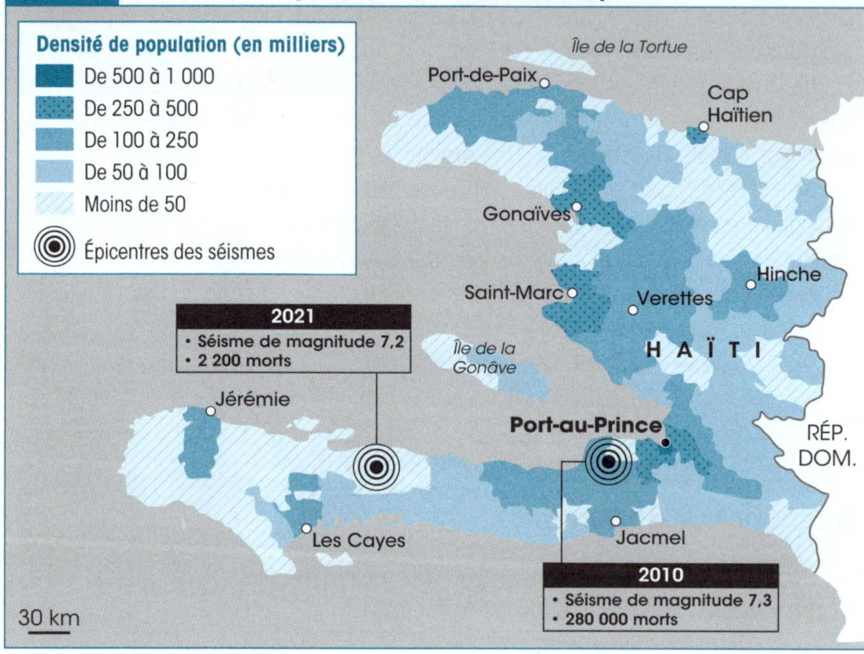

Doc. 2 La pauvreté à Haïti, un facteur de vulnérabilité

Être pauvre en Haïti pour un individu n'est pas une situation exceptionnelle. En effet, la très faible richesse créée ne peut pas assurer le minimum de bien-être souhaité par les Haïtiens. Depuis 2017, le budget national atteint difficilement les deux milliards de dollars américains, alors que la population frôle les 12 millions d'âmes selon les estimations de l'IHSI. [...] Haïti affichait en 2012, un taux de pauvreté (< 2 $ par jour) de 58,5 % et d'extrême pauvreté (< 1 $ par jour) de 23,8 %. [...] Le séisme du 12 janvier 2010 a balayé (les) maisons et précipité leurs propriétaires dans « l'aventure » de la pauvreté, car ces biens immobiliers n'étaient souvent pas couverts par des polices d'assurance. Du jour au lendemain, le propriétaire se retrouve sans revenu.

Source : Mérat P. J., 2019, « Être pauvre en Haïti », *Les Cahiers d'Outre-Mer*, nº 279, p. 27-49.

Doc. 3 La vulnérabilité urbaine à Port-au-Prince

Le quartier du Lambi est une zone sensible aux éboulements et glissements de terrain. Les constructions s'entassent sur des parcelles très réduites, en terrasse, sans maîtrise de génie civil. Les habitants sont essentiellement des déplacés souvent précaires. Les plus pauvres sont relégués sur les terrasses les plus étroites et les plus instables.

Dans la ravine Bois-de-Chêne, la durcification (du bâti) s'est opérée selon des procédés rudimentaires et ne respectant aucune norme antisismique. Cette logique conduit à des constructions en parpaing sur des pentes fortes et des sols très meubles.

Source : MILIAN J., BEZUNESH T., 2018, « Port-au-Prince, ville du risque ? Un mythe au prisme d'une urbanisation vulnérable », *Études caribéennes*, nos 39-40.

Doc. 4 Une résilience difficile

Les Haïtiens qui restent hébergés dans un des 496 camps qui s'étendent dans la région de Port-au-Prince sont *« les plus vulnérables, ceux qui n'étaient que locataires avant le séisme »*, explique Geneviève Jacques. Pour eux, la situation se dégrade à vue d'œil. Après trois saisons des pluies et des cyclones, les bâches en plastique et les toiles de tente sont dans un triste état. Le passage de l'ouragan Sandy le 24 octobre 2012 a porté un rude coup à ces camps *« provisoires »* devenus de fait des bidonvilles. Surtout, une partie des ONG humanitaires qui assuraient soins, alimentation en eau potable et entretien des sanitaires sont déjà parties ou s'apprêtent à plier bagages, sans qu'une organisation haïtienne prenne le relais. La situation est favorable à la prolifération de l'épidémie de choléra, qui a fait plus de 7 800 morts depuis son apparition en 2010.

Source : « Trois ans après le séisme, Haïti entre camps de toile et bidonvilles », *Le Monde*, 11 janvier 2013.

Présentation des documents

▪ **Doc. 1** Carte réalisée à partir de données de l'USGS (bureau géologique des États-Unis) et de la Banque mondiale. L'épicentre des séismes (point de la surface situé à la verticale de l'origine du séisme, où les destructions sont maximales) et la magnitude sont indiqués. Ces éléments de présentation de l'aléa sont mis en relation avec des données de population représentant l'exposition aux séismes.

▪ **Doc. 2** Extrait d'un article de recherche du géographe Pierre-Jorès Mérat, publié dans la revue *Les Cahiers d'Outre-Mer*. Ce document met en avant la forte vulnérabilité sociale d'Haïti.

▪ **Doc. 3** Extrait d'un article de recherche des géographes Johan Milian et Bezunesh Tamru, publié dans la revue *Études caribéennes*. Le document présente une photographie légendée permettant de comprendre, à l'échelle locale des quartiers de Port-au-Prince, la forte exposition et la vulnérabilité physique du bâti.

▪ **Doc. 4** Extrait d'un article du quotidien *Le Monde*, expliquant la longue temporalité des effets de la catastrophe qui révèlent une résilience presque inexistante plusieurs années après le séisme de 2010.

Localisation

Haïti est un État occupant le tiers occidental d'Hispaniola qui est la deuxième plus grande île des Antilles. Le contexte de subduction entre la plaque caraïbe et la plaque nord-américaine est à l'origine de nombreux séismes qui ont frappé durement à deux reprises en 2010 puis en 2021 la région de Port-au-Prince, agglomération d'un peu plus de 2 millions d'habitants qui est la capitale d'Haïti. Cet État figure parmi les plus pauvres du monde.

Objectifs de l'étude de cas

Ces trois documents permettent de mettre en évidence :

- La récurrence d'aléas sismique de magnitude élevée (**doc. 1**).
- Une forte exposition (**doc. 1**, **doc. 3**).
- Une vulnérabilité physique (**doc. 3**) et sociale (**doc. 2**).
- Une résilience très difficile (**doc. 2**, **doc. 4**).

Il s'agit de comprendre que le risque de catastrophe majeure qui existe à Haïti est certes lié à un aléa sismique récurrent mais aussi à la vulnérabilité qui s'aggrave dans un contexte de résilience impossible. Aux événements extrêmes ponctuels s'ajoutent en effet des conditions de vie quotidiennes difficiles qui montrent que le risque n'est pas seulement lié aux aléas « naturels » mais aussi aux dysfonctionnements sociaux d'un territoire parmi les moins développés du monde.

Commentaire

I. Un territoire exposé à des aléas multiples

- Le **doc. 1** montre la récurrence des séismes de forte magnitude, fréquents dans l'arc insulaire caraïbe situé à la rencontre de plusieurs plaques tectoniques. Les épicentres des séismes de 2010 et 2021 sont localisés dans la péninsule méridionale d'Haïti, à proximité de la capitale Port-au-Prince.
- Les aléas géodynamiques ne sont pas les seuls événements extrêmes affectant Haïti. Le **doc. 4** rappelle que des ouragans se produisent annuellement dans les Caraïbes et peuvent y entraîner de lourds dégâts. Le **doc. 3** met d'ailleurs l'accent sur les mouvements de terrain fréquents qui affectent les pentes des périphéries de Port-au-Prince. Ces processus sont souvent déclenchés par les fortes précipitations apportées par les tempêtes et les ouragans.

II. Une forte vulnérabilité

- Le **doc. 1** montre, à l'échelle du pays, les fortes densités de population dans les zones affectées par les secousses de 2010 et 2021. À une échelle plus fine, le **doc. 3** insiste sur l'urbanisation anarchique des « ravines » instables à Port-au-Prince. L'exposition est donc forte, aussi bien aux séismes qu'aux mouvements de terrain.
- La faible capacité de résistance du bâti évoquée dans le **doc. 3** révèle une vulnérabilité physique élevée qui s'ajoute à une vulnérabilité sociale tout aussi forte. L'urbanisation des ravines dangereuses est directement liée à des processus de relégation qui contraignent les plus pauvres à habiter les espaces les plus exposés aux aléas mais sans avoir les moyens de se protéger.
- La pauvreté absolue, mise en avant selon les seuils monétaires du **doc. 2**, concerne plus de la moitié de la population. Le faible encadrement institutionnel (**doc. 2**, **doc. 3**) aggrave cette situation de vulnérabilité.

III. Une difficile résilience

- La reconstruction prend plusieurs années et qui associe des acteurs multiples (État, ONG, institutions internationales). Ces derniers ont toutefois des missions dont la temporalité n'est pas alignée au processus de relèvement des territoires (**doc. 4**).
- Le **doc. 2** montre aussi l'importance du temps long dans la reconstruction des territoires. L'occurrence d'aléas après une catastrophe empêche cette reprise en marginalisant toujours plus les victimes ou bien en détruisant des infrastructures de secours (**doc. 4**). La difficile coordination politique de la reconstruction augmente la vulnérabilité des Haïtiens dans un contexte de forte occurrence des aléas : entre événements extrêmes et résilience impossible, le risque de catastrophe est permanent.

▲

Dessin © Jean Bourguignon.

Face à l'épuisement des réserves de pétrole, une alternative a été trouvée dans la production d'agro-carburants. Ils sont censés être neutres en termes de bilan carbone puisque l'émission de CO_2 est compensée par l'absorption au cours de la croissance des plantes utilisées (canne à sucre, betterave, colza...). En réalité, la production des agro-carburants consomme beaucoup d'énergie et tend à causer le défrichement de vastes zones boisées pour les transformer en terres cultivées, ce qui a pour conséquence de diminuer la capacité de stockage du carbone. Les agro-carburants ne permettent donc pas de lutter efficacement contre le réchauffement climatique. Ils sont par ailleurs responsables d'un renforcement de l'insécurité alimentaire dans les pays en développement.

CHAPITRE

4 L'environnement et ses ressources

PLAN DU CHAPITRE

I. Les ressources naturelles
II. La dégradation des écosystèmes et de la biodiversité
III. Inégalités environnementales
IV. Concilier développement et gestion des ressources
Conclusion

ÉTUDE DE CAS

L'Allemagne, un modèle de transition énergétique ?

Les « ressources naturelles » désignent l'ensemble des matières minérales et biologiques qui présentent une utilité pour les sociétés humaines. Une répartition par milieux de provenance permet de les classifier et de présenter leur origine et leur rythme de renouvellement.

Étudier les ressources naturelles en géographie consiste à s'interroger sur les relations que les sociétés nouent avec leur environnement. L'usage des ressources évolue en fonction des innovations techniques qui entraînent le développement de nouveaux besoins et ouvrent des possibilités d'exploitation. La notion de ressource est donc relative à une société et à un moment.

La mondialisation accélère l'exploitation des ressources pour lesquelles la demande ne cesse de croître en raison de l'industrialisation et de la consommation accrue dans les pays développés et émergents. L'exploitation des ressources génère des inégalités environnementales fortes : les populations sont inégalement exposées aux impacts de l'extraction et ne partagent pas équitablement l'accès aux ressources et aux bénéfices associés.

L'exploitation directe des ressources et le changement d'utilisation des sols figurent parmi les principaux facteurs de dégradation de la biodiversité. L'extraction contribue en effet à dégrader les sols, l'air et l'eau, et à transformer les écosystèmes.

I. Les ressources naturelles

Il existe plusieurs manières de classifier les ressources naturelles. Deux sont privilégiées ici : par le milieu de provenance et par le rythme de régénération des ressources.

1. Des provenances diverses

Les ressources sont situées dans différentes sphères de la Terre.

Les ressources de la lithosphère (sous-sol)

Le sous-sol renferme de nombreuses matières premières. La répartition des ressources dans la **lithosphère** renvoie à l'histoire géologique de la Terre. Le sous-sol est constitué de roches qui sont exploitées dans des carrières, pour la construction notamment. Le granite, certains calcaires (meulière, tuffeau), le marbre fournissent des pierres de taille renommées. L'argile est plutôt utilisée pour fabriquer des briques. Les matériaux de l'habitat expriment ainsi visuellement les liens unissant une société à son environnement physique.

Les ressources minières (minéraux, métaux) sont exploitées depuis l'apparition de la métallurgie (fer, cuivre, étain…). Elles recouvrent une grande diversité de **métaux** – inoxydables (chrome), précieux (or, argent), non ferreux (cuivre, aluminium) – et de **minéraux** qui sont utilisés dans le cadre d'applications diverses (électroniques notamment).

Ne pas confondre !
- Un **minéral** est un des composants des roches.
- Un **minerai** est une roche dans laquelle l'homme peut extraire des minéraux utiles.

Le sous-sol renferme aussi des combustibles fossiles : le charbon, le gaz naturel et le pétrole se sont constitués il y a plusieurs centaines de millions d'années. Ils sont issus de la décomposition de la matière organique (animale ou végétale) enfouie dans le sous-sol dans lequel elle a été piégée et s'est amassée, se retrouvant sous l'accumulation des sédiments pour former des **gisements**.

Les gisements de pétrole et de gaz naturel (que l'on appelle des hydrocarbures) proviennent de l'accumulation du plancton dans l'océan, les lagunes et les deltas. Le charbon résulte de la décomposition de végétaux terrestres ou d'eau douce. La pression, la température et les micro-organismes participent à la transformation de cette matière organique en hydrocarbures (composés d'hydrogène et de carbone). L'extraction des combustibles fossiles est localisée : mine souterraine ou à ciel ouvert (charbon) et forages (pétrole, gaz).

Définitions

- **Lithosphère :** partie superficielle de la Terre composée de deux couches terrestres superposées : la croûte (océanique ou continentale) et le manteau supérieur rigide.
- **Gisement :** portion de l'écorce terrestre où se trouvent accumulées des substances minérales utiles (charbons, minerais, hydrocarbures…).
- **Fission :** division d'un noyau atomique instable en deux noyaux. Elle libère des neutrons et dégage une énergie très importante : 1 g d'uranium 235 libère autant d'énergie que plusieurs tonnes de charbon.

L'uranium, utilisé dans l'industrie nucléaire, constitue, lui, une **matière première fissile**. Il est enfoui dans le sous-sol, dans les terrains granitiques et sédimentaires surtout. C'est un métal lourd radioactif. Abondant, ses principaux gisements sont situés en Australie, au Kazakhstan, en Russie et au Canada.

Tableau 4.1 **Comparaison des différentes ressources énergétiques**

	Équipement pour produire 1 000 MW▸ d'énergie	Émission de CO_2 en kg équivalent carbone par tonne équivalent pétrole (Tep)	Réserves estimées (au rythme annuel de consommation)
Charbon	2 à 5 centrales thermiques	1 123	Environ 100 ans
Pétrole		840	40/50 ans, plus avec pétrole profond
Gaz naturel	2 à 5 centrales thermiques	700	50 ans, double avec gaz de schiste
Bois		7 (replantée)	Non mesurable (forte dispersion)
Nucléaire	1 réacteur REP▸ 1 000 MW	19	Environ 100 ans (avec uranium enrichi), plus longtemps avec surgénérateur, illimité avec fusion
Hydraulique	3 à 5 gros barrages	13	Illimité (mais variations saisonnières)
Éolien	3 000 éoliennes terrestres, 1 500 en mer	32	Illimité (mais intermittent)
Photovoltaïque	5 à 6 millions de m² de panneaux photovoltaïques	316	Illimité (mais intermittent)

▸ Mégawatt.

▸ Réacteur à eau pressurisée (type le plus répandu).

■ Les ressources de l'hydrosphère

▶ Voir Entraînement p. 135.

La surface de la Terre est recouverte à plus de 70 % d'eau. Cela représente un volume d'environ 1,2 milliard de km³. L'eau douce ne représente toutefois que 2,5 % de toute l'eau de la planète. Une grande partie de cette eau est par ailleurs stockée dans la cryosphère▸ (l'eau solidifiée sous forme de glace : glaciers, inlandsis, couverture neigeuse permanente) pour environ 70 % et dans le sol pour environ 22 % (nappes souterraines). Seule une infime partie est donc disponible pour les activités humaines : il s'agit des eaux de surface (lacs, cours d'eau).

Fig. 4.1 Le cycle de l'eau

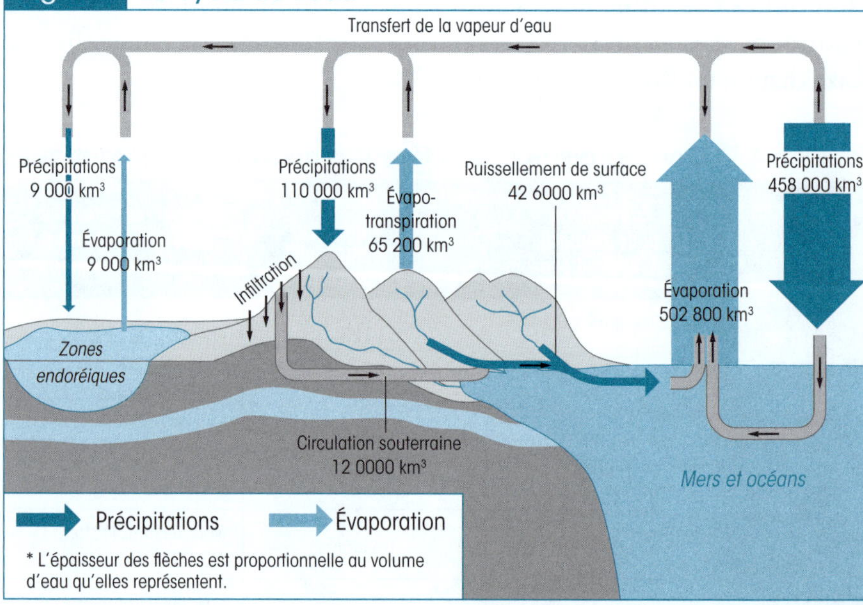

Source : ONU, 2006 ; Académie des sciences, 2006.

La quantité d'eau disponible varie dans le temps, au fil des saisons, mais aussi dans l'espace selon la **latitude** et la **continentalité**. La combinaison des précipitations et des températures détermine le régime des cours d'eau, c'est-à-dire les variations du volume d'eau écoulé en une seconde à un endroit donné de la rivière (débit). On distingue les périodes d'augmentation du débit (les crues, pouvant mener à des inondations si les cours d'eau sortent de leur lit) des périodes de réduction du débit (l'étiage).

En climats océanique et méditerranéen, c'est pendant l'été que se produit l'étiage car les températures augmentent, et donc l'évaporation également.

Dans les milieux tropicaux où les pluies varient considérablement pendant l'année, les cours d'eau ont des régimes contrastés, correspondant à l'alternance entre saison sèche et saison humide. Les rivières montagnardes▸ ou des hautes latitudes connaissent un débit réduit en hiver du fait du stockage de l'eau sous forme de neige ou de glace, puis des écoulements importants lors de la fonte au printemps. L'eau n'est donc pas forcément disponible au moment où les besoins (eau potable, irrigation…) sont les plus forts.

▶ Voir Entraînement p. 135.

Définitions

› **Latitude :** distance angulaire qui sépare un point sur la Terre de l'équateur (exprimée en degrés de -90° vers le sud à +90° vers le nord).

› **Continentalité :** ensemble des caractères climatiques déterminés par l'affaiblissement des influences maritimes vers l'intérieur d'un continent.

Les ressources de l'atmosphère

Le Soleil émet un rayonnement qui atteint la surface de la Terre après avoir traversé son atmosphère. Le bilan radiatif▸ du système Terre/atmosphère montre régionalement des zones excédentaires (entre 30° de latitude N et 30° de latitude S) et déficitaires (les zones au-delà). Ce déséquilibre produit des transferts d'énergie *via* les mouvements de l'atmosphère (vents) et des océans (courants). Le rayonnement solaire est donc à l'origine du cycle de l'eau (évaporation des surfaces terrestres et des océans, précipitations) et de la circulation atmosphérique.

▶ Voir Chapitre 1.

Le rayonnement solaire fournit par ailleurs l'énergie nécessaire à la photosynthèse, c'est-à-dire au processus de formation de matière par les végétaux par absorption de l'énergie solaire récupérée par les feuilles. Il s'agit donc d'un élément essentiel dans la production des ressources naturelles. Le vent et le soleil constituent également des ressources pour produire de l'énergie.

Le saviez-vous ?
Il existe plusieurs grandes zones climatiques à la surface de la Terre : deux zones froides (pôles), une zone chaude autour de l'équateur et deux zones tempérées entre deux.

Les ressources de la biosphère

D'autres produits, issus du vivant, sont tirés directement du sol, des eaux douces et de la mer. Il s'agit de la **biomasse**. Cette dernière englobe la végétation (dont le bois), les animaux et les sols. L'intégration de l'ensemble des matières végétales aux « ressources naturelles » fait cependant débat car les produits issus de l'agriculture ou de la sylviculture ne sont

La **biomasse** désigne la masse totale de matière vivante animale ou végétale (par unité de surface) présente dans l'écosystème.

pas des produits bruts : ils sont en effet cultivés par les hommes. Par ailleurs, depuis les années 1980, face à la disparition concomitante d'habitats comme les forêts tropicales humides et de nombreuses espèces de faune et de flore, la communauté internationale s'inquiète de la perte de biodiversité. Celle-ci englobe trois échelles : les espèces, les gènes et les écosystèmes. Il s'agit donc d'une approche débordant la seule question des ressources naturelles.

▶ Voir Chapitre 5.

▶ Voir Chapitre 5.

Si les ressources sont tirées du sol, les sols eux-mêmes constituent une ressource naturelle. Les sols sont la partie superficielle de la croûte terrestre résultant de la transformation de la lithosphère sous l'action de l'atmosphère, de la biosphère et de l'hydrosphère : ce sont donc des espaces d'échanges (on parle alors d'interfaces). Ils fournissent à la biomasse un support et des substances nutritives indispensables. Les sols présentent des potentialités distinctes selon la nature du substrat sur lequel ils se développent, le climat, la topographie (altération des sols le long d'une pente) et les apports organiques (**humus**) fournis par les plantes et animaux. Les sols sont le plus souvent classifiés selon les zones climatiques. Dans les terres arides, ils sont pauvres en humus en raison de l'insuffisance de la végétation. Dans la toundra, ils sont gorgés d'eau ou gelés : ce sont des tourbes. Les sols bruns des forêts tempérées, ou les sols noirs des prairies d'Europe centrale (appelés tchernozioms), très riches en humus, constituent d'excellentes terres agricoles.

L'**humus** est l'horizon superficiel (la couche supérieure) du sol, résultant de la décomposition de la matière organique.

2. Des rythmes de renouvellement contrastés

Les ressources naturelles ne disposent pas de la même capacité de régénération : elles ne se reconstituent pas à la même vitesse.

■ Les ressources renouvelables, épuisables et non épuisables

Sont considérées comme renouvelables les ressources dont le stock se régénère à l'échelle d'une vie humaine. Leur production se réalise sur un temps court (croissance de la végétation par exemple) ou bien elles se renouvellent en permanence comme l'énergie solaire et ses dérivées.

Les ressources dites renouvelables sont : l'eau, le rayonnement solaire et la biomasse. Elles fournissent par ailleurs de l'énergie renouvelable : énergie hydraulique (force de l'eau), énergie marémotrice (force de l'attraction de la lune attirant les marées), énergie éolienne (force du vent), énergie hydrolienne (force des vagues) et énergie de la biomasse (fournie par la végétation). L'utilisation de ces ressources ou de ces différentes forces▸ pour produire de l'énergie (panneaux photovoltaïques, barrages, éoliennes, hydroliennes offshore...) ne réduit en rien le potentiel naturel. On pourra même parler de « ressources inépuisables » car elles sont capables de se régénérer en permanence.

▶ Voir Tableau p. 115.

Les ressources biologiques qui sont constituées par les communautés vivantes exploitées par l'homme (sols, forêts, pâturages, pêcheries maritimes, biodiversité) se renouvellent par reproduction. Leur stock peut s'épuiser si le rythme de prélèvement devient supérieur à celui de régénération. Une exploitation trop importante révèle la fragilité de ces ressources. On parle alors de ressources renouvelables mais épuisables.

Les ressources non renouvelables

Une ressource naturelle est qualifiée de non renouvelable lorsque le temps nécessaire à sa création dépasse largement le temps d'une vie humaine. Les combustibles fossiles comme les métaux, les minéraux et les roches en sont une bonne illustration puisqu'ils se forment à un rythme très lent. Il faut plusieurs millions d'années pour constituer ces réserves. Les ressources non renouvelables se distinguent par un stock de réserve fini. L'épuisement des réserves est donc inéluctable.

La consommation des sources d'énergies fossiles a augmenté à un rythme soutenu, bien supérieur à celui de la production, depuis la révolution industrielle. Par exemple, la consommation de pétrole a connu une forte croissance avec le développement de l'automobile au début du XXe siècle, puis du transport aérien : la consommation mondiale est ainsi passée de 10 millions de tonnes équivalent pétrole (Tep) à plus de 500 millions Tep au milieu du XXe siècle pour dépasser les 3 500 millions Tep au début des années 2000 et atteindre 4 500 millions Tep en 2022.

Les ressources non renouvelables ne concernent pas que les hydrocarbures, mais aussi l'eau. L'eau est une ressource renouvelable à l'échelle de la planète grâce au cycle de l'eau, mais, localement, elle peut ne pas être renouvelable. Ainsi, les grandes nappes d'eau fossiles situées dans le sous-sol du Sahara libyen et égyptien s'épuisent considérablement depuis quelques décennies. On dit que ces nappes d'eau sont « fossiles » car elles sont héritées d'une ancienne période où le Sahara était moins aride. Leur renouvellement n'est donc plus possible à l'heure actuelle : ponctionnées par les sociétés, elles sont appelées à disparaître. Indispensables à l'économie, les ressources non renouvelables sont stratégiques et font l'objet de nombreux conflits et tensions.

II. La dégradation des écosystèmes et de la biodiversité

L'exploitation des ressources suppose le déploiement d'un ensemble de techniques visant à les détecter, les extraire, les acheminer puis les transformer. Outre les gaz à effet de serre générés par ces différentes étapes et le rôle prépondérant des énergies de stock dans le changement climatique, l'exploitation des ressources a des impacts notables sur le vivant par les transformations qu'elle exerce sur les écosystèmes et leur fonctionnement.

1. L'impact environnemental des énergies fossiles

La croissance démographique et l'élévation du confort domestique et de la mobilité des populations ont très fortement augmenté la consommation énergétique à l'échelle mondiale : celle-ci a été multipliée par 6 depuis 1950. Les combustibles fossiles assurent aujourd'hui plus de 80 % de ces besoins. Or, leur exploitation a des conséquences environnementales négatives à toutes les échelles.

À l'échelle locale, elle bouleverse l'organisation des paysages (mines à ciel ouvert, forte densité de plateformes de forage, de bassins de stockage des déchets, des routes d'accès et autres infrastructures). Elle génère des nuisances sonores et atmosphériques (transports, chantiers) pour les écosystèmes et les riverains lorsque ces derniers ne sont pas simplement évacués. La santé des populations peut être mise en danger par la pollution des sols, de l'eau et de l'atmosphère induite par ces activités, comme cela est par exemple dénoncé pour les **gaz de schiste**.

À l'échelle internationale, l'acheminement des hydrocarbures comporte lui aussi des risques pour l'environnement, maritime et côtier en particulier, comme l'illustrent les fréquents épisodes de marées noires et de dégazages en mer. On peut évoquer en France la marée noire de l'Erika en 1999 ou celle plus récente d'un oléoduc sous-marin au Pérou en 2022. L'utilisation massive des énergies fossiles, dans les centrales thermiques ou les moteurs des véhicules, a par ailleurs un impact direct sur le changement climatique global.

Définitions

- **Gaz de schiste :** hydrocarbures non conventionnels qui nécessitent des techniques d'extraction lourdes.
- **Effet de serre :** mécanisme naturel qui provoque l'accumulation de chaleur dans les basses couches de l'atmosphère.

Le charbon, le pétrole et le gaz naturel, dans une moindre mesure, émettent lors de leur combustion du dioxyde de carbone (ou CO_2) qui aggrave ce phénomène, provoquant une augmentation des températures. La combustion du bois de chauffe auquel ont recours de nombreuses populations dans les pays pauvres participe également à ce phénomène. Le charbon et le pétrole contiennent par ailleurs une proportion non négligeable de soufre. Sa combustion dégage un gaz qui se transforme dans l'atmosphère en acide sulfurique ; celui-ci, transporté sur de longues distances par la circulation atmosphérique, est responsable des pluies acides participant à la dégradation des forêts.

2. La dégradation des écosystèmes et de la biodiversité

L'augmentation de la population et la généralisation des modes de vie des pays industrialisés se traduisent par des pressions toujours plus fortes sur les écosystèmes. Ce sont surtout l'industrialisation faisant suite à la révolution née au Royaume-Uni au XVIIIe siècle, puis la mondialisation des échanges de matières premières et de biens, qui sont responsables de l'accélération de cette exploitation. Cela se traduit par une augmentation des surfaces consacrées à l'extraction (mines, carrières), à la production agricole et de l'urbanisation.

Avant l'invention de l'agriculture, les hommes collectaient leur alimentation directement dans la nature par prélèvement (chasse, pêche) ou par cueillette (graminées, racines, légumineuses, fruits). Ces

Le saviez-vous ?
Selon la FAO, une forêt caractérise un espace boisé (plantations exclues) d'au moins 0,5 ha, composé d'arbres d'au moins 5 m de hauteur à maturité avec un taux de couvrement d'au moins 10 %.

Ne pas confondre !
– Le **défrichement** est l'opération volontaire consistant à supprimer les espaces boisés généralement pour mettre en valeur agricole le sol.
– La **déforestation** désigne la régression ou la disparition des espaces forestiers.

Les géographes P. Arnould et L. Simon ont montré la complexité des notions de déforestation.

groupes de chasseurs-cueilleurs avaient un impact mineur sur l'environnement : leur outillage était simple et le stockage n'existait peu ou pas. Ces groupes de faible densité et nomades se déplaçaient à l'intérieur de vastes territoires. L'apparition de l'agriculture et de l'élevage a marqué les premières étapes de la domestication de leur environnement. Les hommes ont ainsi sélectionné les espèces qu'ils ont élevées et cultivées, et se sont sédentarisés. Les couverts végétaux ont été transformés par des **défrichements** progressifs et les surfaces cultivées ont bientôt remplacé la forêt. Ce processus a par exemple conduit à la diminution des taux de boisement en Europe de l'Ouest suite à plusieurs siècles de défrichement et de mise en valeur agricole.

Si les massifs forestiers européens sont actuellement stabilisés, voire en extension (du fait de la déprise agricole et de diverses politiques de reboisement), et en grande partie protégés, ce sont les taïgas sibériennes et les forêts tropicales qui sont aujourd'hui menacées par la **déforestation**. Ce terme recouvre en fait une réalité multiple et son évaluation est particulièrement complexe puisque la définition de la forêt et les outils de sa caractérisation sont hétérogènes.

Dans les pays en développement, la déforestation est rendue spectaculaire par la multiplication des fronts pionniers particulièrement impressionnants en Amazonie. La mise en culture se traduit par des défrichements massifs associés au développement de productions commerciales : le soja et le maïs en Amazonie brésilienne, l'huile de palme en Indonésie, les plantations d'hévéas en Malaisie ou au Laos. En Amérique latine, l'élevage extensif provoque le défrichement de vastes surfaces forestières pour produire de la viande. La forêt est donc remplacée par des cultures commerciales mono-spécifiques privant les populations locales des ressources qu'elles y collectaient.

L'importance des coupes pour le bois-énergie (bois de chauffe), souvent mal encadrées, est par ailleurs un problème réel dans nombre de pays (en Afrique de l'Ouest notamment). Les espaces forestiers régressent surtout du fait de l'extension des terres agricoles depuis les années 1990 mais aussi de l'urbanisation en Amérique centrale et du Sud. La déforestation peut être liée à une agriculture vivrière au Laos ou à Madagascar par exemple où l'agriculture sur brûlis est dénoncée. Il s'agit d'une agriculture itinérante : après quelques années de culture, la parcelle est abandonnée et la forêt se reconstitue. Toutefois, tant que la densité de population demeure suffisamment faible pour permettre des temps de recrû forestier longs (au minimum 15 ans), la forêt et la fertilité des sols se reconstituent.

Les pratiques des sociétés sont aujourd'hui dénoncées comme les causes de la disparition des forêts tropicales. Les conséquences du commerce des bois tropicaux ne représentent qu'un quart du marché international du bois. Les forêts boréales sont aussi concernées : si la taïga scandinave est bien protégée par une sylviculture (gestion des forêts) efficace, ce n'est pas le cas de la **taïga** sibérienne pillée ou des forêts canadiennes. Les opinions publiques sont cependant désormais sensibilisées aux conséquences de coupes hasardeuses (d'où la multiplication des processus de certification, garants de la bonne gestion des forêts exploitées : **FSC**, **PEFC**, etc.).

La **taïga** désigne la forêt boréale que l'on trouve du Canada à la Sibérie aux hautes latitudes. Caractérisée par le froid et des sols pauvres, gelés et engorgés, cette forêt immense renferme un faible nombre d'essences (épicéa, sapin, pin et mélèze).

Définitions

- **FSC :** *Forest Stewardship Council* ou Conseil pour la bonne gestion des forêts, organisation mondiale vouée à la promotion de la gestion responsable des forêts dans le monde entier.
- **PEFC :** *Program for the Endorsement of Forest Certification* ou Programme de reconnaissance des certifications forestières pour une gestion durable des forêts.

La déforestation a des conséquences environnementales multiples. Le défrichement de surfaces boisées provoque d'abord une perte de biodiversité par suppression des écosystèmes en place. La disparition du couvert forestier appauvrit les sols qui ne sont plus protégés ni alimentés en apports organiques. Cela peut se traduire par l'augmentation des processus de ruissellement et une érosion des sols, notamment sur les surfaces en pente (mouvements de terrain). La déforestation modifie également les équilibres climatiques à l'échelle locale et planétaire.

La végétation participe activement au cycle de l'eau : par l'évapotranspiration, la végétation vaporise l'eau que son système racinaire puise dans le sol. La suppression de la végétation se traduit par une diminution de l'humidité à l'échelle locale (augmentation des surfaces sèches, réchauffement de l'air) et des apports pluviométriques à une échelle plus large. La déforestation joue aussi un rôle dans le réchauffement climatique : les feux de forêts émettent du CO_2. La régénération naturelle de la végétation participe par ailleurs à la fixation du CO_2 : une diminution du couvert forestier fait donc craindre un déséquilibre dans le bilan carbone.

Fig. 4.2 Les conséquences de la déforestation

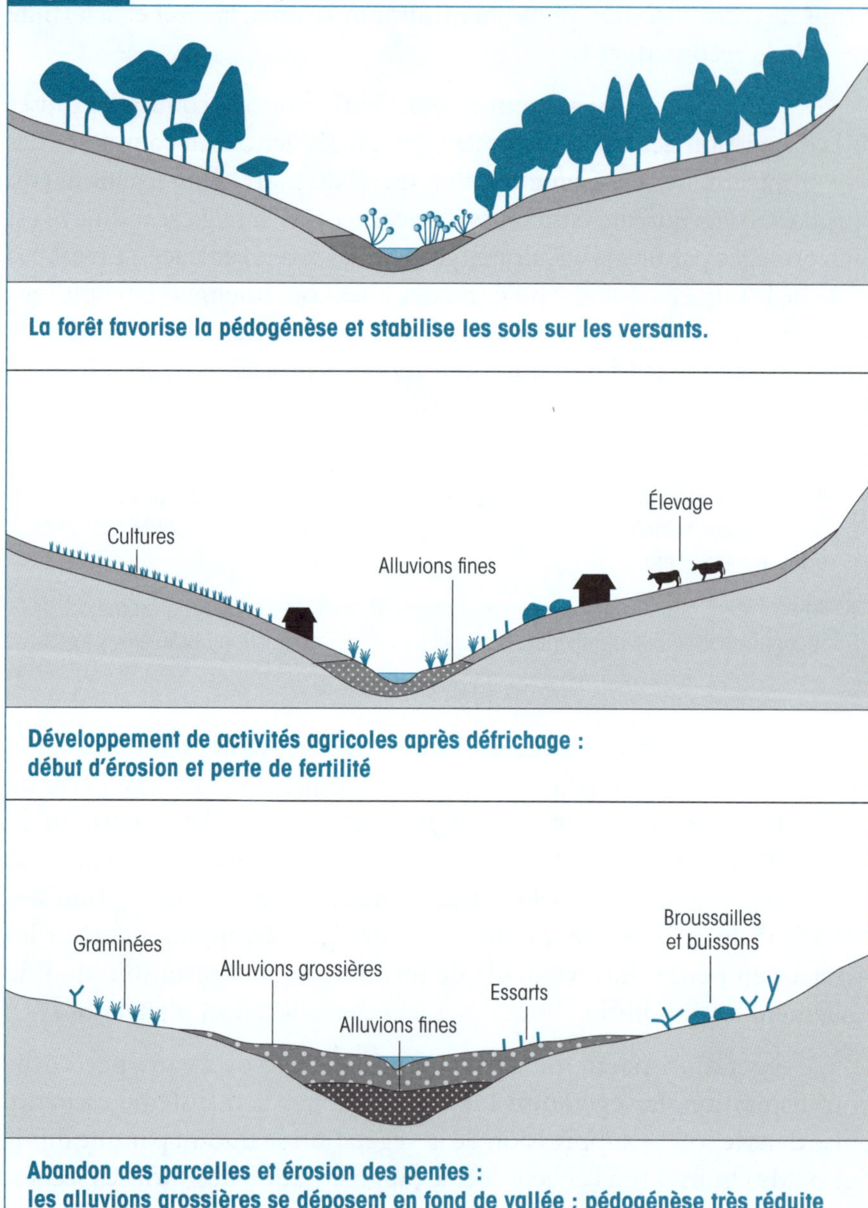

Source : d'après POMEL S. et SALMON J.-N., 1998, *La déforestation dans le monde tropical*, Bordeaux, Presses universitaires de Bordeaux.

FOCUS Les conséquences de la surpêche

Le poisson représente 10 % des protéines consommées par l'homme. De 5 millions de tonnes en 1990, la pêche a atteint près de 100 millions au début du XXIe siècle, les chalutiers-usines permettant de capturer plusieurs tonnes par jour. La stagnation depuis les années 1990 du volume de pêche témoigne de l'épuisement de cette ressource.

Au XIXe siècle, la ressource halieutique se raréfiant, les pêcheurs français développent la pêche hauturière (en haute mer) et la pêche à la morue au large de Terre-Neuve. Au XXe siècle, les navires-usines conduisent à exploiter des zones plus nombreuses et plus profondes. Seulement, les chaluts endommagent les écosystèmes et environ un quart des poissons prélevés sont rejetés morts car ils ne correspondent pas aux espèces souhaitées, entraînant des répercussions sur l'ensemble de la chaîne alimentaire.

En mer du Nord, le thon rouge commence à être pêché au début du XXe siècle. Des conserveries s'installent sur les côtes scandinaves et les captures augmentent. La demande en thon augmente dans la seconde moitié du XXe siècle au Japon. Pour faire face à l'effondrement rapide de l'espèce, des quotas interdisent la capture de spécimens de taille inférieure à 30 kg pour assurer la reproduction. On estime qu'au-delà de 15 000 tonnes de prises le renouvellement du stock n'est plus assuré. Or, le volume pêché est actuellement estimé à 50 000 tonnes.

La mise en place d'une réglementation efficace est rendue difficile par les enjeux économiques et alimentaires. D'autres solutions se développent comme l'aquaculture. Cette alternative produit près de 30 millions de tonnes de poissons d'élevage mais induit un impact sur l'environnement (pollution du fait des traitements préventifs, solution très consommatrice en alimentation).

3. L'épuisement des réserves

Un des principaux enjeux contemporains concerne la diminution des ressources naturelles disponibles alors que les besoins des êtres humains, plus nombreux et plus consommateurs, continuent d'augmenter.

Il faut différencier les ressources (ensemble des gisements y compris non encore découverts ou non économiquement rentables) des réserves (ressources identifiées et dont l'exploitation est économiquement rentable).

Le ***peak oil*** désigne le moment où la production de pétrole atteindra un plafond et commencera son déclin du fait de l'épuisement des réserves mondiales.

La **probabilité de récupération** indique le caractère plus ou moins vraisemblable d'extraction des volumes estimés.

La notion de réserve évolue sans cesse en fonction du cours des ressources : ce cours détermine la rentabilité du développement de nouveaux gisements et des progrès techniques qui permettent d'en identifier de nouveaux, de développer d'autres moyens d'extraction ou de perfectionner les moyens existants. L'évaluation des réserves est rendue complexe car elle dépend aussi des stratégies économiques et politiques des États et des compagnies. C'est pourquoi il est difficile de dire si le fameux ***peak oil***, annoncé dans les années 1970, est bientôt atteint.

Trois types de réserves sont distingués :

- *Les réserves prouvées* sont les quantités d'hydrocarbures qui ont une **probabilité de récupération** supérieure à 90 % dans les conditions économiques et technologiques du moment. Elles ont augmenté avec le développement de nouvelles techniques et des ressources non conventionnelles (off-shore, pétrole de schiste).
- *Les réserves probables* sont les quantités d'hydrocarbures dont l'existence est démontrée mais dont l'exploitation dépend du coût que les

Fig. 4.3 Les réserves d'hydrocarbures dans le monde

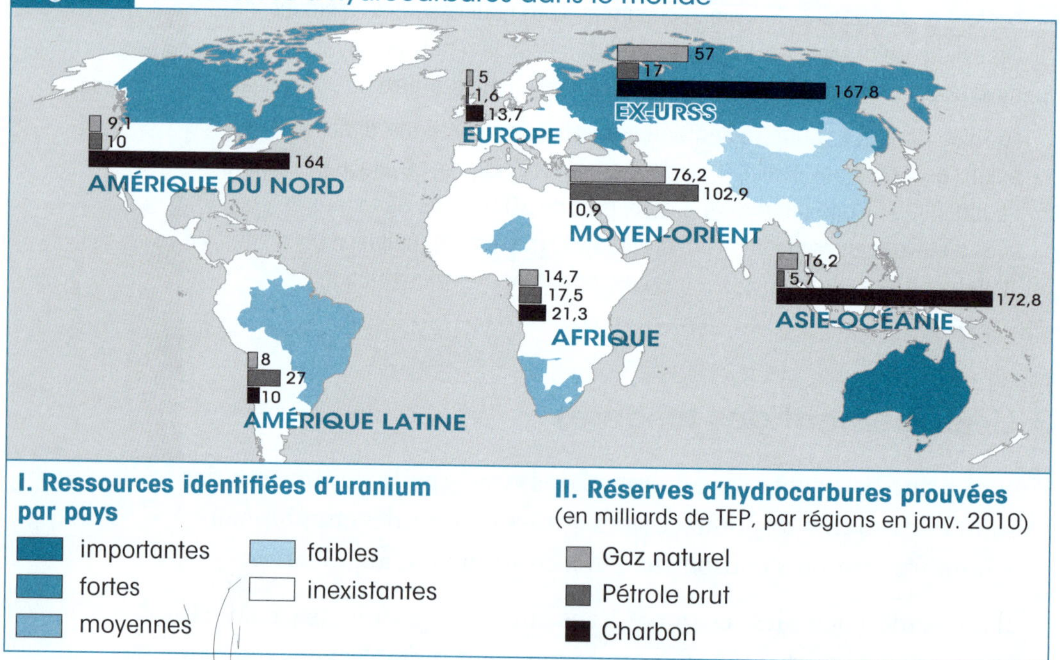

Source : Barré B. et Mérenne-Schoumaker B., 2011, *Atlas des énergies mondiales*, Paris, Autrement.

consommateurs sont prêts à payer : leur probabilité de récupération est estimée entre 50 et 90 %.

- *Les réserves possibles* ont une probabilité de récupération inférieure à 10 %.

III. Inégalités environnementales

L'exploitation des ressources naturelles pose la question des moyens de satisfaire les besoins de l'ensemble de la population, sans compromettre le maintien et la qualité des ressources pour l'avenir▸. Cependant, des inégalités se manifestent dès à présent.

▶ Voir Méthode du schéma fléché p. 259.

1. L'inégale répartition des ressources

La gestion des ressources naturelles constitue une question éminemment géographique puisque celles-ci ne sont pas réparties de manière égale à la surface de la Terre alors que l'ensemble des populations partagent des besoins communs pour assurer leur développement. Il y a donc un déséquilibre entre la disponibilité des ressources et la demande. Cette situation engendre des conflits d'ordre géopolitique mais aussi des inégalités environnementales à toutes les échelles. La répartition géographique des ressources dépend de l'histoire géologique de la Terre et des conditions climatiques, cette répartition créant des inégalités fortes entre les régions du globe.

Comme la distribution des ressources n'est souvent pas en adéquation avec celle des besoins, les sociétés ont développé des stratégies pour assurer des transferts entre les lieux de production et de consommation. Un réseau dense de canaux et d'aqueducs permet ainsi de détourner le volume d'eau qui circule dans les fleuves ou de distribuer l'eau accumulée à l'amont de grands barrages afin d'assurer des échanges à travers le monde. De nombreux projets de coopération existent par exemple entre les deux rives de la Méditerranée. Ces flux génèrent des devises importantes entre les pays importateurs et exportateurs. Cependant, l'accès à ces transferts nécessite des moyens techniques et financiers dont un certain nombre de pays ne dispose pas. Si les pays peu dotés sont aussi bien des pays développés que des pays pauvres (Singapour, Burkina Faso) et inversement (Nouvelle-Zélande, Laos), les capacités des pays à accéder à la ressource sont très inégales. L'ouest des États-Unis parvient avec d'importants investissements financiers et une forte capacité technique à résoudre la pénurie d'eau tandis que de nombreux pays africains peinent à mobiliser la ressource.

Ainsi, plus d'un milliard de personnes ne bénéficie pas d'un accès minimum à une eau salubre. En moyenne, le volume d'eau disponible par personne et par an, évalué à 6 500 m^3, couvre l'ensemble des besoins de l'humanité. Seulement, derrière cette moyenne se cachent de fortes disparités. L'inégale répartition de l'eau crée des situations de pénurie dans certaines régions où ce volume annuel par personne est inférieur à 1 000 m^3 : il y a alors une insécurité hydrique puisque les besoins ne peuvent être couverts. Quelques pays disposent de ressources très abondantes (Brésil, 45 000 m^3/hab/an ; Canada, 90 000) tandis que d'autres ont des ressources quasi nulles (Koweït, 7). Ces écarts masquent des inégalités à l'intérieur des pays selon la proximité au réseau hydrographique ou à des nappes souterraines mais aussi les écarts d'accès aux infrastructures permettant de disposer d'une eau de bonne qualité.

La mobilisation des ressources comporte des enjeux géopolitiques. Certaines populations peuvent être privées de l'accès à une ressource par ailleurs abondante, soit parce qu'elles n'ont pas les moyens techniques de l'identifier et de l'exploiter, soit parce qu'on leur en interdit l'accès. Sur les fleuves transfrontaliers, une ponction trop forte en amont ou la pollution de la ressource provoquent des tensions : une concurrence s'exerce sur les prélèvements en eau entre les populations localisées à l'amont (Soudan sur le Nil, Californie pour le Colorado) et celles de l'aval (Égypte pour le Nil, Mexique pour le Colorado). Les mêmes écarts peuvent être observés pour les autres ressources.

2. Une exposition inégale aux nuisances environnementales

Si l'accès aux ressources est inégal, leur exploitation est, elle, génératrice d'inégalités environnementales fortes pour les populations locales. Situées dans des régions marginales, des zones rurales des pays en développement, elles subissent les impacts de l'exploitation (pollution de l'eau, des sols, de l'air et destruction des écosystèmes) tandis qu'elles ne récoltent que très peu les bénéfices économiques. Ainsi, certaines populations se trouvent sacrifiées pour l'exploitation de ressources qui profitent à d'autres, souvent très éloignées. L'exploitation pétrolière dans le delta du Niger profite économiquement aux multinationales et aux pays consommateurs, mais laisse les populations locales avec une pollution massive des sols et de l'eau, compromettant leur santé et leurs moyens de subsistance. Le développement de modèles extractivistes exacerbe la pauvreté en privant les populations de leurs moyens de subsistance, les sols en premier lieu.

On observe une différenciation spatiale et sociale dans la distribution des effets négatifs (on parle aussi d'externalités) de l'exploitation des ressources qui sont supportés de manière disproportionnée par les populations les plus vulnérables. Des communautés autochtones (sioux) luttent depuis 2024 contre un projet, aujourd'hui abouti, d'oléoduc dans le Dakota du Nord et l'Illinois aux États-Unis : proche de la réserve indienne de Standing Rock, il perturbe l'environnement local ainsi que des sites d'une grande importance culturelle et religieuse.

La « malédiction des ressources » illustre l'accaparement des ressources et les inégalités économiques produites dans certains pays autour de l'exploitation de ressources contrôlée par une élite locale et/ou internationale. La présence de ressource n'est ainsi pas forcément synonyme de prospérité et de développement et peut, à l'inverse, aggraver les écarts dans ces pays (corruption, mauvaise gouvernance).

IV. Concilier développement et gestion des ressources

L'exploitation des ressources naturelles pose donc la question des moyens de satisfaire les besoins de l'ensemble de la population, sans compromettre le maintien et la qualité des ressources pour l'avenir▸. Face au constat de l'épuisement des réserves et des impacts sur l'environnement de l'exploitation des ressources, plusieurs stratégies s'affrontent.

▶ Voir Chapitre 7.

1. Le progrès technique comme solution ou l'ultime frontière

Une première stratégie est de se tourner vers le progrès technique : les innovations permettent de s'affranchir des limites existantes. L'énergie est considérée comme le moteur de la croissance économique. Il n'est pas envisagé de renoncer à la croissance : le développement est dépendant de l'énergie qui constitue un enjeu stratégique (revenus importants, enjeux géopolitiques). Le développement va donc passer par l'exploitation de nouvelles réserves pétrolières (grands fonds marins, pôles...) ou le développement de nouvelles infrastructures telles que les usines de potabilisation de l'eau toujours plus perfectionnées pour s'adapter aux nouvelles substances polluantes. La frontière est repoussée grâce au progrès technique.

De nombreux aménagements ont ainsi permis de dépasser les situations de pénurie en eau. La construction de barrages permet de stocker l'eau durant les périodes de forts apports (en hiver par exemple dans les espaces tempérés ou au printemps à la fonte des neiges dans les régions caractérisées par un régime nival) et de la redistribuer pendant les périodes de sécheresse même si les canons à neige ne peuvent plus fonctionner dans les stations de sport d'hiver soumises à des températures trop douces. Les régions arides ont recours à des transferts d'eau. Le barrage d'Assouan construit sur le Nil dans les années 1960-1970 est l'infrastructure indispensable à la valorisation agricole d'une vaste région désertique : l'irrigation permet de répondre aux besoins alimentaires d'une population nombreuse (plus de 100 millions d'habitants en Égypte). Marquée par de longues sécheresses, la Californie a, elle, également développé des équipements d'ampleur pour acheminer l'eau des montagnes de la Sierra Nevada vers les lieux de consommation : barrages, réservoirs, stations de pompage et canaux d'irrigation sont les conditions du succès de l'agriculture californienne. Par ailleurs, ces équipements modifient les équilibres écologiques (rétention des sédiments, érosion du littoral, modification des écosystèmes, obstacle à la migration des poissons par exemple pour les barrages). Une autre technologie innovante consiste à transformer l'eau salée via des usines de désalinisation. Plusieurs d'entre elles existent au Moyen-Orient (Qatar), en Afrique du Nord (Gabès en Tunisie) mais aussi aux États-Unis. Très consommatrices en énergie et coûteuses, ces usines offrent de nouvelles perspectives pour approvisionner les régions côtières.

La fonte des glaces en Arctique constitue un autre exemple de nouvelle frontière à la fois technique et géographique. La réduction de la banquise ouvre de nouvelles routes maritimes et provoque des tensions géopolitiques importantes car d'importants gisements sont contenus dans le sous-sol. L'espace arctique devient depuis les années 2000 un « eldorado » polaire. Les forages dans le Grand Nord se sont révélés envisageables économiquement lorsque le baril de pétrole a franchi les 50 dollars, et sont géopolitiquement intéressants quand on sait combien la situation de certains pays producteurs, comme l'Irak ou le Nigeria, complique l'accès aux ressources. Les compagnies se disputent l'exploitation de ces ressources qui représenteraient 13 % des réserves non découvertes de pétrole (soit 3 ans de consommation mondiale) et 30 % des réserves de gaz (soit 6 ans de consommation mondiale) mais aussi des stocks de charbon et de métaux rares. Cette ruée vers les ressources de l'Arctique comporte un certain nombre de risques environnementaux puisque l'exploitation nécessite d'utiliser la fracturation horizontale afin d'exploiter les gisements offshore depuis des puits installés sur la côte. La profondeur des gisements, l'éloignement des côtes et les conditions climatiques (icebergs à la dérive, englacement pendant une grande partie de l'année) constituent des conditions particulièrement difficiles d'exploitation.

FOCUS L'exploitation des hydrocarbures non conventionnels

Traditionnellement, les compagnies exploitent des hydrocarbures occupant les interstices d'une roche poreuse et perméable (réservoir). Ils sont emprisonnés entre la roche mère et une roche imperméable (couverture) et extraits *via* des puits. Des méthodes dites « non conventionnelles » sont développées pour extraire les hydrocarbures piégés dans la roche mère ou concentrés dans des roches réservoirs peu perméables. Par exemple, le gaz de schiste exploité à grande échelle en Amérique du Nord depuis les années 2000 requiert un forage non vertical et le recours à la **fracturation hydraulique**.

Outre leur coût élevé, ces techniques sont controversées du fait de leurs impacts sur l'environnement. La consommation d'eau générée par la fracturation hydraulique crée de forts conflits d'usage dans des régions soumises à la sécheresse comme le Texas. Le gaz échappé et les fluides de fracturation sont susceptibles de contaminer les nappes phréatiques. L'injection d'eau dans la roche provoque des séismes. Pionniers dans l'exploitation des gaz de schiste, les États-Unis sont depuis 2014 en passe d'être indépendants sur le plan énergétique.

Les conséquences environnementales de cette exploitation sont largement débattues : la France a, elle, interdit la fracturation hydraulique.

La **fracturation hydraulique** consiste à injecter à haute pression un fluide afin de créer des fissures artificielles au travers desquelles le gaz va pouvoir se déplacer en direction du puits de production.

2. La gestion raisonnée des ressources : vers une transition socio-écologique ?

À l'inverse, une autre position est de considérer qu'un changement de cap s'impose et que le statu quo constitue une impasse. Le double constat de l'épuisement des réserves et d'un certain nombre de problèmes écologiques, dont en particulier l'effondrement de la biodiversité et le réchauffement climatique, conduit à considérer que la croissance ne peut se poursuivre au même rythme ou tout du moins selon les mêmes modalités. Les solutions amenées proposent de diminuer la consommation afin de préserver les ressources, d'adopter des modes de développement plus respectueux de l'environnement et de promouvoir d'autres sources d'énergie. Cela renvoie à la transition écologique : il s'agit de promouvoir un nouveau modèle de croissance moins prédateur pour l'environnement.

Voir Kevin Duruisseau, 2014.

La transition énergétique est le passage du système énergétique actuel utilisant des ressources non renouvelables vers un bouquet énergétique basé principalement sur des ressources renouvelables. Elle consiste à encourager une politique énergétique moins orientée par la demande et la production centralisée d'énergie mais davantage par l'offre et la production décentralisée. Les consommations énergétiques doivent être plus raisonnées (principe de sobriété) et plus efficientes (principe d'efficacité). Les économies d'énergie sont encouragées (rénovation thermique des constructions, nouvelles normes et progrès technologique pour des motorisations plus propres et l'équipement de filtres à particules, changement des comportements pour réduire la consommation…). Enfin, cette approche suppose un recours croissant à des ressources renouvelables pour produire de l'énergie. De nombreuses initiatives sont adoptées pour réduire par exemple l'usage de produits polluants (pesticides, engrais…) dans l'agriculture comme dans la gestion des espaces verts et jardins privés. Les agriculteurs sont encouragés à adopter certaines pratiques (comme la fauche tardive) pour favoriser le maintien de la biodiversité et le système de paiements pour services environnementaux tend à se développer dans les pays du Sud. Ce mécanisme de compensation repose sur le versement d'incitatifs en contrepartie de l'adoption de pratiques protégeant la ressource. Au Kenya, le projet Malewa récompense les agriculteurs qui mettent en place des pratiques antiérosives et ne cultivent plus les terres riveraines afin de diminuer la sédimentation du lac Naivasha, supposément liée à l'érosion des sols agricoles. En France, la loi Zéro Artificialisation Nette (ZAN) vise à protéger les sols en compensant les surfaces urbanisées par la « renaturalisation » d'autres secteurs.

Malgré la mise en place d'espaces protégés et le renforcement de la réglementation s'appliquant à l'ensemble des territoires, le développement actuel se poursuit avec une exploitation plus ou moins raisonnée des ressources. La décroissance constitue une vision plus radicale du changement à opérer pour préserver les ressources naturelles puisqu'elle amène à envisager la croissance économique comme représentant une source de nuisances plus que de bienfaits pour l'humanité. De nombreux auteurs insistent sur la nécessité d'intégrer les enjeux sociaux afin de réduire les inégalités environnementales : ils parlent alors de transition socio-écologique. C'est un processus plus profond de transformation de la société, et des modes de production et de consommation en particulier. Cherchant à dépasser les écueils du développement durable, il s'agit de veiller à ce que les réformes ne pèsent pas uniquement sur les plus vulnérables. La mise en place de la taxe carbone ou des Zones à Faible Émission ont ainsi levé des protestations fortes, à l'origine du mouvement des gilets jaunes, car ces mesures augmentent le coût de la vie quotidienne des ménages les plus pauvres sans proposer des alternatives accessibles à tous. L'inclusion des populations dans la prise de décision et les modèles économiques alternatifs (économie circulaire ou économie sociale solidaire) sont au cœur de ce projet.

Conclusion

La notion de ressource naturelle comporte une dimension sociale : il s'agit de « l'adéquation entre la ressource naturellement disponible en un lieu donné, et les moyens humains pour la rendre utilisable à un moment et en un endroit précis, aussi bien en bénéficiant de sa présence *in situ*, dans le milieu naturel, qu'en la prélevant et en l'acheminant vers les lieux de consommation » (Hellier *et al.*, 2009).

Au-delà du volume existant, il faut donc prendre en considération la qualité de la ressource et les conditions techniques, économiques et sociales qui permettent de la rendre accessible et maîtrisable.

À RETENIR

- On distingue deux grandes catégories de ressources naturelles selon le rythme de régénération de celles-ci : les **ressources fossiles** (hydrocarbures notamment) ne peuvent être renouvelées à l'échelle humaine tandis que les **ressources renouvelables** se reconstituent à condition que leur consommation soit raisonnable.
- L'accès aux ressources **est très inégal** du fait de la répartition géographique de celles-ci. L'exploitation des ressources renforce ces inégalités puisque les populations exposées aux impacts sont souvent les plus pauvres (pays du Sud, populations racisées).
- L'exploitation des ressources naturelles constitue **un enjeu stratégique** car celles-ci sont vitales pour le développement des activités des sociétés. Elle génère donc fréquemment des conflits (entre amont et aval par exemple pour la maîtrise de l'eau d'un cours d'eau). L'importance des hydrocarbures est même à l'origine de guerres.
- Face au constat d'épuisement des réserves, **deux stratégies s'opposent**. D'un côté, la technologie doit permettre d'identifier de nouveaux stocks et de développer des techniques innovantes d'extraction. D'un autre côté, la transition écologique prône l'adoption de pratiques plus respectueuses de l'environnement et économes pour préserver les ressources.

NOTIONS CLÉS

- Conflit d'usage
- Déforestation
- Épuisement des réserves
- Inégalités environnementales
- Pollutions, nuisances, risques
- Ressources fossiles
- Ressources renouvelables/épuisables
- Transition écologique

POUR ALLER PLUS LOIN

Duruisseau Kevin, 2014, « L'émergence du concept de transition énergétique. Quels apports de la géographie ? », *Bulletin de la Société de Géographie de Liège* n° 63, 21-34.

Barré B., Mérenne-Schoumaker B., 2011, *Atlas des énergies mondiales. Un développement équitable et propre est-il possible ?* Paris, Autrement.

• Sur l'exploitation des ressources de l'océan Arctique :

« L'océan Arctique : l'ultime frontière ? » (http://geoconfluences.ens-lyon.fr/doc/typespace/frontier/ FrontDoc5.htm).

• Sur l'exploitation des gaz de schiste :

La bande dessinée *Énergies extrêmes* de Lapoix S. et Blancou D., chez Futuropolis (2014) et le documentaire *Gasland* de Fox J. (2002).

• Sur l'eau :

Blanchon D., 2022, *L'Atlas de l'eau*, Paris, Autrement.

Hellier E. *et al.*, 2009, *La France. La ressource en eau*, Paris, Armand Colin.

Sur les forêts, les sols et la biodiversité :

Arnould P., Simon L., 2007, *Géographie de l'environnement*, Paris, Belin.

Boulier J., Simon L., 2022, *Atlas des forêts dans le monde*, Paris, Autrement.

Bortolamiol S. *et al.*, 2024, *Atlas de la biodiversité*, Paris, Autrement.

Tester ses connaissances

Corrigés en ligne

1. Complétez le tableau ci-dessous en indiquant pour chaque type de ressource énergétique dans quelle famille elle se situe et quels sont ses avantages et ses inconvénients.
2. Définissez ensuite à quelle échelle (locale ou globale) les avantages et inconvénients de ces différentes ressources se positionnent.

Ressources	Énergie renouvelable (voire inépuisable)	Énergie non renouvelable	Avantages	Inconvénients
Pétrole				
Éolien				
Solaire				
Biomasse				
Charbon				
Nucléaire				

Questions sur document

Disponibilité en eau et production de neige

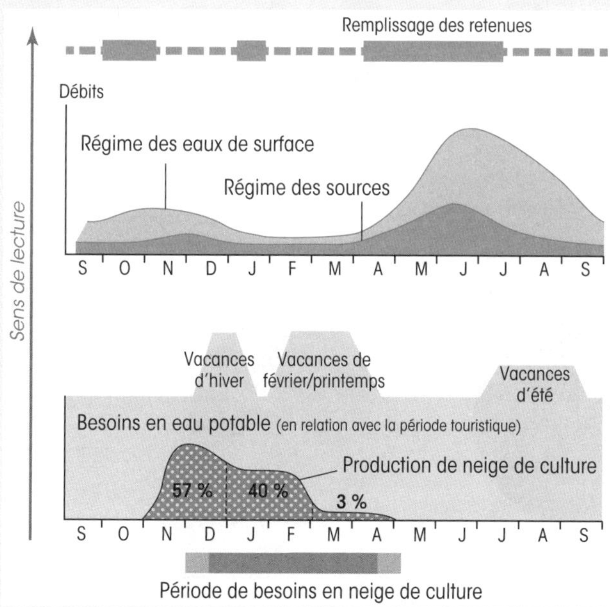

Source : d'après Marnézy A., 2008, « Les barrages alpins », *Revue de géographie alpine*, n° 96 (1).

1. Quels sont les enjeux qui pèsent sur la ressource en eau en montagne au fil de l'année ?
2. Quels conflits d'usages potentiels caractéristiques de cette ressource pouvez-vous identifier ?

▶ Voir Méthodes p. 269-275.

ÉTUDE DE CAS

L'Allemagne, un modèle de transition énergétique ?

Doc. 1 Production d'électricité en Allemagne par source entre 1990 et 2014

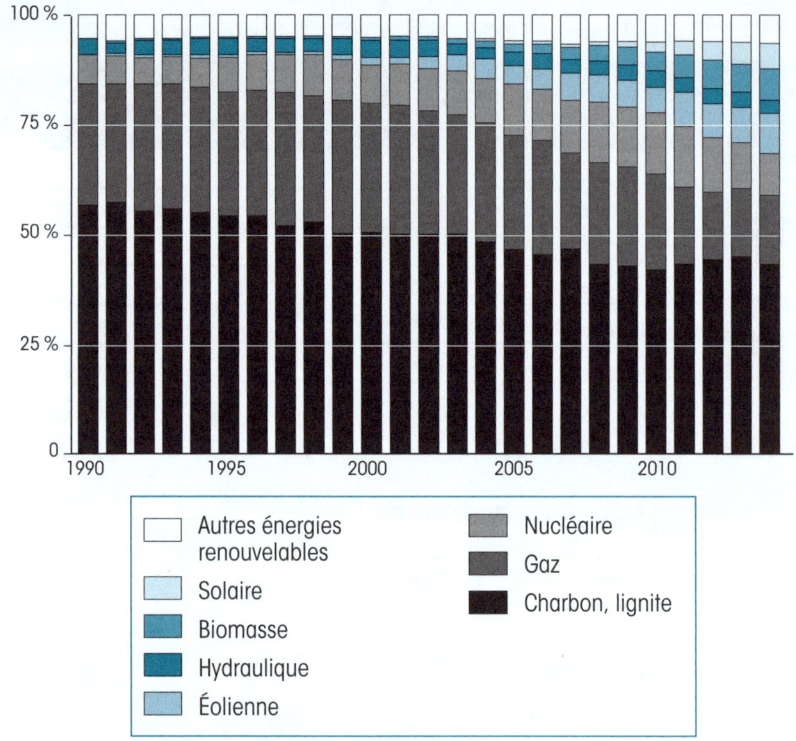

Allemagne en 2013

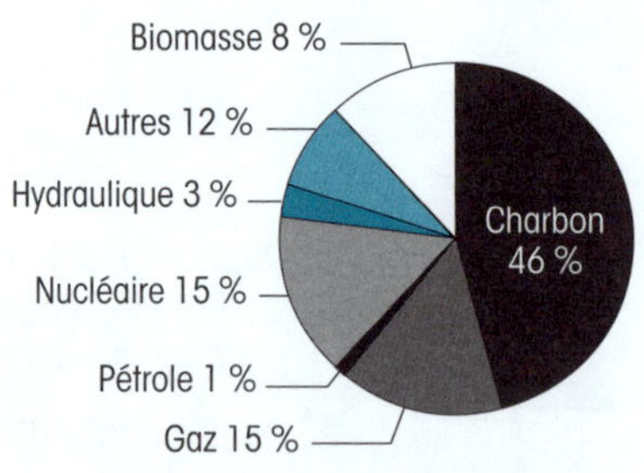

France en 2013

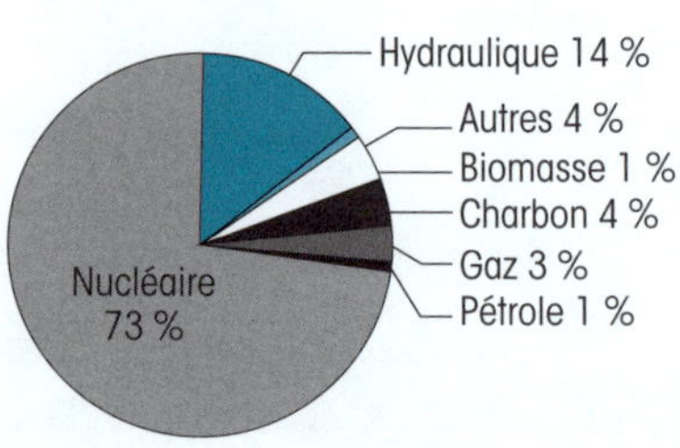

Source : AG Energiebilanzen
(Groupe de travail officiel des principales entreprises allemandes de l'énergie et des principaux instituts de recherche sur l'énergie depuis 1971).

Doc. 2 Le site de Garzweiler dans la Ruhr : plan des différentes phases d'exploitation et photographie du site

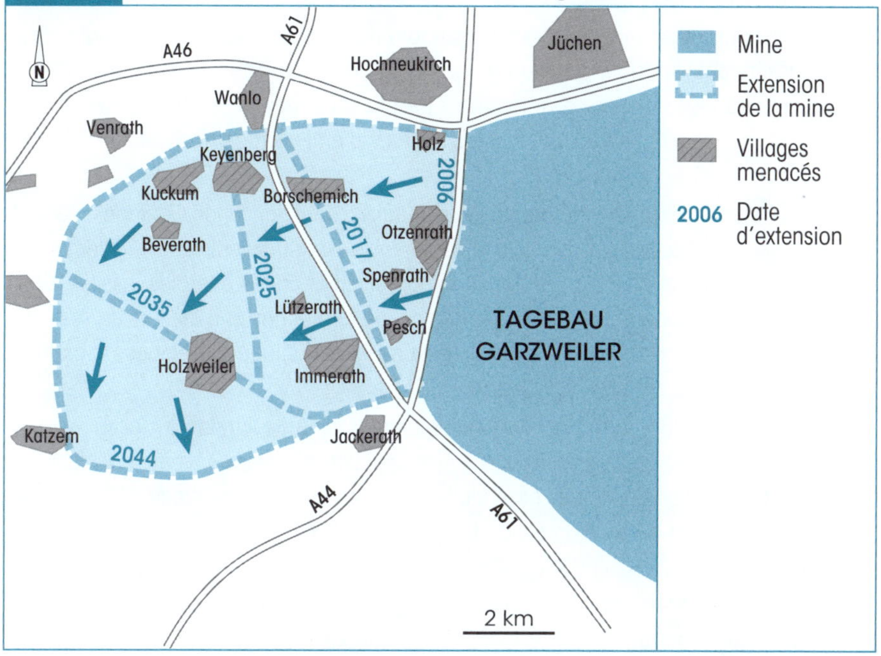

Source : eigene Grafit.

Photo © Ullstein Bild/Getty-images.

ÉTUDE DE CAS

Doc. 3 **Article de W. Maurin, salarié d'Attac France, qui a pris part à l'action « Ende Gelände »**

« Plus de 1 000 personnes ont mis à l'arrêt durant une journée entière la gigantesque mine de charbon de Garzweiler, dans l'ouest de l'Allemagne, ce week-end. Cette action de désobéissance civile visait à dénoncer l'exploitation des mines de charbon dans la région, qui constituent les principales sources d'émission de dioxyde de carbone en Europe.

Cette action d'envergure a été organisée samedi 15 août par "Ende Gelände" ("C'est fini"), une coalition d'associations, d'ONG ou encore de partis politiques – allemands pour l'essentiel – opposés à l'exploitation du nucléaire et des énergies fossiles. Elle a été menée à l'issue de neuf jours de débats, de formations et d'ateliers au sein du "camp climatique" mis en place à Lützerath, une localité située à quelques kilomètres de la mine de Garzweiler.

Exploité depuis 1983, le site de Garzweiler est une mine de lignite▸ à ciel ouvert, un type de charbon très présent en Europe. L'Allemagne est d'ailleurs le premier producteur mondial de lignite, qu'elle brûle essentiellement pour produire de l'électricité. La mine est exploitée par la filiale RWE Power. [...]

On s'est ensuite dirigés vers le village de Borschemich, mais il était bloqué, donc on a dû couper à travers champs. C'est un village-fantôme, qui doit être rasé prochainement – de même que d'autres localités comme Immerath dans le cadre du projet d'extension de la mine, appelé Garzweiler II. Du coup, à Borschemich, tous les édifices sont murés, tout est fermé...

Le but de notre action était de dénoncer le gouffre existant entre les discours des politiques – notamment à l'approche de la Conférence sur le climat à Paris – et leurs actes. On ne peut pas lutter contre le réchauffement climatique, tout en exploitant le charbon ou encore le gaz et le pétrole de schiste. En Allemagne, les autorités et les industriels disent que le charbon est une énergie de "transition", permettant de pallier la sortie du nucléaire [prévue en 2022, NDLR]. Mais c'est une énergie du passé ! On a donc voulu montrer que les citoyens pouvaient agir face à l'inaction politique dans le domaine du réchauffement climatique. »

Source : *Les Observateurs*, sur le site de France 24, 18 août 2015, « Un millier d'activistes paralysent une immense mine de charbon en Allemagne » [en ligne] (http://observers.france24.com/fr/20150818-allemagne-garzweiler-desobeissance-civile-activistes-mine-charbon-lignite-pollution).

▶ Le **lignite** est un type de charbon. Plus tendre et plus friable, il est enfoui dans les couches sédimentaires récentes facilement accessibles. Sa faible maturité en fait un charbon de faible pouvoir calorifique. Il est majoritairement utilisé dans les centrales thermiques.

Présentation des documents

▪ **Doc. 1** Histogramme produit à partir de données officielles sur la production d'électricité en Allemagne. Présente l'évolution relative (en %) des différentes sources d'énergie, fossiles et renouvelables entre 1990 et 2014.

▪ **Doc. 2** La carte et la photographie permettent de situer le site d'extraction de lignite de Garzweiller. Le lignite est exploité à ciel ouvert à l'aide d'excavatrices à proximité immédiate des zones habitées.

▪ **Doc. 3** Récit d'un militant écologiste ayant participé à une action de protestation contre l'extraction de charbon à ciel ouvert sur la mine de Garzweiler.

Localisation

L'Allemagne dispose de nombreux bassins de charbon principalement situés à l'est, dans le centre et surtout à l'ouest dans la Ruhr (baie de Cologne) où se situe la mine de Garzweiler. Ces bassins coïncident avec des régions industrielles fortement peuplées. Le **doc. 2** montre bien la proximité de la mine avec les surfaces habitées. L'autoroute matérialise la limite entre la ville à droite et le site minier à gauche.

Objectifs de l'étude de cas

L'analyse des documents proposés dans le corpus vise à appréhender :
- les stratégies politiques de la France et de l'Allemagne en termes d'approvisionnement en énergie ;
- les conséquences écologiques et socio-économiques immédiates et locales de l'abandon du nucléaire ;
- les difficultés à mener une véritable transition énergétique pour lutter contre le réchauffement climatique.

Commentaire

Ce corpus témoigne de la diversité des choix énergétiques de deux pays développés voisins et illustre les difficultés à assumer une sortie du nucléaire et à engager une véritable transition énergétique.

I. Les choix énergétiques de l'Allemagne

▪ Le **doc. 1** permet d'analyser le bouquet énergétique de la France et de l'Allemagne. En 2013, les deux pays ont principalement recours aux énergies fossiles pour produire leur électricité : 77 % en Allemagne et 82 % en France.

ÉTUDE DE CAS

- En Allemagne, la production d'électricité repose avant tout sur l'utilisation du charbon (près de la moitié) tandis que la France privilégie le nucléaire (près des 3/4). La part des énergies renouvelables est plus importante en Allemagne (23 % contre 19 % en France) et aussi plus diversifiée (majoritairement hydraulique en France).
- Pour la France, ce chiffre est plus élevé que les 14 % évoqués dans le cours. Il s'agit en effet de la part d'énergie renouvelable utilisée pour la production d'électricité (excluant les transports).
- Depuis les années 1990, la part du nucléaire a diminué au profit des énergies renouvelables en Allemagne (**doc. 1**). Il s'agit d'une application du **principe de prévention** : éviter le risque de catastrophe en cas d'accident.

Il est plus juste de parler de **principe de prévention** (que de précaution) car le risque nucléaire est un risque avéré.

- Ce choix engage le pays vers une transition énergétique. Cependant, la sortie du nucléaire n'est pas directement compensée par le développement des énergies renouvelables : la mise en œuvre de ces unités locales nécessite du temps. Le **doc. 1** montre que l'abandon du nucléaire entraîne un fort recours au charbon dont l'Allemagne dispose de réserves importantes contrairement à la France.

II. Les conséquences écologiques et socio-économiques de l'exploitation du lignite

- La mine de Garzweiler est située près de Cologne dans la Ruhr, région industrielle parmi les plus peuplées d'Allemagne. L'exploitation du lignite se fait à l'emplacement de villages.
- Le site de Garzweiler est une mine à ciel ouvert (**doc. 2**) : le lignite est un type de charbon situé à faible profondeur facile à extraire. L'extraction occupe de vastes surfaces exploitées selon plusieurs phases successives. Des excavatrices mettent à jour les gisements de surface en creusant progressivement des gradins.
- Il s'agit d'une exploitation gourmande en espace qui fait table rase du paysage totalement détruit durant la phase d'exploitation. Il peut être réhabilité ensuite. L'exploitation entraîne également des conséquences sur l'environnement local : la suppression des écosystèmes en place (perte de biodiversité, perturbation des écoulements hydrographiques et du niveau des nappes, etc.).
- Cela implique par ailleurs des conséquences sociales : le déplacement des populations habitantes. L'extension de la mine se traduit par la suppression de villages au fur et à mesure de l'ouverture de concessions vers l'Est (**doc. 2**).

III. Une transition énergétique difficile

- Les militants écologistes dénoncent ces conséquences par des manifestations sur le terrain visant à perturber l'activité minière et à alerter les élus et la société civile (**doc. 3**). Outre les conséquences sociales, cette opposition met en avant les effets néfastes sur l'environnement de la sortie du nucléaire.
- Les militants écologistes mettent en avant les conséquences à long terme et à l'échelle mondiale des choix énergétiques. Le recours croissant au charbon pour compenser le renoncement au nucléaire contribue à augmenter la production de gaz à effet de serre et donc à renforcer le réchauffement climatique. Il s'agit d'une situation paradoxale. Ces militants plaident au contraire pour une meilleure promotion des énergies renouvelables.

Conclusion

La situation de l'Allemagne illustre les difficultés de la transition énergétique. La France, dépourvue de ressources en charbon, a, elle, fait le choix de développer la filière nucléaire qui suscite des protestations tout aussi vives de la part des militants écologistes. Outre les impacts immédiats (évacuation de populations et dégradation de l'environnement), l'exploitation des mines de charbon à ciel ouvert pose à plus long terme la question de la conversion de ces sites, de superficie importante, une fois le gisement épuisé. L'Allemagne comme le nord de la France présentent des exemples divers de transformation allant de la remise en état du site d'extraction à sa reconversion vers les usages récréatifs ou à sa valorisation au titre de patrimoine (classement à l'UNESCO).

▲

Photo © Véronique Fourault-Cauët.

Le Parc national de Nairobi (à droite) est un espace protégé né en 1946. Cernés par la croissance de la capitale kenyane, ces paysages de savanes sont au contact direct de la ville, et menacés par l'artificialisation. La route, en construction, empiète sur le parc avec l'accord du gouvernement, qui entend développer les infrastructures pour décongestionner la métropole. Le parc est enclos au sens propre sur tout son tracé nord. Il reste ouvert au sud pour maintenir des corridors de migration de la faune sauvage avec les plaines plus au sud, mais pour combien de temps ?

CHAPITRE

5

Protéger l'environnement, enjeux géographiques

PLAN DU CHAPITRE

Les enjeux de protection des milieux sont connus de longue date, et les textes sur ces questions sont anciens (J. Muir, G. P. Marsh aux États-Unis, É. Reclus en France au XIXe siècle). Si les préoccupations environnementales font aujourd'hui figure d'évidence, cette reconnaissance a été lente, et les lectures qui sont faites de l'exigence de protection sont multiples.

Cette diversité tient tout d'abord au sens assigné à la protection : est-elle un instrument de préservation stricte du vivant, ou bien de gestion raisonnable des ressources indispensables aux sociétés ? Concrètement ensuite, la protection des milieux se matérialise tantôt par des mesures sectorielles, tantôt par la définition d'espaces aux réglementations spécifiques.

C'est surtout par l'analyse des formes et enjeux de ces espaces de protection que les géographes abordent ces questions. Il s'agit alors non seulement de comprendre les caractéristiques spécifiques du milieu protégé, mais aussi les enjeux sociétaux qui expliquent, autant que la rareté des espèces présentes, la forme et le degré de protection choisis. Toute protection induisant des restrictions d'usage, mais aussi des pratiques spécifiques – scientifiques, touristiques, économiques, etc. –, les conflits nés de ces mesures parmi les acteurs concernés constituent un objet d'analyse privilégié de la discipline géographique.

Protéger l'environnement, c'est donc le mettre à l'abri de certains usages pouvant en menacer le fonctionnement écologique. Mais il s'agit aussi parfois de le valoriser à travers, par exemple, la création de parcours et de pratiques touristiques adaptés.

I. Que signifie protéger l'environnement ?

1. Préservation *versus* conservation

Derrière le mouvement global de protection se cachent des appréhensions diverses du rapport des sociétés aux milieux biophysiques, et aux enjeux de leur protection. Les milieux et espèces ont souvent bénéficié de mesures de protection en tant que ressources, dont la gestion devait être précautionneuse.

Mais d'autres éléments expliquent l'emploi de ces mesures : valeur esthétique et patrimoniale des lieux, ou encore valeur intrinsèque des populations animales et végétales dans une optique écologique plus radicale.

Deux lectures divergentes ont très vite structuré discours et pratiques de protection, d'abord en Amérique du Nord, puis dans le reste du monde. On distingue ces approches par les termes de préservationnisme et de conservationnisme.

Le *préservationnisme*, porté à ses débuts par des personnalités comme J. Muir aux États-Unis, entend favoriser une protection maximale de l'environnement, qui suppose l'exclusion des sociétés des espaces protégés. C'est la prise de conscience de la dégradation intense des forêts étatsuniennes, dans un contexte de valorisation romantique de la dimension sublime de la nature, qui pousse Muir à promouvoir cette approche rigoureuse de la protection, interdisant toute forme d'exploitation du milieu.

Celle-ci se distingue de l'approche *conservationniste* d'un Gifford Pinchot, chef du service des forêts des États-Unis en 1905, qui envisage a contrario l'environnement – et notamment les forêts – comme ressource pour les sociétés. La conservation est alors comprise comme une politique de « gestion avisée » et de maintien de la ressource (Depraz, 2008), et non pour protéger une « nature » idéalisée. Elle ne passe pas par une interdiction totale des usages de l'environnement par les sociétés.

2. Temps, lieux et paradigmes successifs : la protection de la nature comme construction collective complexe

Ces options philosophiques fondent toujours pour partie des politiques de protection parfois divergentes entre elles, et qui se sont enrichies au fil du temps. Elles révèlent des rapports fondamentalement différents à la « nature » de la part de leurs promoteurs. On peut ainsi distinguer plusieurs **paradigmes** pour comprendre les manières très différentes dont s'effectue la protection de l'environnement depuis 150 ans (Depraz, 2008).

Un **paradigme** désigne l'ensemble des éléments qui forment un champ d'interprétation d'une réalité en un temps donné. Le terme de paradigme scientifique a été employé par l'historien des sciences Thomas Kuhn pour définir l'ensemble des croyances, valeurs et techniques qui sont partagées par les membres d'une communauté scientifique, dans une période de consensus théorique.

À l'origine de la protection d'espaces comme le parc américain de Yellowstone, on peut évoquer un « paradigme naturaliste sensible » : la protection repose sur la reconnaissance d'une « nature » sublime qu'il faudrait protéger pour la contemplation, la récréation, et en tant que composante du rapport identitaire au territoire.

Lui succède un « paradigme radical » qui insiste quant à lui sur la valeur propre de la nature, indépendamment des besoins anthropiques, et sur la nécessité de tenir certains lieux à l'écart des sociétés. Cette approche est confortée par l'émergence de l'écologie comme science au XXe siècle.

Enfin, à partir des années 1970, un « paradigme intégrateur » fait son apparition, reposant sur la volonté de protéger les milieux en prenant en compte les usages et attentes des populations, mêlant ainsi exigences écologiques et sociales. Cette approche, qui répond explicitement aux Objectifs du développement durable▸, fait aujourd'hui à son tour l'objet de remises en question partielles, les échecs de plusieurs expériences intégratrices débouchant parfois localement sur « un retour des barrières ».

▶ Voir Chapitre 7.

La définition dans la loi française de ce qui relèverait de la « protection forte » à compter de 2022 s'inscrit pour partie dans cette logique, et témoigne de la reconnaissance des limites d'un modèle perçu comme globalement trop intégrateur. Pour autant, ce paradigme intégrateur demeure dominant, comme en témoigne la création en 2019 du parc national de forêts, très largement tourné vers une mise en valeur touristique des lieux.

Ainsi donc, chaque espace protégé doit être appréhendé comme une construction sociale très dépendante de son contexte d'apparition : il sera fonction de la vision dominante de la protection au moment de sa création, et du contexte culturel et géographique local.

3. Diversité des démarches entreprises au cœur des espaces protégés : exclure, restaurer, patrimonialiser

Les conséquences concrètes de ces approches divergentes en matière de protection de l'environnement sont importantes : suivant l'approche privilégiée, le choix sera fait de laisser les milieux à leurs propres dynamiques, en n'intervenant en aucun cas ; de « restaurer les écosystèmes » en intervenant de manière plus ou moins lourde, ou encore de privilégier le maintien des usages traditionnels du milieu par les sociétés.

Ces approches posent question à divers égards : l'exclusion de toute forme d'action anthropique sur le milieu (ce qui a pu être mis en place à Yellowstone au début du XXe siècle, ou que l'on peut observer dans les réserves intégrales françaises) induit d'importantes modifications paysagères et fonctionnelles, aux conséquences parfois négatives. En effet, le caractère largement anthropisé des écosystèmes débouche sur leur modification profonde en cas de disparition des usages.

Ainsi, on a pu observer la transformation d'écosystèmes de tourbières – protégées en tant que telles – suite à la disparition de l'élevage dans la zone protégée. De même, le laisser-faire écologique longtemps pratiqué à Yellowstone a débouché sur d'importantes perturbations : incendie majeur de 1988 ou surpopulation de cerfs, entraînant à son tour la disparition d'espèces végétales comme le tremble (Gunnell, 2009).

La restauration écologique, parfois qualifiée de manière ambiguë de « renaturation », pose de mêmes questions quant à l'existence d'un état de référence qui constituerait le point de retour souhaité des politiques entreprises : puisque les milieux évoluent sans cesse, comment choisir celui qu'il convient de « restaurer » ? Il s'agit donc d'une patrimonialisation de la nature, c'est-à-dire d'une construction sociale collective qui désigne ce qui mérite d'être conservé et transmis.

Dès lors, il convient de s'interroger sur les choix effectués, alors même qu'ils ne sont souvent pas explicites. Par ailleurs, compte tenu du degré de modification des milieux, revendiquer une restauration des milieux dans l'état précédant leur usage anthropique apparaît largement illusoire.

4. Peut-on encore parler de protection de la « nature » ?

Le principe de la protection de la « nature » repose sur l'idée d'une partition entre deux réalités d'ordres différents : la « nature » d'une part, qui relèverait de tout ce qui est extérieur aux sociétés, la « culture » d'autre part, qui relèverait d'une autre catégorie.

Cette partition, souvent vue comme l'héritage de la modernité, c'est-à-dire des conceptions philosophiques héritées de la Renaissance en Occident, est aujourd'hui largement remise en question par des travaux qui démontrent que cette partition n'a pas de sens dans nombre de parties du globe, et ne rend pas compte de l'hybridité réelle du monde. S'il pouvait apparaître pertinent aux sociétés des XIXe et XXe siècles de protéger une entité, la « nature », pensée comme fondamentalement extérieure, en interdisant ou en limitant les contacts de la société avec celle-ci, la mise en évidence des porosités entre ces catégories▸ interroge fortement sur les modalités possibles de protection de l'environnement.

▶ Ce dont rend compte la notion d'Anthropocène, voir Chapitre 2.

II. La protection de l'environnement : objectifs, territoires et acteurs

La multiplication des espaces identifiés et appropriés comme des « territoires de nature » correspond en réalité à des objectifs très divers, et parfois fort contradictoires, entre rêve de protection des écosystèmes et instrument de **développement local**.

Le **développement local** désigne un processus d'enrichissement d'un territoire autour des ressources présentes et d'initiatives d'acteurs locaux.

1. Les objectifs

Les choix en matière de protection de la nature ont beaucoup varié au fil du temps et des lieux, tant par leurs paradigmes fondateurs que par les orientations législatives adoptées à telle ou telle période. Les histoires nationales ont façonné des rapports très spécifiques à l'environnement, qui débouchent sur des traitements différenciés, quoi qu'en utilisant un même terme.

Ainsi, le parc national est une forme de protection spatialisée des écosystèmes qui existe aujourd'hui dans un très grand nombre de pays. Mais derrière un terme commun, et une définition internationale portée par l'**UICN** – « Vastes espaces naturels ou peu transformés mis en place pour protéger des processus écologiques à grande échelle, mais aussi espèces et écosystèmes caractéristiques du parc, qui offrent aussi des possibilités de visite à des fins spirituelles, scientifiques, éducatives, récréatives, qui soient compatibles avec l'environnement et les cultures locales » –, les parcs nationaux se caractérisent par une grande diversité de formes, d'histoires, de degrés de protection et d'objectifs. Il s'agit parfois d'une forme très atténuée de protection des milieux, au bénéfice d'une approche touristique (c'est le cas au Brésil ou au Royaume-Uni), et en d'autres lieux d'une tentative de sanctuarisation des écosystèmes (par exemple dans le parc de Sarek en Suède ou de Basse Engadine en Suisse).

UICN (Union internationale pour la conservation de la nature) : organisation non gouvernementale internationale fondée en 1948 et consacrée à la protection de la nature.

En outre, les objectifs dévolus à chaque parc ont pu évoluer au fil du temps : par exemple, le parc de Yellowstone fut créé en 1872 en partie pour permettre la visite et la récréation dans un haut lieu de l'identité étatsunienne alors en cours d'élaboration ; il fut ensuite géré davantage suivant les principes et objectifs de l'écologie radicale ; aujourd'hui, il constitue un territoire touristique majeur. Plus largement, la multiplication des projets de « **rewilding** » recensés depuis une quinzaine d'années témoigne d'une inflexion notable dans la gestion de nombre d'espaces protégés.

Le **rewilding**, s'il fait l'objet d'approches multiples, peut s'entendre comme principe d'action écologique en faveur des espèces et des espaces de nature sauvage. Les actions de rewilding peuvent prendre diverses formes, depuis la sanctuarisation d'espaces jugés particulièrement préservés jusqu'à la restauration de processus menacés, tels que la prédation, au sein d'un écosystème.

La situation des pays en développement est particulièrement intéressante, parce que les tensions entre développement humain et protection des écosystèmes sont très vives, mais aussi parce qu'un grand nombre d'acteurs extérieurs y sont intervenus (empires coloniaux) ou y interviennent encore (ONG internationales). Or, les ONG et institutions internationales telles que la **FAO** ou la **Banque mondiale** ont tantôt conditionné leurs financements à l'élaboration de formes de protection très strictes des milieux (au risque de repousser au loin les habitants et de remettre en question leurs modes de subsistance), tantôt promu des projets dits intégrés, qui avaient pour objectif d'associer les populations concernées par les territoires de protection à leur gestion, et d'assurer leur développement.

FAO : organisation des Nations unies pour l'alimentation et l'agriculture. Elle produit des statistiques mondiales sur ces questions, et, surtout, fournit une assistance technique aux pays en développement.

Banque mondiale : créée en 1944, organe de l'ONU qui finance des projets de développement à travers le monde.

Des pays comme Madagascar ont ainsi connu de véritables renversements des politiques de protection de la nature. D'abord marquée par une politique de conservation très stricte dans le cadre de la première phase du Plan national d'action environnementale (1990-1995), l'île a ensuite connu une inflexion forte des politiques menées, en impliquant les communautés locales dans la gestion agro-forestière. Plus largement, les tenants d'une approche intégrée ont fait valoir au début des années 2000 que la conservation sans le développement des populations locales n'était guère envisageable, et aboutissait souvent à des dégradations majeures (braconnages, destructions, surexploitation des zones laissées libres). Néanmoins, les approches intégrées ont parfois obtenu des résultats mitigés, d'où un retour local à des démarches plus excluantes.

Ainsi donc, l'environnement a pu être tantôt perçu comme un élément à protéger avec force contre les usages abusifs des sociétés, tantôt considéré comme une **aménité** à valoriser. Les dernières décennies ont notamment été marquées par une volonté de protection aux objectifs multiples, incluant non seulement la protection des milieux, mais également leur exploitation. Ce glissement n'a cependant fait disparaître ni les différences structurelles entre espaces protégés, ni les formes de préservation plus rigoureuse des milieux.

Par « **aménité** », l'OCDE entend « les attributs, naturels ou façonnés par l'homme, liés à un espace ou à un territoire et qui le différencient d'autres territoires qui en sont dépourvus ». C'est donc un ensemble d'éléments contribuant à l'agrément d'un lieu.

FOCUS Les espaces protégés

Le cas français est révélateur des tendances antagonistes de la protection de la nature. Elle peut être très stricte (réserves biologiques, cœur de PN) ou (très) peu : les PNR sont des instruments de développement durable des territoires, associés à une image de qualité environnementale mais sans réel potentiel de contrainte. Les objectifs de ces espaces ont varié dans le temps : les parcs nationaux créés en 1960 reposaient sur un principe de sanctuarisation (de la zone centrale).

La réforme de 2006 fait évoluer ces parcs et leur aire d'adhésion vers des objectifs de développement local. Plus la contrainte est forte, plus il est difficile pour les acteurs publics de l'imposer sur de vastes superficies. La géographie de la protection fluctue aussi : les formes strictes sont souvent éloignées des espaces les plus peuplés ; les moins contraignantes sont localisées de manière plus diverse. Le tableau montre la multiplicité des formes de protection (en fonction d'espèces, de types de territoires, d'objectifs), leur caractère inégalement restrictif, et, de manière quasi inversement proportionnelle, les surfaces concernées.

Intitulé	Nombre	Superficie terrestre (ha)	Superficie marine (ha)	Échelle de référence
Arrêté de protection de géotope	34	598	0	nationale
Arrêté de protection des habitats naturels	14	8 042	365	nationale
Arrêté liste de site d'intérêt géologique	172	1 105	663	nationale
Bien inscrit au patrimoine mondial Unesco	8	1 063 061	67 996 947	internationale
Géoparc	9	1 298 888	16 143	internationale
Parc national Aire d'adhésion	11	2 339 487	345 779	nationale
Parc national Zone de cœur	11	2 571 438	49 758	nationale
Parc naturel marin	8		13 971 444	nationale
Parc naturel régional	58	10 543 708		nationale
Périmètre de protection d'une réserve naturelle nationale	17	303 858	111	nationale
Arrêté de protection de biotope	1 053	228 407	182 591	nationale
Réserve biologique dirigée	181	32 063		nationale
Réserve biologique intégrale	95	100 396		nationale
Réserve de biosphère Unesco	16	4 350 106	5 286 385	internationale
Réserve intégrale PN	4	4 353		nationale
Réserve naturelle de Corse	7	6 425	80 591	nationale
Réserve nationale de chasse et faune sauvage	11	35 118	7 347	nationale
Réserve naturelle nationale	169	1 218 291	169 920 274	nationale
Réserve naturelle régionale	183	42 403	788	nationale
Site Conservatoire du littoral	814	204 856	11 606	nationale
Site Conservatoire espaces naturels	2 417	39 846		nationale
Site Ramsar	54	1 940 558	2 004 299	internationale
Zones spéciales de conservation Natura 2000	1 355	4 918 745	10 630 249	européenne
Zones de protection spéciale Natura 2000	407	4 437 177	12 419 116,57	européenne

Source : d'après INPN, données de juillet 2024.
Réserve nationale des TAAF incluse.

2. Des zones protégées aux réseaux de protection, des hauts lieux à l'environnement ordinaire

La géographie interroge beaucoup les types d'espaces et formes spatiales de la protection de la nature qui se sont développés au fil du temps. Celle-ci s'est d'abord structurée autour de la délimitation de zones de restriction d'usage, voire d'exclusion de toute présence humaine. Ces espaces d'exception l'étaient également par les caractéristiques des lieux protégés : paysages symboliques, habitats d'espèces rares et emblématiques, etc. Yellowstone (États-Unis) et ses geysers, le Serengeti (Kenya) parcouru par les « *Big Five* », la Vanoise et le bouquetin constituent des hauts lieux dans l'imaginaire occidental de la nature, mais aussi au sein des territoires dans lesquels ils s'inscrivent.

Les ***Big Five*** sont les 5 espèces autrefois convoitées par les chasseurs lors des safaris en Afrique, et aujourd'hui menacées, bien qu'elles soient des supports touristiques pour les parcs : lion, léopard, éléphant, rhinocéros, buffle.

Plusieurs éléments ont ensuite convergé pour ne plus limiter les politiques de protection de la nature à ce type d'espaces rares et remarquables. Tout d'abord, la reconnaissance progressive des usages antérieurs et présents de la zone protégée par les sociétés (agriculture, tourisme, etc.) a contribué en bien des lieux à ouvrir ces espaces, et à ne plus les considérer comme une « forteresse » ou une « île » à séparer à tout prix du reste du territoire.

Des sciences comme l'écologie du paysage, qui partage celui-ci en éléments « matrices », « taches » et « corridors », dont la composition, la taille et la disposition influent sur les espèces présentes, ont contribué à mettre en évidence l'importance des flux de populations et les formes spatiales susceptibles de les porter. La matrice est alors considérée comme la structure dominante du paysage. S'en distinguent des taches, aux caractéristiques paysagères et fonctionnelles différentes. Enfin, les corridors sont des éléments linéaires permettant la circulation des espèces entre deux habitats.

Ces démarches ont pu notamment contribuer à l'utilisation de la notion de « corridor » comme élément important des dynamiques des populations.

Du point de vue de la gestion des espaces protégés, cela s'est traduit par une attention croissante aux réseaux, aux cheminements de telle ou telle espèce d'un vaste espace homogène à l'autre. La philosophie de la protection de la nature s'en est vue modifiée, privilégiant de plus en plus les connexions entre espaces protégés, voire la constitution de réseaux.

Le cas de **Natura 2000** à l'échelle européenne en est une illustration, tout comme les Trames vertes et bleues en France. Celles-ci constituent depuis le Grenelle de 2007 un outil d'aménagement du territoire censé privilégier les connexions écologiques dans les projets d'aménagement et d'urbanisme. Plus récemment, le rôle des « matrices » a également été revalorisé dans les politiques de protection.

Les différents acteurs concernés (ONG, pouvoirs publics, acteurs locaux, etc.) ont pris dans les dernières années la mesure de l'enjeu territorial que constitue tout espace protégé. Parce qu'il est approprié, l'espace ne peut être sanctuarisé sans susciter de difficultés majeures. Dès lors, plusieurs voies, de la plus autoritaire à la plus ouverte, ont été explorées pour répondre à cet enjeu.

Natura 2000, ou la constitution d'une échelle européenne de protection de la nature ?

Natura 2000 est un réseau de protection établi au sein de l'Union européenne, sur la base de deux directives, Oiseaux (1979) et Habitats (1992). Il s'agit de constituer un ensemble de sites dans l'Union européenne afin de protéger les espaces fréquentés par les oiseaux, notamment les migrateurs qui traversent le continent, ainsi que les habitats naturels d'espèces de la faune ou de la flore « d'intérêt communautaire ».

Natura 2000 a fait l'objet de nombreuses contestations, notamment en France, lors de sa création. Le fait que cette protection laisse une large place à la contractualisation avec les acteurs locaux, et permette le maintien de nombre d'activités antérieures a fini par permettre son acceptation. Chaque pays dispose de critères spécifiques, contribuant à des géographies nationales très contrastées du réseau.

3. Les acteurs

On entend par gouvernance l'ensemble des processus et des institutions qui participent de la gestion politique d'une société, sans être restreints aux canaux décisionnels classiques (tel le gouvernement) : société civile, experts, ONG, etc. La gouvernance▸ des espaces protégés a considérablement évolué ces dernières décennies. En effet, le constat d'une opposition systématique des populations à la création de parcs, qui font de fait primer les intérêts nationaux ou internationaux sur les intérêts

▶ Voir Introduction.

locaux, a débouché sur une redéfinition des principes et modalités de gestion de nombreux espaces protégés.

Depuis la fin des années 1970, les politiques de conservation de la nature ont pris davantage en charge les enjeux sociaux associés aux espaces protégés. La concertation entre acteurs devient progressivement un préalable à la constitution des espaces protégés, même si elle ne garantit en rien leur acceptation par les populations. Les activités préexistantes sont mieux prises en compte et les acteurs locaux non naturalistes davantage intégrés à la gestion des espaces protégés. À l'échelle internationale, le congrès de Durban en 2003 a instauré un principe de subsidiarité dans la gestion des parcs : c'est l'échelon politique le plus fin qui doit être privilégié. De multiples essais de gestion locale, voire communautaire, ont été effectués à partir des années 1990, afin de redonner aux populations locales une voix dans la gestion de leur territoire : ce fut le cas à Madagascar, en Côte d'Ivoire ou en Tanzanie par exemple. Pour autant, ces procédures qui entendent permettre une gestion des biens communs ne sont pas exemptes de difficultés.

III. La protection spatialisée de l'environnement, objet de conflits

Délimiter l'espace en fonction de considérations environnementales est un acte lourd de conséquences. Il induit, en effet, dans le cadre des politiques de la nature, la mise en place de formes de privation d'usage du sol, plus ou moins marquées, pour les populations locales, au nom d'un intérêt supérieur. La conflictualité potentielle d'une telle démarche est évidente.

1. La difficile délimitation des périmètres de protection

Ainsi l'acceptation des espaces protégés apparaît inversement proportionnelle à la proximité du parc : les habitants directement concernés sont le plus souvent farouchement opposés au parc, tandis que ceux qui bénéficient de la proximité du parc sans en subir les contraintes y sont plus structurellement favorables. S. Depraz (2008) évoque ainsi un

« cratère d'acceptance », manifestation spatiale de ce gradient, qui va du refus (au cœur des espaces protégés) à un soutien actif.

Par conséquent, la délimitation des zones protégées constitue un enjeu et bien souvent un temps de conflit marqué entre acteurs de la conservation et acteurs locaux. Les tracés parfois biscornus d'une protection en disent long sur les contestations apparues lors de la délimitation du terrain protégé.

Sauf exception, la diminution des droits d'usage des populations, voire leur éviction des zones protégées, suscite des conflits parfois violents. Ainsi, les parcs nationaux d'Amérique du Nord mis en place à la fin du XIXe siècle ont-ils été marqués par l'éviction immédiate ou graduelle des populations amérindiennes. La Cour suprême indienne a autorisé en 1996 l'éviction des populations des bidonvilles et des populations tribales habitant le parc Sanjay Gandhi, au cœur de Mumbai. Les populations concernées sont aujourd'hui habitantes d'un parc au sein duquel elles subissent nombre d'interdictions (chasse, pêche, coupes de bois, etc.) et sont menacées d'expulsion, notamment dans le cadre de projets routiers affectant le parc.

L'argument environnemental peut être utilisé pour favoriser une population au détriment d'une autre : le parc national marocain du Toukbal a été mis en place en 1942 sous administration coloniale au bénéfice du Club Alpin français, et au détriment des populations montagnardes locales. Des manifestations accompagnent souvent la création des espaces protégés, et rappellent l'enchevêtrement des enjeux biophysiques et sociaux à prendre en considération.

La nature même de la protection territorialisée des milieux interroge en outre sur l'aménagement possible des territoires limitrophes. Le principe d'une coupure spatiale de la protection se heurte en effet à plusieurs éléments. La juxtaposition d'un espace protégé et d'un espace qui ne l'est pas pose question du point de vue des écosystèmes : la faune traverse souvent ces limites symboliques et administratives, comme le rappellent les corridors migratoires entre le parc national de Nairobi et les plaines d'Athei-Kapithi situées plus au sud du Kenya. À l'inverse, les multiples cimenteries et autres stations d'épuration en bordure nord-est de ce parc ne vont pas sans poser question sur les pollutions multiples dont peut souffrir l'espace protégé. Les interdictions d'usage peuvent en outre induire une surexploitation des espaces à proximité par le report des activités sur les espaces adjacents.

Ce peut-être le cas pour l'agriculture, la chasse (autour des parcs alpins français), la pêche (par exemple à proximité de l'aire maritime protégée du banc d'Arguin au large de la Mauritanie), ou les hébergements touristiques (sur le littoral face à Port-Cros, par exemple).

2. Les conflits entre mise en valeur et protection

La définition de l'UICN rappelle que les espaces protégés font cohabiter plusieurs fonctions, parfois de manière délicate. L'équilibre entre objectif de protection des milieux et mise en valeur économique constitue la principale gageure de nombre de parcs. La difficile cohabitation entre activités agricoles et protection de l'environnement constitue un enjeu majeur pour les espaces protégés : on peut ainsi évoquer le pâturage conduit par les éleveurs masaï, devenu illégal au sein du parc de Nairobi et avec lequel les gestionnaires doivent composer au quotidien. Les prélèvements de bois sont également un enjeu important dans nombre de zones protégées.

La pression touristique exercée sur certains espaces qui ont acquis un statut de protection constitue aussi un enjeu majeur de gestion. La fréquentation massive d'un parc comme celui de Yosemite aux États-Unis – environ 4 millions de visiteurs par an – ne va pas sans poser question du point de vue de la protection des écosystèmes : comment canaliser les flux de touristes ? Ne pas trop perturber la faune et la flore ? Des conflits plus originaux peuvent apparaître : c'est le cas avec les activités d'orpaillage en Guyane française, ou du fait de la culture et du trafic de drogues observés dans les parcs frontaliers canadiens et étatsuniens. Ces dernières activités présentent des nuisances pour la protection de l'environnement (pollution des eaux, déforestation, etc.) d'autant plus difficiles à limiter qu'elles impliquent des acteurs qui ne participent pas à la gestion officielle des zones protégées.

3. Concertation, participation : vers une nouvelle gouvernance de l'environnement à l'échelle locale ?

Les dernières décennies ont été marquées par une inflexion progressive du paradigme de la protection, de manière générale plus favorable à l'intégration croissante des acteurs locaux. La définition des contours des espaces protégés, qui font souvent l'objet de tractations âpres entre experts▸, pouvoirs publics et acteurs locaux sont la première manifestation de ces tentatives d'organisation d'une nouvelle gouvernance de ces zones.

▶ Voir Étude de cas p. 164.

Les critères de définition, souvent donnés par des acteurs « experts », peuvent ainsi être remis en question : le choix contesté d'une espèce de référence, la (non)-conformité à des contours administratifs sont des arguments souvent évoqués par les opposants aux espaces protégés. Les contours des parcs nationaux des Écrins et de la Vanoise témoignent ainsi de découpages discutables d'un point de vue naturaliste : ce n'est ni l'altitude ni la présence de glaciers ou d'espèces qui rendent cohérentes les limites du cœur de parc▸. Il en va de même pour le parc national de Guyane. Ces limites illustrent en réalité une négociation difficile au cas par cas entre l'État et des acteurs locaux soucieux de préserver certaines pratiques telles la chasse ou la sylviculture. Les tergiversations multiples observées lors de la phase d'élaboration du projet de parc national de Guyane entre 1995 et 2007 sont révélatrices en creux des enjeux liés à la présence des populations autochtones, mais aussi aux activités d'orpaillage dans la région.

Laslaz *et al.*, 2020, *Atlas des espaces protégés. Des territoires en partage ?*, Paris, Muséum national d'Histoire naturelle.

▶ Voir Méthode du commentaire de carte topographique p. 241 et du croquis de synthèse p. 246 et Entraînement p. 163.

Dans le cas français, la ratification (depuis 2006) d'une charte par les communes acceptant d'intégrer l'aire d'adhésion des parcs nationaux témoigne de la contractualisation croissante des politiques de protection de la nature. L'État et les gestionnaires des espaces protégés cherchent ainsi à impliquer davantage les acteurs locaux concernés. À défaut d'une participation toujours active des populations, la concertation, entendue comme « construction collective de visions, d'objectifs, de projets communs, en vue d'agir ou de décider ensemble, qui repose sur un dialogue coopératif entre plusieurs parties prenantes » (Beuret) s'impose comme processus souhaitable des politiques de protection de la nature.

IV. La biodiversité : l'apparition d'un indicateur pour la protection des milieux sur le devant de la scène mondiale

La conservation de la nature ne se réduit pas à la question de la biodiversité : elle est bien antérieure à la diffusion du terme, dont les premières occurrences remontent à 1985. Néanmoins, la biodiversité a bénéficié d'une reconnaissance internationale depuis une trentaine d'années qui lui a assuré une place centrale au sein des politiques de conservation. La multiplication des textes internationaux autour de cette thématique, l'émergence et la structuration d'acteurs spécialisés dans la conservation de la biodiversité, parmi lesquels les ONG internationales jouent un grand rôle, en font le fer-de-lance des actions de protection aujourd'hui entreprises. On peut citer la Convention sur la diversité biologique en 1992. Celle-ci, à l'initiative des associations écologistes, s'éloigne finalement beaucoup de leurs souhaits en mettant fin à la possibilité de libre prospection sur des ressources susceptibles d'être par la suite brevetées. Comment expliquer le succès politique de cette thématique ? Quelles en sont les limites ?

Blandin P., 2014, « La diversité du vivant avant (et après) la biodiversité : repères historiques et épistémologiques », *in* Casseta E. et Delord J. (dir.), *La biodiversité. Enjeux philosophiques, éthiques et scientifiques*, Paris, Editions Matériologiques.

La biodiversité est un terme récent, qui a connu une diffusion fulgurante dans la sphère scientifique et auprès du grand public. Il a permis une prise de conscience de la dégradation des écosystèmes à l'échelle globale, mais de nombreuses ambiguïtés persistent.

1. Définir la biodiversité

Née sous la plume de W. Rosen, et surtout popularisée par les travaux d'E. Wilson, sociobiologiste, la notion de biodiversité s'est diffusée de manière globale, dans l'opinion publique et parmi les décideurs politiques, avec une grande rapidité, pour plusieurs raisons.

Wilson E. O., 1988, *Biodiversity*, Washington, National Academy Press.

Étymologiquement, le terme fait référence à la diversité du vivant. Mais derrière son apparente simplicité, il cache de nombreuses ambiguïtés et questionnements. De quelle biodiversité parle-t-on ? On peut tout à la fois l'envisager à partir de la diversité des individus, dont le patrimoine génétique est varié, mais aussi de la diversité spécifique, c'est-à-dire du nombre d'espèces présentes, voire de la diversité des écosystèmes.

Ce succès s'explique en partie par le caractère utilement « fourre-tout » du terme de biodiversité, qui a permis tout à la fois au grand public de se saisir des enjeux liés au vivant, mais aussi aux scientifiques de développer des définitions multiples permettant d'évaluer l'évolution du vivant à diverses échelles et sur des pas de temps très variables. Pour le grand public, le terme bénéficie à la fois d'une image de scientificité, et constitue aussi un mot intelligible pour dire son attachement aux diverses formes de vie sur Terre.

Le succès de la biodiversité tient aussi à une conjoncture spécifique. Le terme s'est en effet diffusé en parallèle de l'affirmation du changement climatique global▸, et de ses lourdes conséquences, autour d'une lecture critique, voire catastrophiste, de l'évolution de la diversité du vivant. La diminution de la biodiversité spécifique a en effet largement mobilisé les discours environnementalistes durant ces dernières années, au point de recourir parfois à l'expression de « Sixième Extinction ». La disparition annoncée d'espèces emblématiques, notamment de mammifères clairement identifiés par les opinions publiques (dauphin du Yang Tsé, loup de Tasmanie, etc.), a contribué à la perception d'une crise majeure du vivant au risque d'un certain nombre d'approximations.

▶ Voir Chapitre 1.

L'affirmation patrimoniale de la biodiversité, c'est-à-dire l'idée qu'il s'agit d'un bien dont la valeur justifie sa transmission aux générations futures, a également joué en faveur de sa construction en objet politique. Il en a découlé une forte mobilisation des opinions publiques, entretenue par les ONG, qui y ont puisé la justification de politiques de protection environnementale jusqu'alors moins mobilisatrices. En outre, l'affirmation d'une valeur de la biodiversité s'est accompagnée de sa reconnaissance rapide dans le champ économique, comme en témoignent nombre de réflexions internationales📖.

📖 Voir le programme « Business and Biodiversity » de l'UICN (2003) ou le TEEB (The Economics of Ecosystems and Biodiversity), porté par le Programme des Nations unies pour l'environnement (2008-2010).

Ainsi, l'apparition et la diffusion du terme de biodiversité ont largement contribué à revivifier les politiques de conservation de la nature, mais plusieurs questions de fond demeurent.

2. La biodiversité en questions

D'un point de vue théorique tout d'abord, au sein même de la communauté scientifique, les mesures de la biodiversité ne touchent ni les mêmes objets ni les mêmes échelles, et l'articulation de ces travaux est loin d'être évidente. Les recherches se multiplient suivant des hypothèses et modèles concurrents, ce qui contribue à atomiser la notion dans le champ scientifique. Autrement dit, si les scientifiques sont parvenus à intéresser les autres acteurs de l'environnement à la diversité du vivant, ils peinent aujourd'hui à en proposer une lecture cohérente, tant les présupposés des recherches et les résultats diffèrent.

De manière très prosaïque, le décompte de la biodiversité pose des questions non négligeables : que compter ? Gènes, espèces ou écosystèmes ? Plus encore, doit-on privilégier certaines espèces dites rares – et si oui, à quel titre, suivant quels critères ? – ou tenter d'appréhender toute la biodiversité ordinaire, au risque d'un trop-plein d'information ?

Si l'on réfléchit à l'articulation entre biodiversité et politiques de conservation de la nature, des interrogations émergent également quant au rôle des sociétés. Le rapport de cause à effet entre évolution de la biodiversité et action anthropique est plus complexe qu'il n'y paraît. La pression anthropique contribue à l'évidence à la disparition d'espèces, mais l'évaluation de leur rythme d'extinction demeure délicate en l'absence d'un inventaire complet du vivant peuplant la planète. Surtout, suivant l'approche de la biodiversité choisie, les lectures peuvent différer : ainsi, la disparition de certaines espèces de corail peut être corrélée à l'action anthropique, mais le rapport entre dégradation globale du milieu corallien et pression des sociétés est moins direct.

En outre, certaines espèces peuvent disparaître des territoires lorsque ceux-ci sont abandonnés par les sociétés qui les exploitaient de longue date : c'est l'une des problématiques majeures de l'abandon des montagnes pastorales européennes, désertées par les troupeaux, oiseaux et autres animaux qui profitaient des pelouses entretenues par les cheptels.

FOCUS La biodiversité ordinaire

Les premiers travaux portant sur la biodiversité se sont surtout focalisés sur des formes rares du vivant, à la fois en raison de leur valeur symbolique, et des menaces qui pèsent de manière visible sur quelques espèces et écosystèmes emblématiques. Pour autant, la biodiversité ordinaire est progressivement devenu un enjeu scientifique et politique. Les services écosystémiques rendus par ces espèces ordinaires, et l'attachement que leur porte les populations ont contribué à cette prise en compte nouvelle. Ainsi, la raréfaction des abeilles est-elle devenue ces dernières années un enjeu politique important du fait de ses conséquences agricoles, paysagères, environnementales.

D'un point de vue scientifique, l'émergence de ce souci de la biodiversité ordinaire s'est accompagnée du rôle croissant de la société civile dans la production de connaissances sur cette forme de diversité du vivant. En effet, des organismes de recherche ou des espaces protégés à travers le monde entier font appel aux volontaires pour le recensement d'espèces aisément identifiables et connues des habitants. Par exemple, le parc national de Tijuca de Rio de Janeiro promeut un travail de comptage des oiseaux par les citoyens, tandis qu'en France, le Muséum national d'histoire naturelle a développé depuis 20 ans un programme important de « science citoyenne », faisant appel aux observateurs volontaires pour recenser les oiseaux des jardins. « Vigie-Nature » – c'est son nom – repose donc sur l'engagement de bénévoles non spécialistes, encadrés par des associations, qui permettent de constituer des bases de données considérables des populations animales ou végétales présentes et de leurs mouvements. Cette tendance, observée un peu partout dans le monde, illustre la place croissante des préoccupations environnementales dans les opinions publiques.

D'un point de vue spatial, changer de regard sur la biodiversité ordinaire a contribué à faire sortir les politiques de protection du vivant des seules zones protégées, et contribué à la généralisation des préoccupations écologiques dans l'ensemble des démarches d'aménagement du territoire. On peut à cet égard dresser un parallèle avec l'évolution législative concernant les paysages évoquée au chapitre 6.

La diffusion massive du terme de biodiversité a donc eu plusieurs conséquences :

- Le discours sur la biodiversité a conforté de manière générale les politiques environnementales, et notamment à l'échelle globale.
- Parler de biodiversité met en évidence la complexité du rôle des sociétés dans l'évolution du vivant : si les pressions anthropiques sont largement facteur de dégradation, il faut se garder de tout systématisme.

Comme le rappellent P. Marty et J. Lepart (2006) : « La nature était en principe exclusive des activités humaines, la biodiversité ne l'est pas. » Le succès de la notion s'accompagne de fait d'une inflexion de la plupart des politiques de conservation vers moins de sanctuarisation des écosystèmes face à l'action des sociétés.

Conclusion

On le voit, la protection de la nature répond par des exclusions territoriales plus ou moins fortes à des intérêts collectifs, nationaux, voire globaux, souvent aux dépens des intérêts immédiats des utilisateurs traditionnels des lieux concernés.

Protéger la biodiversité au travers d'une gestion spécifique sur certains espaces s'explique par l'idée que ces lieux jouent un rôle majeur dans le fonctionnement des écosystèmes (parce qu'ils recèlent d'importantes **populations endémiques**, parce qu'ils constituent un lieu important pour les populations animales – nidification, migration, etc.). Mais deux interrogations majeures en découlent : sur quelles bases scientifiques délimiter ces espaces ? Comment penser les inévitables interactions avec les zones non protégées ?

Les **populations endémiques** ne sont présentes que sur un territoire restreint ; le koala n'est, par exemple, présent qu'en Australie.

À RETENIR

- Les politiques de protection de l'environnement se sont diffusées à l'échelle du globe **au cours du XXe siècle**.
- Cette reconnaissance globale de la nécessité de protection de l'environnement ne doit pas occulter la **diversité des approches**. Lorsque la volonté de protection est forte, elle débouche sur des espaces protégés très excluants ; lorsqu'elle entend surtout gérer la ressource, elle induit moins de contraintes sur l'usage des territoires.
- Les espaces protégés sont des enjeux géographiques forts, car ils font primer un intérêt supérieur sur l'intérêt local : les **conflits** sont donc nombreux avec les populations locales.
- Suivant les périodes, les approches scientifiques et politiques de la protection ont changé. Depuis les années 1990, c'est l'**approche intégrée** qui a prévalu, cherchant à repenser les usages et la gestion des espaces protégés sans exclure les populations locales.

NOTIONS CLÉS

- Conflit
- Développement durable
- Exclusion
- Patrimonialisation
- Préservationnisme/conservationnisme
- Territoire de protection de la nature

POUR ALLER PLUS LOIN

Depraz S., 2008, *Géographie des espaces naturels protégés*, Paris, Armand Colin, coll. « U ».

Gunnell Y., 2009, *Écologie et société*, Paris, Armand Colin, coll. « U ».

Hutton J., Willams A. M., Murombedzi J.-C., 2005, "Back to barriers? Changing narratives in biodiversity conservation", *Forum for Development Studies*, vol. 32, n° 2, p. 341-370.

Laslaz L., Cadoret A., Milian J., 2020, *Atlas des espaces protégés. Des territoires en partage ?*, Paris, Muséum national d'Histoire naturelle.

Laslaz L. *et al.*, 2012, *Atlas mondial des espaces protégés*, Paris, Autrement.

Laslaz L., 2004, *Vanoise, 40 ans de parc national. Bilan et Perspectives*, Paris, L'Harmattan.

Rodary E., Castellanet C., Rossi G., 2004, *Conservation de la nature et développement, l'intégration impossible ?* Paris, Karthala.

Corrigés en ligne

Questions sur document

Doc. 1 Contours du parc national des Écrins et évolution de l'adhésion des communes comprises dans l'aire optimale d'adhésion depuis 2013

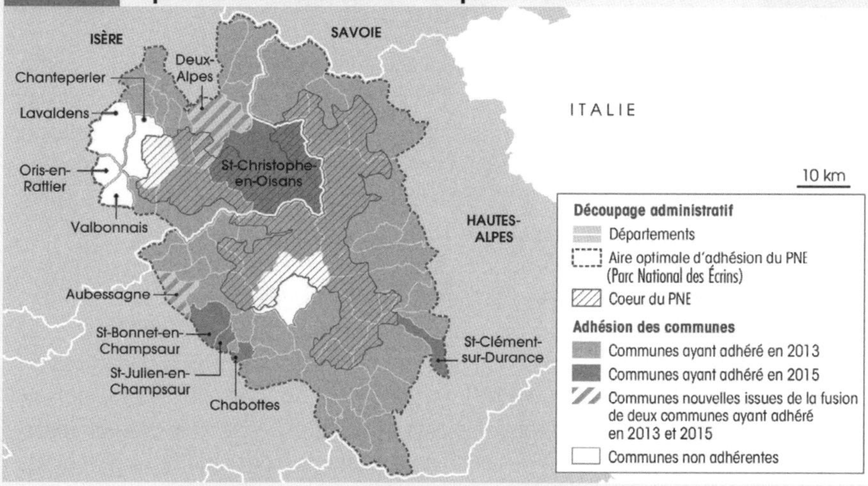

Source : Joubert P., Latarge A., Magnier F., 2024, « Zoom d'évaluation des effets de la Charte du Parc national des Écrins : les activités de pleine nature », Atelier d'aménagement, Master 2 Géographie et Aménagement de la Montagne, Université Savoie Mont Blanc, p. 29.

Doc. 2 Extrait de texte

Les glaciers ont fait l'objet, comme les territoires de chasse, les alpages ou les terrains potentiellement équipables pour les stations, de longues tractations et discussions entre les acteurs locaux (conseils municipaux, offices de tourisme, gestionnaires de domaines skiables) et les promoteurs des parcs nationaux en cours de création. (…) Des circonvolutions stratégiques résultent des âpres négociations visant à préserver les intérêts des uns et des autres (…) Il en ressort que le tracé de la zone centrale retenu évite nettement les équipements touristiques, notamment au nord pour les glaciers de Mont-de-Lans et de la Girose : cette pratique recherche la pacification sociale et vise à prévenir le conflit potentiel avec les communes, voire leur refus d'intégrer la zone centrale du Parc. À tel point qu'une fois n'est pas coutume, J. Florent sera le seul chargé de mission à proposer des limites plus réduites que ce que retiendra au fil le Ministère de l'Environnement, au contraire des autres parcs nationaux.

Source : Laslaz L., 2009, « La protection sans la glace. L'exclusion des glaciers des zones centrales des parcs nationaux de la Vanoise et des Écrins et leur équipement pour le ski d'été », *Cahiers de géographie*, vol. 8, p. 205-206.

1. Décrivez et analysez les contours actuels du parc national des Écrins en distinguant cœur et aire d'adhésion. Quelles logiques ont prévalu lors de sa mise en place en 1973 ? Quelles sont les dynamiques perceptibles depuis la mise en place de la charte du parc en 2013 ?

ÉTUDE DE CAS

Les enjeux d'aménagement et de gestion du parc national des Écrins

Doc. 1 Le téléphérique de la discorde

[Le] village est installé au fond de la haute vallée de la Romanche, dominée par la Meije, un sommet mythique des Alpes, culminant à 3 983 mètres. Un paysage de haute montagne qui reste préservé, encore aujourd'hui. Ici, pas de télésiège, de front de neige aménagé et d'immeubles de plusieurs étages, comme on peut en voir ailleurs dans les stations des Alpes. (...) Située à la frontière avec le parc national des Écrins, La Grave est également un lieu mythique pour les alpinistes. Avec le réchauffement climatique, qui dégrade les conditions d'ascension en haute montagne, ils sont de moins en moins nombreux ces dernières années (...). Tous empruntent le téléphérique, aux côtés des visiteurs venus découvrir la haute montagne, pour rejoindre le début de leur course. (...) Mais depuis trois ans, l'avenir du téléphérique, qui attire 60 000 personnes en moyenne chaque année, dont 40 000 en été, est au cœur de vifs débats dans la commune. En cause : un projet de troisième tronçon, qui relierait la gare d'arrivée actuelle, à 3 200 mètres, à une nouvelle gare d'arrivée, construite à 3 600 mètres, au sommet du Dôme de la Lauze. Contesté par une partie des habitants, ce troisième tronçon, qui traverserait le glacier de la Girose, est prévu pour une mise en service fin 2025. Un projet *« vital »*, selon le maire de La Grave (...). À en croire les promoteurs du projet, la survie du téléphérique serait effectivement en jeu : *« Aujourd'hui, le modèle est en déséquilibre, avec des saisons d'hiver qui sont plus compliquées à exploiter, à cause des chutes de neige plus aléatoires, il est nécessaire d'apporter un regain d'attractivité sur la saison estivale »*, explique David Le Guen, en charge du projet en tant que directeur commercial de la Société d'aménagement touristique de La Grave (SATG), filiale de Sata Group, gestionnaire du téléphérique depuis 2017. (...) Objectif : attirer 20 % de visiteurs en plus, dès 2026, soit 80 000 personnes par an au total, pour rentabiliser l'équipement et les investissements nécessaires à son fonctionnement. (...) Mais, depuis 2020, le projet de troisième tronçon suscite un vent d'opposition dans le village et, plus largement, dans le monde de la montagne. *« Aujourd'hui, toutes les stations se vendent avec des images de poudreuse et de nature sauvage. La Grave est un argument commercial pour la Sata, qui est dans une stratégie des petits pas »*, estime Thierry Favre. Deuxième exploitant de domaines skiables en France, derrière la Compagnie des Alpes, Sata Group gère historiquement le domaine de l'Alpe d'Huez. Son arrivée, en 2020, à la tête des Deux Alpes, dont le domaine communique, au sommet, avec celui de La Grave, a été l'élément déclencheur à la mobilisation des opposants. (...). David Le Guen regrette le *« procès d'intention »* qui est fait, selon lui, au projet : *« On veut faire de La Grave un symbole qu'elle n'est pas,* soupire-t-il. *Même si le site est très bien préservé, la réalité, c'est que le téléphérique est bien là. Nous ne sommes pas dans une montagne qui serait vierge de tout aménagement. »*

Quant à la question centrale de la liaison potentielle entre La Grave et les Deux Alpes, Fabrice Boutet, directeur général de Sata Group, balaie le sujet d'un revers de main : *« Il est inscrit dans le PLU de La Grave et de Saint-Christophe-en- Oisans qu'il ne peut pas y avoir d'installation de remontées mécaniques entre les deux communes. Il n'y aura pas de liaison ! »*

Fin février [2023], le commissaire-enquêteur rendait un avis favorable suite à l'enquête publique, donnant le feu vert à la délivrance du permis de construire pour le troisième tronçon, signé par le maire début avril. Une validation qui ouvre la possibilité d'un début de chantier à l'automne, au niveau de la nouvelle gare d'arrivée, à 3 600 mètres. Mais la signature du permis a également ouvert la voie à un recours sur le plan juridique. Le collectif et l'association Mountain Wilderness ont ainsi déjà annoncé leur volonté d'en déposer un (...).

Source : Plas S., « Au pied de la Meije, le téléphérique de la discorde », *Le Figaro*, 11 mai 2023.

Doc. 2 Extrait de l'avis du conseil scientifique du parc national des Écrins sur le projet du 3e tronçon des téléphériques des glaciers de la Meije, 18 décembre 2020

Le conseil scientifique (CS) considère que le projet proposé est de nature à accroître l'impact en cœur de arc des installations actuelles, compte tenu des impacts paysagers (création et extension des gares d'arrivée et de départ) et des impacts résultant de la potentielle augmentation du dévalement dans le haut vallon de la Selle (dont la partie haute est en cœur de parc).

Le CS s'étonne également de la contradiction entre le modèle de développement « doux » revendiqué par la commune de La Grave et le projet qui s'inscrit dans la poursuite d'un modèle économique traditionnel de station basé sur le « toujours plus haut, toujours plus vaste » sans anticiper les conséquences du changement climatique en cours (modifications du glacier de la Girose et du retour graviaire à La Grave), ni des impacts environnementaux (augmentation de la fréquentation et des usages) et sur la base d'une hypothèse d'augmentation « mécanique » de la fréquentation touristique, qui n'est guère étayée (...).

Pour le CS, tous ces aspects soulignent l'opposition entre ce projet et l'esprit général de la charte du parc national (caractère de montagne sauvage) et regrette qu'aucun projet alternative réellement innovant et conforme à l'esprit de la charte du parc national et aux spécificités de La Grave n'ait pu être formalisé, chiffré, et présenté au sein de la commune (...)

Doc. 3 Projet d'extension du téléphérique de La Grave à proximité du cœur du Parc national des Écrins et la station des Deux Alpes

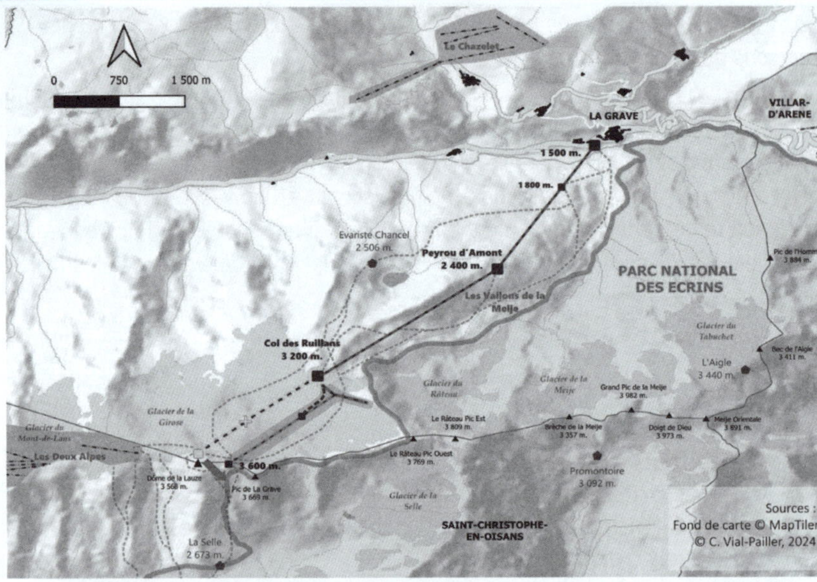

1. Un espace de haute montagne, haut-lieu de l'alpinisme

- Limites communales
- Sommet
- Glacier
- Limite du cœur du Parc national des Ecrins
- Refuge
- Bâti
- Route

2. Des versants équipés pour la pratique du ski

- Remontées mecaniques des domaines skiables de la Haute Romanche
- Enveloppe de domaine skiable alpin (pistes et remontées mécaniques) (Deux Alpes)
- Itinéraire de ski hors-piste
- Téléphérique des Glaciers de la Meije
- Téléski de la Girose
- Téléski des Trifides (abandonné)
- Cheminement tracté en dameuse l'hiver suite à la destruction du téléski des Trifides
- Gares du domaine des Vallons de la Meije

3. Le projet de troisième tronçon impliquant un nouvel aménagement du glacier de la Girose

- Linéaire du troisième tronçon
- Pylône intermédiaire
- Nouvelle gare d'arrivée au Dôme de la Lauze
- Requalification de la gare du Col des Ruillans
- Démantèlements envisagés
- Possible augmentation des déversements de skieurs hors-piste dans les Vallons de la Selle

Source : Vial-Pailler C., *De la contradiction à la complexité. Espaces protégés et stations de montagne dans l'arc alpin (France, Italie et Autriche) au défi de la conciliation spatiale*, Thèse de doctorat en géographie, université Savoie Mont-Blanc, en cours.

Doc. 4 **Extrait de « Écrins : la cartographie des dangers liés au changement climatique pour les alpinistes »,** ***Montagnes Magazine*****, 17 juillet 2024**

Pour compléter les situations typiques de dangers en haute montagne alpine estivale, le pôle « éthique et environnement » du Syndicat national des guides de montagne (SNGM) propose une série de cartographies des impacts du changement climatique sur les itinéraires d'alpinisme les plus fréquentés par les guides dans les Alpes françaises.

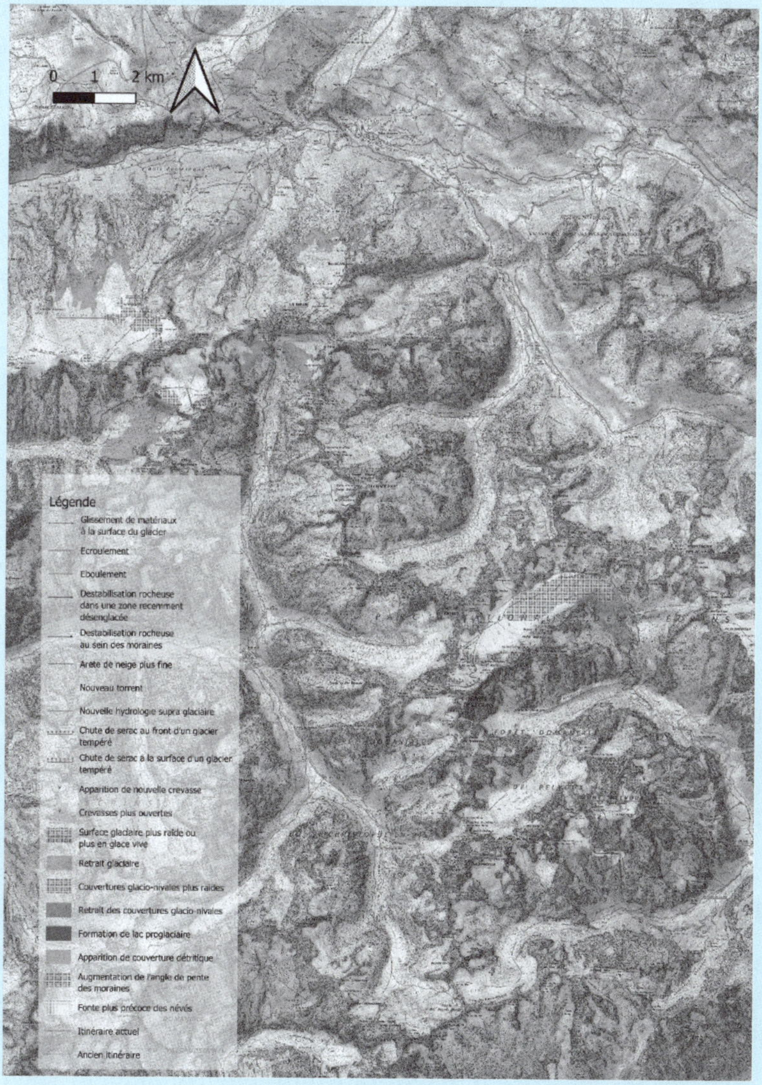

Présentation des documents

- **Doc. 1** Extrait d'un quotidien national, *Le Figaro*, exposant les positions divergentes de plusieurs groupes d'acteurs locaux face à un projet d'aménagement à l'immédiate proximité du cœur du parc national des Écrins, et au sein d'une commune, La Grave, ayant adhéré à sa charte.
- **Doc. 2** Extrait de l'avis du conseil scientifique du parc national des Écrins sur le projet de prolongement du téléphérique.
- **Doc. 3** Carte présentant l'emprise spatiale du projet dans un document d'étude commandité par le parc national des Écrins sur le tourisme de pleine nature.
- **Doc. 4** Extrait cartographique d'un magazine de loisirs spécialisé, diffusant une cartographie établie par le syndicat des guides de montagne à des fins de sécurisation des pratiques d'alpinisme.

Ces documents répondent à des motivations différentes : exposer et analyser les conflits qui sont liés au développement touristique à proximité immédiate du cœur du parc (**doc. 1** et **2**), diffuser des informations concrètes sur les évolutions de l'environnement alpin pour maintenir des conditions de sécurité optimales pour les alpinistes (**doc. 4**). Certains documents sont à destination d'un public large via la presse nationale ou spécialisée (**doc. 1** et **4**), les autres (**doc. 3**, évaluation de la charte à six ans ; **doc. 2**, avis du conseil scientifique) sont plus confidentiels, quoique facilement accessibles en ligne.

Localisation

Créé en 1973, le parc national des Écrins est l'un des espaces protégés de ce type parmi les plus anciens sur le territoire métropolitain. Il a connu les évolutions législatives relatives aux parcs nationaux (*cf.* étude sur document), et est aujourd'hui confronté à d'importants enjeux d'aménagement dans un contexte de changement climatique qui affecte tout particulièrement les milieux de haute montagne.

Objectifs de l'étude de cas

Ces documents permettent :

- d'analyser les modifications territoriales induites par le changement climatique ;
- d'analyser les jeux d'acteurs autour d'un environnement fragile et convoité.

Commentaire

Deux axes de lectures peuvent se dégager à l'analyse de ces trois documents:

- Considérer les modifications écologiques induites par le changement climatique: rétraction et fragilisation des glaciers, durée annuelle d'enneigement, etc.
- Au travers de l'exemple du 3e tronçon du téléphérique de La Grave, appréhender les tensions nées d'usages contrastés de la montagne, entre volonté d'aménagement et politique de protection dont le parc est la matérialisation spatiale.

I. Prendre la mesure des impacts du changement climatique sur l'environnement nivo-glaciaire du parc national

▪ Les documents proposés permettent de saisir un certain nombre des modifications importantes qui interviennent dans les milieux montagnards du fait du réchauffement climatique: modification de l'enneigement, désormais plus « aléatoire » (**doc. 1**), tant en durée qu'en quantité; forte diminution de l'extension spatiale des glaciers et fragilisation de ceux-ci et de leurs alentours immédiats (formation de lacs en raison de la fonte; accentuation des crevasses; modification de la morphologie du glacier; éboulements et déstabilisation des matériaux rocheux avoisinants, **doc. 4**).

▪ Il s'agit d'un enjeu majeur pour le parc national des Écrins, puisqu'il contient en son cœur et à l'immédiate proximité de celui-ci d'importants organismes glaciaires, dont l'évolution est incertaine, alors même que l'exploitation touristique des glaciers est importante sur le territoire (**doc. 1**, **2** et **4**).

II. Des valorisations touristiques contestées dans un territoire à vocation de protection forte

▪ Le texte et la carte des « questions sur documents » supra témoignaient de l'importance historique des glaciers dans la définition du territoire du parc, et plus encore, dans les conflits qu'il a pu connaître dès avant même sa création: beaucoup de glaciers, tel celui de la Girose (**doc. 3**) ont été exclus de la zone centrale (qui correspond au cœur actuel) pour maintenir des possibilités d'extension des stations et de leurs activités. Ce faisant, plusieurs conflits potentiels ont été désamorcés à la création des Écrins.

▪ Les documents **1**, **2** et **4** font état de différentes formes de mise en valeur touristique des glaciers aujourd'hui observables, qu'elles soient paysagères ou sportives, d'hiver ou d'été.

▪ Les glaciers sont en effet tout à la fois des paysages particulièrement emblématiques de la montagne, mais aussi des espaces de pratiques sportives (ski sur glacier, alpinisme, etc.) d'autant plus convoités que la neige se raréfie au fil des années. Ces usages apparaissent pour partie antagonistes avec l'idée d'une protection des milieux, notamment dans ses composantes les plus exceptionnelles, dont les parcs nationaux sont en partie héritiers.

▪ De ce point de vue, le cas du glacier de la Girose est particulièrement signifiant : il s'agit en effet d'un glacier situé près du cœur des Écrins, mais non inclus dans celui-ci, et qui fait l'objet de projets d'extension de l'actuel téléphérique, associée à la construction d'un important complexe permettant l'observation du glacier. La possibilité, démentie par les porteurs du projet, d'une extension du domaine skiable des Deux Alpes grâce à cette nouvelle infrastructure contribue beaucoup aux tensions observées (**doc. 1**). C'est alors non seulement l'espace même du glacier, mais aussi les représentations d'espace de nature exceptionnel qui y sont associées qui sont en jeu dans ce débat. La participation d'associations naturalistes telles que *Mountain Wilderness* aux débats entre tenants et opposants locaux du téléphérique, et du modèle de développement qu'il porte, en est une illustration.

III. Dedans, dehors, juste à côté : les enjeux de la lisière du parc

▪ Le débat autour de l'extension ou non du téléphérique sur un troisième tronçon permet de saisir certains enjeux associés à la proximité des limites du cœur de parc national. Cette proximité n'est pas du tout mise en avant par les promoteurs du projet, qui peuvent anticiper une réaction défavorable à celui-ci compte tenu de l'image associée au parc (**doc. 1**) – et se gardent donc bien de l'évoquer dans leur présentation du projet.

▪ Inversement, l'avis émis par le conseil scientifique du parc national témoigne de l'impact potentiel de l'aménagement, tant sur la zone directe d'extension du projet, en évoquant de probables contradictions avec la charte dont la commune est signataire, que de manière indirecte, sur le cœur de parc, situé à proximité (dégradation paysagère, augmentation du dévalement – **doc. 2**).

▪ Ce faisant, cet exemple illustre combien les marges du cœur du parc national constituent des espaces à forts enjeux : elles sont particulièrement convoitées du fait de l'image du parc et de la qualité des écosystèmes présents (**doc. 1**, et **3**).

▪ Les règlementations et la capacité d'action des acteurs diffèrent beaucoup suivant que l'on se trouve dans le cœur, très surveillé et réglementé, ou dans l'aire d'adhésion, c'est-à-dire là où les acteurs en présence sont essentiellement tenus par la charte qu'ils ont signée (**doc. 1**, **doc. 2**) : l'insistante du conseil scientifique sur la charte (**doc. 2**) dit bien, à cet égard, combien c'est un document qui engage des acteurs qui, de facto, ne sont pas astreints aux mêmes contraintes que le cœur de l'espace protégé.

▲ Source : photo extraite du site Ministère (https://objectif-paysages.developpement-durable.gouv.fr/les-atlas-de-paysages-20)

En tant que reflet visible de l'empreinte de nos activités sur les territoires, le paysage constitue un outil de dialogue performant dans le cadre de l'élaboration de décisions vis-à-vis de l'aménagement d'un territoire. En juillet 2016, des habitants sont réunis, pour participer à un atelier paysage, à l'occasion du lancement de la démarche de construction du Plan Local d'urbanisation intercommunal dans la communauté de communes de la vallée de la Barousse.

CHAPITRE 6

Le paysage, témoin des relations entre sociétés et écosystèmes

PLAN DU CHAPITRE

ÉTUDE DE CAS

La première occurrence du terme paysage en français remonte au XVIe siècle : il désigne une « représentation peinte du monde réel ». Simultanément apparaissent les termes « *Landschaft* » en Allemagne (défini à la fois comme une représentation picturale d'un pays et le gouvernement d'un territoire par une société) et « *paesaggio* » en Italie (qui renvoie à ce que l'on voit d'un pays). La notion de paysage est donc étroitement liée à l'art pictural et intègre dès son apparition une connotation esthétique forte.

Fréquemment employé dans le langage courant, le mot « paysage » exprime d'abord la visibilité du monde. Il désigne une partie de l'espace terrestre offerte à un observateur. Le paysage met en relation un objet (la réalité d'une étendue géographique que l'on peut décrire) et un sujet (un individu ou un groupe d'individus qui observe(nt) cet espace). Il revêt donc deux dimensions : une dimension matérielle que le géographe peut caractériser afin de rendre compte de l'organisation des formes (relief) et des éléments (bâti, végétation, infrastructures) dans l'espace, et une dimension immatérielle (ou subjective) puisque chaque individu apprécie à sa manière la qualité d'un même paysage.

Ce chapitre vise à présenter la place de cette notion en géographie. Il définit ensuite comment le paysage constitue un outil pour lire les territoires en tant que reflet des systèmes productifs d'une société et représentations de l'environnement à un moment donné. Le paysage est ensuite défini comme ressource valorisée dont les politiques publiques se sont emparées pour protéger leur diversité et qualité.

I. Le paysage des géographes

Résultat visible des interactions entre les actions de l'homme et de la nature, le paysage est une notion centrale en géographie. Sa description, sur le terrain ou à partir de documents notamment photographiques, constitue une entrée privilégiée pour rendre compte de l'organisation des territoires et des dynamiques passées ou en cours tandis que l'analyse des regards portés sur lui nous renseigne sur la relation des sociétés à leur environnement.

1. Des approches naturalistes aux approches systémiques

La géographie classique s'est d'abord emparée du paysage comme outil de description du monde et empreinte des interactions entre les humains et le milieu. Influencés par les approches naturalistes, les géographes du début du XXe siècle, comme Paul Vidal de la Blache, produisent de nombreuses monographies. Décrire un paysage, grâce à des croquis puis des photographies, permet de caractériser l'organisation des éléments relevant de la nature (relief, réseau hydrographique, végétation) et celle des aménagements humains (bâti, routes, activités agricoles et industrielles) dans l'espace. L'aspect matériel du paysage est donc mis en avant.

L'objet de la géographie est au XIXe siècle de dépeindre la « face de la Terre » (Pinchemel), plus ou moins artificialisée selon les espaces étudiés. Fondée sur l'observation et la comparaison, la géographie classique cherche ainsi à expliquer la diversité des paysages. Les paysages expriment les potentialités « naturelles » des milieux et la manière dont elles ont été mises en valeur par les sociétés.

FOCUS Le croquis de paysage : exercice géographique par excellence

Le croquis de paysage réalisé sur le terrain consiste à repérer les lignes de force organisant la topographie puis à décomposer les différents éléments constituant la singularité d'un paysage. Ici, Paul Vidal de la Blache a représenté le versant nord de la vallée de la Bléone à l'aval de Digne : il isole un « ancien village fortifié » et un « hameau fortifié » sur les sommets occupés par des « pâtures nues », dessine des oliviers et les « petites villas jusqu'à tiers de côte » sur les pentes tandis qu'il indique des « petits prés avec fruitiers et jardins », la « route » et le « chemin de fer » au premier plan.

▶ Voir Méthode p. 252.

Croquis des formations végétales visibles depuis les bords du bassin de Coupières

Source : Roussel F., 2019, « Valoriser l'écologie pour légitimer le paysage ? », *EchoGéo* (https://journals.openedition.org/echogeo/17344).

À partir des années 1960, le paysage devient un objet à part entière en géographie notamment grâce aux travaux des **biogéographes**. Georges Bertrand (biogéographe toulousain) considère que « le paysage est, sur une certaine portion d'espace, le résultat de la combinaison dynamique, donc instable, d'éléments physiques, biologiques et anthropiques qui, en réagissant dialectiquement les uns sur les autres, font du paysage un ensemble unique et indissociable ».

La **biogéographie** s'intéresse à la répartition du vivant à la surface de la Terre.

Les années 1970 rompent avec les approches naturalistes. Georges Bertrand recentre le paysage comme un produit social qu'il considère comme hybride puisque ce dernier se situe à l'interface entre des éléments naturels et des processus économiques et culturels invisibles. Pour rendre compte de la dimension sociale du paysage, il propose de s'intéresser aux actions et perceptions qui, dans un groupe social défini et un espace donné, produisent le paysage : il parle de « système de production ». Il s'agit de prendre en compte les activités humaines telles que l'agriculture, la foresterie ou plus largement l'aménagement du territoire, et leurs déterminants, qui participent au façonnement des formes matérielles du paysage.

Tableau 6.1 Le système GTP (Géosystème Territoire Paysage) de Georges Bertrand

Source	→	Entrée naturaliste	→	Géosystème
	Le géosystème correspond à une entrée naturaliste. L'espace est envisagé comme « source » naturelle. Il s'agit de rendre compte de l'ensemble des éléments biophysiques plus ou moins anthropisés (on parle de nature artefact) qui caractérisent un espace donné. Par exemple, le fonctionnement d'une forêt se comprend par la nature des sols, du climat mais aussi les modes de gestion pratiqués par les sociétés.			
Ressource	→	**Entrée socio-économique**	→	**Territoire**
	Le territoire correspond à une entrée socio-économique. L'espace est envisagé comme une « ressource » pour les sociétés. Il s'agit de rendre compte de l'utilisation de l'espace par les sociétés. Par exemple, la forêt est utilisée par son propriétaire qui tire des revenus de la vente du bois.			
Ressourcement	→	**Entrée socio-culturelle**	→	**Paysage**
	Le paysage correspond à une entrée socio-culturelle. L'espace est considéré comme fournissant un « ressourcement » aux sociétés. Il s'agit de rendre compte des représentations qu'un groupe d'individus se fait d'un espace donné. Par exemple, la forêt de Fontainebleau est un lieu de contemplation et de loisirs pour les citadins ; elle a fait l'objet de représentations picturales au XIXe siècle.			

Dans les années 1990, G. Bertrand propose d'associer trois notions différentes mais proches – le géosystème, le territoire et le paysage – dans le système GTP. Ce cadre permet d'appréhender l'environnement dans sa complexité en associant trois dimensions qui permettent de mêler approches naturalistes (géosystème), socio-économiques (territoire) et culturelles (paysage).

2. Le paysage, une image

Dans les années 1980, d'autres géographes abordent le paysage comme une image. Pour Thierry Brossard et Jean-Claude Wieber de l'École de Besançon, le paysage est un « signe » : c'est l'apparence visible des combinaisons d'objets produits par des systèmes de forces (naturelles ou anthropiques) en action. C'est également un « spectacle » que le géographe va s'efforcer de décrire de manière objective avec un vocabulaire approprié. Enfin, cette combinaison d'objets est perçue par un (des) spectateur(s).

Ces géographes analysent le rapport entre la part objective du paysage (les objets réels qui le composent inventoriés, sur une photographie par exemple) et la part subjective (les images que les observateurs en perçoivent). Pour cela, ils ont proposé dans les années 1970 une approche : le complexe paysager de l'École de Besançon. Celui-ci se compose de trois sous-systèmes :

- le sous-système producteur du paysage composé d'éléments **biotiques**, **abiotiques** et **anthropiques** en interactions ;
- le sous-système d'utilisateurs : il s'agit selon eux des « créations de l'œil et de l'esprit », *c'est-à-dire les paysages vus et appréhendés par les individus selon leurs critères esthétiques et culturels* ;
- le sous-système du paysage visible, qui se place entre les deux précédents : il s'agit des combinaisons d'objets résultants des interactions du sous-système producteur avant que celles-ci soient perçues.

Ne pas confondre !
Les éléments **biotiques** relèvent du vivant : il s'agit de la végétation et de la faune. Les éléments **abiotiques** correspondent, eux, aux éléments non vivants tels que les minéraux. Les éléments **anthropiques** relèvent des aménagements et activités humaines (maisons, agriculture, routes…).

L'École de Besançon a développé des approches quantitatives et objectives pour réaliser des cartographies des paysages. Les photographies aériennes sont ainsi mobilisées pour inventorier les objets observés et mesurer leur place. L'analyse de photographies horizontales permet d'examiner les conditions de vision et de visibilité (les cônes de vue, c'est-à-dire le paysage révélé à partir d'un point de vue). Il s'agit de révéler l'organisation des éléments de paysages s'offrant à la vue de spectateurs.

FOCUS Des photographies aériennes et images satellites aux cartes d'unités paysagères

Bien que n'offrant qu'une vue du dessus, les photographies aériennes fournissent des informations très utiles pour caractériser les paysages. Elles permettent de qualifier l'occupation du sol. La vue verticale facilite le repérage de l'agencement des éléments du paysage (bâti, forêt, etc.) et permet de délimiter et décrire des unités paysagères comme cela a été fait en Bretagne. Dans *l'Atlas des paysages de Bretagne*, 38 unités paysagères ont été distinguées à partir du traitement d'images satellites.

Les ensembles paysagers en Bretagne

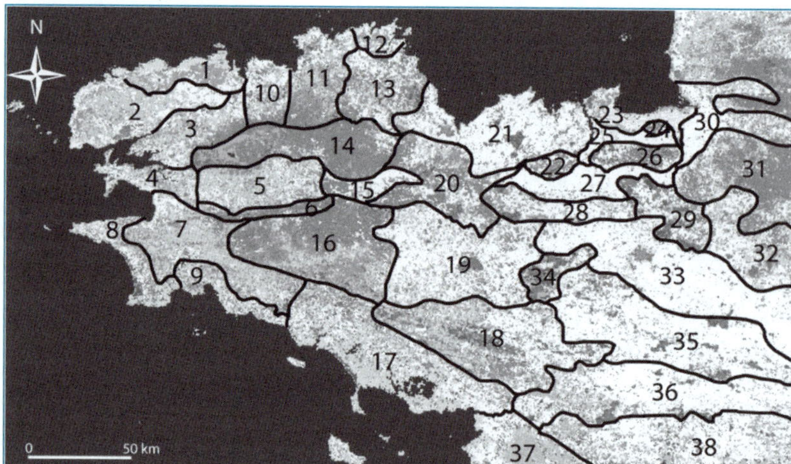

Cartographie : L. Le Dû-Blayo, E. Bourget, I. Ganzetti - COSTEL - 2010

1. Léon légumier
2. Plateau léonard
3. De l'Aulne à l'Elorn
4. Crozon
5. Bassin de Châteaulin
6. Montagnes Noires
7. Cornouaille
8. Baie d'Audierne
9. Cornouaille littorale
10. Trégor morlaisien
11. Trégor
12. Trégor légumier
13. Goëlo
14. Arrée
15. Bassin de St Nicolas du Pelem
16. Cornouaille intérieure
17. Armor morbihanais
18. Reliefs des Landes de Lanvaux
19. Bassin de Pontivy
20. Massif du Mené
21. Plateau du Penthièvre
22. Massif du Hinglé
23. Zone légumière de la baie du Mt St Michel
24. Massif de Saint Broladre
25. Bassin de Pleine-Fougères
26. Massif de St Pierre de Plesguen
27. Bassin d'Evran
28. Collines de Bécherel
29. Collines de Saint Aubin d'Aubigné
30. Avranchin et Val de Sée
31. Bocage mayennais
32. Plateau de Fougères
33. Bassin de Rennes
34. Massif de Brocéliande
35. Plissements de Bain de Bretagne
36. Marches de Bretagne
37. Marais de Guérande et de Brière
38. Loire des promontoires

Source : Voir l'article de Bourget E. et Le Duc L. dans la revue *Norois* en 2010 (https://norois.revues.org/3399) ainsi que le livret réalisé par le Conseil régional de Bretagne sur les paysages : www.bretagne.bzh.

3. Les représentations du paysage : la géographie sociale et culturelle

À partir des années 1970, les approches culturelles et subjectives du paysage prennent une place croissante. Elles s'intéressent à la manière dont le paysage est perçu et représenté par les individus ou les groupes sociaux (habitants, agriculteurs, touristes…). Chaque expérience est éminemment personnelle et il existe autant de paysages que de regards portés sur celui-ci. Le paysage est donc envisagé comme une construction sociale et culturelle. Ce sont les représentations sociales. Il s'agit d'une lecture intellectuelle et interprétative du réel conditionné pour chaque individu par sa personnalité, sa culture et le contexte dans lequel il évolue. Selon le géographe Yves Luginbühl, les représentations sociales du paysage mobilisent plusieurs échelles : globale, locale et individuelle :

On peut citer les travaux d'Armand Frémont, d'Augustin Berque ou encore d'Yves Luginbühl.

- L'échelle globale renvoie aux « **modèles paysagers** » partagés par l'ensemble d'une société. Il s'agit de références culturelles construites au fil de l'histoire en fonction des rapports entre les sociétés et la nature ; celles-ci sont véhiculées par les médias (peinture, littérature, photographie, cinéma). Ainsi, la sensibilité à l'environnement qui marque la fin du XXe siècle a introduit un goût pour les paysages de grande nature non aménagés par l'homme, abusivement qualifiés de « sauvages » ou « naturels ». Y. Luginbühl le qualifie de modèle pittoresque écologique.

Les **modèles paysagers** désignent les manières de voir le monde et les valeurs attribuées au paysage.

- L'échelle locale correspond à la mémoire sociale des lieux et aux cultures locales (par exemple, l'attachement au paysage passé des mines dans le nord de la France).
- L'échelle individuelle désigne l'expérience paysagère personnelle de chacun et sa mémoire intime : elle revêt donc une grande diversité. Ces trois échelles sont parfois contradictoires.

Fig. 6.1 Percevoir les paysages : l'exemple de la chaîne des Puys

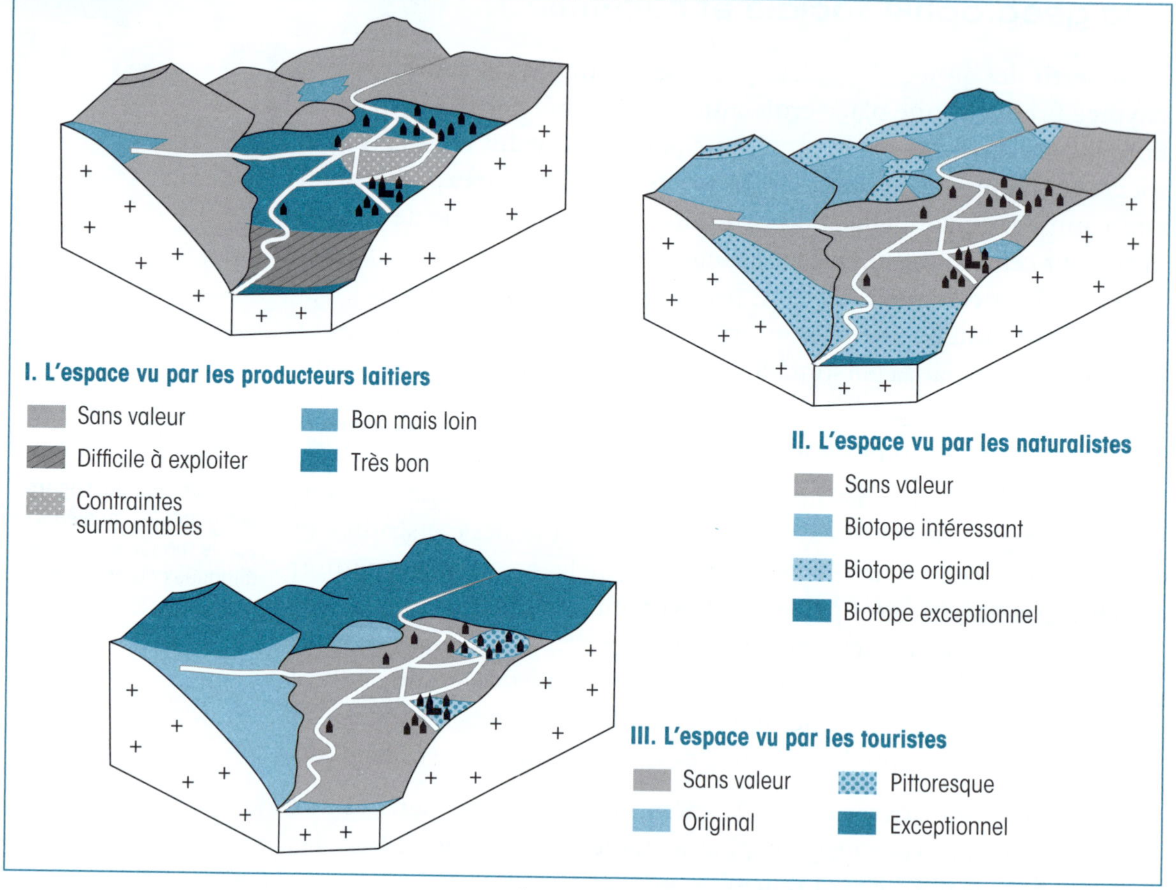

Source : d'après Y. Michelin, 1996, *Les jardins de Vulcain*, Paris, Éditions de la MSH.

La physionomie du paysage est ici représentée par des blocs-diagrammes schématiques. Chacun d'entre eux donne à voir la diversité des qualificatifs et registres de valeurs sur lesquels s'appuient les producteurs laitiers, les naturalistes et les touristes pour appréhender ce même paysage. Les pentes des volcans constituent des espaces d'intérêt pour les naturalistes et touristes tandis que les éleveurs les délaissent, préférant des terres plus faciles à exploiter et/ou moins éloignées.

Le paysage est donc « un arrangement d'objets visibles perçu par un sujet à travers ses propres filtres, ses propres humeurs, ses propres fins » (Brunet, 1992). La compréhension de ces filtres apparaît d'autant plus essentielle qu'ils pèsent lourd dans les processus décisionnels. Augustin

Brunet R. *et al.*, *Les mots de la géographie, dictionnaire critique*, Reclus, 1992.

Berque résume cette idée à travers cette phrase : « Les sociétés perçoivent leur environnement en fonction des aménagements qu'elles en font, et elles l'aménagent en fonction de la perception qu'elles en ont. » Les codes de valeurs et les sensibilités dépendent des relations que les groupes d'acteurs – agriculteurs, touristes, habitants, gestionnaires… – entretiennent avec leur environnement.

Il est important de noter que le présent chapitre propose une vision occidentale de la notion de paysage. Le rapport à l'environnement, et donc au paysage, est différent dans d'autres civilisations. Les rapports des sociétés à leur environnement diffèrent profondément entre l'Occident et l'Orient par exemple. Dans ses travaux conduits en Amazonie, Philippe Descola a également démontré que l'opposition entre nature et culture, très prégnante en Occident, n'est pas universelle, témoignant là aussi de la diversité des regards portés sur les paysages.

La dimension mythologique du paysage

Certains motifs paysagers font l'objet de représentations spécifiques. C'est le cas de la montagne, par définition visible de loin et constituant un point de repère et souvent marqueur de l'identité des territoires. Dans la mythologie, elle constitue la demeure des dieux et des êtres surnaturels (Olympe, Parnasse, volcans méditerranéens) ou encore le centre du monde (mont Meru chez les hindouistes). Lieu peu accessible et dangereux, la montagne a longtemps rebuté et effrayé avant de devenir un espace d'exploits (dès le XVIIIe siècle en Europe occidentale) puis de jeu avec l'essor des sports d'hiver (accélération notable dans les années 1960).

À l'inverse, océans, gouffres et grottes invisibles sont le monde des divinités infernales ou souterraines (Hadès, Déméter). Ce sont des lieux inquiétants, repaires de créatures infernales (entrée des enfers romains) ou tanières d'animaux marins improbables (longtemps figurés dans les représentations des océans).

Le paysage, dans sa perception, explique la complexité du monde et reflète une cosmogonie propre à chaque culture.

II. Le paysage comme expression des dynamiques naturelles et sociales

Un **palimpseste** est un parchemin manuscrit dont on a effacé la première écriture afin de réécrire par-dessus. On peut deviner, sous le nouveau texte, les traces de l'ancien. Un palimpseste suppose donc une série d'apports qui s'ajoutent les uns aux autres, en intégrant les héritages du passé.

Le paysage peut se définir comme un véritable **palimpseste** car il présente la « caractéristique de conserver des caractères hérités d'usages anciens » comme l'écrit Annie Antoine (*L'agriculture en Europe occidentale à l'époque moderne*, Paris, Belin, 2000). Une lecture attentive du paysage permet ainsi d'identifier les traces visibles (châteaux, haies) et imperceptibles (réseau viaire, parcellaire) du passé, utiles à la compréhension de l'organisation actuelle des paysages. Les représentations évoluent elles aussi au fil du temps. Le paysage n'est donc pas un objet d'étude figé. Prendre en compte sa dimension temporelle permet de mieux comprendre les enjeux contemporains. Les formes héritées d'usages passés posent de nombreuses questions : doit-on les conserver (patrimonialisation), les reconvertir, les abandonner, les supprimer ?

1. Le paysage comme construction : les trajectoires des paysages

En collaboration avec d'autres disciplines – l'histoire, l'archéologie et les sciences des paléoenvironnements –, les géographes s'intéressent à reconstituer la trajectoire des paysages sur le temps long. Les travaux consacrés à l'histoire des interactions hommes-milieux ont affirmé ce positionnement en proposant le concept d'anthroposystème. Celui-ci met en avant la coévolution des systèmes naturels et des systèmes sociaux au fil du temps. L'anthroposystème inclut l'écosystème plus ou moins anthropisé et le **sociosystème** comme partie intégrante. Le préfixe choisi souligne le rôle déterminant des sociétés humaines dans l'évolution de ce système hybride : le paysage n'est pas naturel, il est la résultante de l'action des sociétés qui aménagent et utilisent leur environnement.

Plusieurs sources et méthodes ont été mobilisées pour reconstituer de manière diachronique la dimension matérielle des paysages. Les paysages sont reconstitués selon des pas de temps historiques à partir des sources écrites, notamment les cartes, permettant d'identifier les réseaux viaires, les lieux d'habitats, le parcellaire agricole ou l'occupation du sol. L'analyse des archives du sol, telles que les pollens, charbons de bois, restes animaux et sédiments, permet de remonter jusqu'aux premières transformations des paysages naturels par les sociétés humaines depuis le Néolithique il y a 10 000 ans.

La reconstitution de la trajectoire de la dimension matérielle du paysage produit parfois une véritable **archéologie du paysage**. Celle-ci permet de renseigner le rôle des activités de production, l'évolution des agrosystèmes et de l'ensemble des activités socio-économiques dans les paysages dont nous avons hérité. Elle permet également de réfléchir à la manière dont les populations ont appréhendé leur milieu et leur paysage.

L'**archélogie du paysage** cherche à restituer l'évolution des paysages en relation avec les groupes culturels qui y ont vécu. L'ouvrage *La géoarchéologie française au* XXI*e siècle* (CNRS éditions, 2015), dirigé par N. Carcaud et G. Arnaud-Fassetta propose un panorama de la recherche française dans le domaine.

2. La dégradation des paysages : banalisation et uniformisation

La seconde moitié du XXe siècle est marquée par des transformations importantes des paysages ruraux dans l'ensemble du monde occidental, résultat de profonds changements technologiques, économiques et sociaux.

■ La mécanisation agricole

L'agriculture s'est profondément modernisée depuis les années 1950. La mécanisation a entraîné une réorganisation profonde du terroir agricole. Dans les régions de **bocage**, comme le nord-ouest de la France, des remembrements ont été organisés. Ces opérations d'aménagement foncier visaient à réorganiser le **parcellaire** pour faciliter l'exploitation. Les parcelles de petite taille ont été regroupées pour rationaliser l'utilisation des sols. Les remembrements ont souvent été accompagnés de l'arrachage de haies, du comblement des chemins creux et des arbres complantés devenus inutiles, voire contraignants, dans le cadre de l'agriculture productiviste. La modernisation agricole a également modifié la physionomie du bâti : des bâtiments modernes ont vu le jour tandis que les anciens, devenus inadaptés, étaient abandonnés ou reconvertis en résidences secondaires. La généralisation de l'agriculture productiviste a favorisé l'uniformisation des paysages par la création de vastes blocs de cultures dans les régions de plaine comme le bassin parisien.

Le **bocage** désigne le paysage rural formé par des parcelles agricoles dont les limites sont marquées par des haies végétales.

Le **parcellaire** désigne le découpage des parcelles agricoles.

À l'inverse, dans les régions aux potentialités agronomiques moins favorables, des terres sont abandonnées : la **SAU** couvre aujourd'hui

La **surface agricole utile (SAU)** désigne la superficie utilisée par les agriculteurs pour la production agricole. Elle regroupe tous les types de terres (arables, vignes, surface en herbe…).

un peu plus de la moitié du territoire français, moins de 27 millions d'hectares contre 36 millions d'hectares vers 1880. Dans les régions de montagne comme le Massif central, les sols les plus maigres et les pentes les plus fortes qui avaient été aménagées en terrasses pour subvenir aux besoins alimentaires sont délaissés. L'augmentation des rendements permet d'abandonner les terres les moins productives. À l'image du déclin de la population active agricole, la part de l'agriculture diminue dans le paysage. Suite à l'abandon des pratiques culturales, une végétation arbustive puis arborée, s'installe spontanément : c'est l'enfrichement. La **déprise agricole** entraîne l'apparition de **friches**. Celles-ci font l'objet d'une image négative car elles représentent l'arrêt de la mise en valeur des terres. Depuis les années 2000, des associations profitent de cette dynamique pour promouvoir des stratégies de ré-ensauvagement (ou rewilding) qui consistent à favoriser le retour d'une nature « sauvage » via des espaces sans intervention parfois couplés à des réintroductions animales.

Pour aller plus loin : lire cet article de Barraud *et al.*, 2019 https://journals.openedition.org/bagf/5141?lang=en#tocto1n2

Définitions

- **Déprise agricole :** abandon durable de l'activité agricole (culture ou élevage).
- **Friche :** parcelle ou bâtiment qui n'est plus utilisé (ou cultivé) et qui cesse d'être entretenu (friches industrielles, agricoles par exemple).

On appelle **périurbanisation** le processus d'étalement urbain autour des pôles urbains. L'espace périurbain n'est pas une couronne urbaine continue comme l'est la banlieue autour d'une commune-centre mais procède par grossissement de noyaux villageois situés plus ou moins du pôle urbain principal. Il s'agit donc d'un étalement urbain discontinu, alternant espaces pavillonnaires et espaces ruraux à dominante agricole. Les périurbains pratiquent des mobilités quotidiennes pour aller travailler dans le pôle urbain.

L'étalement urbain

La **périurbanisation** constitue le second facteur majeur de transformation des paysages dans la seconde moitié du XXe siècle. À partir des Trente Glorieuses, de nombreux ménages ont quitté les pôles urbains (commune-centre et banlieues) pour résider dans une maison individuelle, disposer d'un jardin et profiter d'un cadre de vie jugé plus favorable. La standardisation des méthodes de construction et la facilitation du crédit ont favorisé l'accès à la propriété encouragé par les pouvoirs publics. Aux États-Unis notamment, l'étalement urbain produit de vastes anneaux pavillonnaires quasi-continus, appelés espaces « suburbains ».

De nouveaux paysages constituent alors le cadre de vie d'une grande partie de la population : les paysages périurbains. Composés de lotissements pavillonnaires plus ou moins denses mais aussi de zones d'activités et de commerces et d'échangeurs routiers reliant les habitants à la ville, ces paysages sont pointés du doigt par les médias et les praticiens de l'aménagement. Ils sont le symbole des dynamiques de l'extension de la ville (« étalement urbain ») et de la diffusion de l'habitat de plus en plus loin des centres urbains historiques. Les paysages périurbains sont associés à l'artificialisation croissante des sols ou encore la consommation des terres agricoles et naturelles (fragmentation des habitats, érosion de la biodiversité). Ils participent en effet à la banalisation des paysages mais revêtent en réalité une grande diversité (densité variable d'habitations, intégration plus ou moins forte du paysage rural antérieur, mixité des fonctions…). La densification urbaine est souvent présentée comme une stratégie efficace pour lutter contre l'artificialisation des sols mais celle-ci doit s'accompagner de précautions pour conserver la qualité des paysages résidentiels afin notamment de maintenir des espaces verts et espaces publics.

Finalement, l'ensemble de ces transformations a suscité une **demande sociale** vis-à-vis de la préservation de paysages diversifiés et de qualité. On observe un décalage entre le rythme d'évolution matérielle des paysages et les aspirations des habitants. Cette demande sociale s'appuie sur une sensibilité accrue des citoyens à l'égard de la qualité de leur cadre de vie et leur environnement, elle est néanmoins très difficile à qualifier du fait de l'hétérogénéité des représentations.

La **demande sociale** caractérise les attentes des populations.

III. Le paysage, une ressource qui évolue

Le paysage constitue une véritable ressource▸ territoriale utilisée comme vecteur de développement local. Si l'attractivité des paysages est l'un des principaux moteurs du tourisme, elle stimule aussi d'autres activités.

▸ Voir Chapitre 4.

1. Une notion indissociable de la dimension esthétique et d'une échelle de valeur

■ De la campagne maîtrisée, symbole de prospérité…

La peinture occidentale livre une chronologie instructive sur l'évolution des valeurs portées par les contemporains sur leur environnement. L'art médiéval est quasi exclusivement tourné vers des sujets religieux, reflet d'un monde dont les principes explicatifs se trouvent dans les textes sacrés. Puis le paysage devient un genre autonome : il cesse d'être le simple décor de scènes bibliques ou historiques. Les premières représentations laïques de la nature peintes au Moyen Âge mettent en valeur une campagne maîtrisée. Symbolisée par des scènes de travaux agricoles, celle-ci procure la prospérité.

Le paysage, allégorie des modèles de gouvernance du monde

La fresque d'A. Lorenzetti peinte à Sienne au XIVe siècle, intitulée *Allégorie du bon et du mauvais gouvernement*, est un exemple d'utilisation picturale du paysage pour délivrer un message politique : elle oppose une campagne toscane synonyme de sécurité et de richesse garantie par un gouvernement respectant les vertus nécessaires à la vie en société (justice, paix…) à la désolation de friches et de scènes de pillages résultant d'un gouvernement marqué par la fraude, la trahison et l'avarice.

À la production de richesses, s'ajoutent aujourd'hui d'autres grilles de lecture du bon modèle de gouvernance du territoire. Ainsi, les images qui accompagnent la mise en œuvre des services écosystémiques, comme la ville éponge (restauration de zones humides, désimperméabiliserions des sols), constituent un exemple de l'affirmation de principes de gestion écologique et donc d'une nouvelle grille d'appréciation des paysages.

L'affirmation du paysage dans la peinture coïncide avec le développement d'activités profanes (commerce, finances) et l'émergence d'élites urbaines qui commencent à investir dans l'agriculture. L'amélioration de la connaissance scientifique de la nature s'accompagne de capacités techniques nouvelles pour l'aménager. De nouvelles terres sont ainsi conquises pour l'agriculture (pentes aménagées en terrasses, marécages drainés, landes défrichées, secteurs irrigués) et les innovations agronomiques permettent d'intensifier les rendements progressivement jusqu'au XVIIIe siècle. Les paysages valorisés, les « beaux » paysages, sont alors ceux de la campagne ordonnée et productive. Les polders en Hollande ou le bocage anglais sont synonymes du développement de l'élevage tandis que les paysages difficiles à valoriser, comme les landes ou les marais, sont disqualifiés car inutiles, voire effrayants, (cas de la haute montagne). La vision dominante est utilitaire et rationnelle : le paysage est évalué selon sa productivité et sa fonctionnalité dans la culture occidentale.

… à l'affirmation d'une demande sociale vis-à-vis des paysages « remarquables »

D'autres regards sur le paysage se développent à partir du XVIIIe siècle en Angleterre et en Allemagne d'abord. Le romantisme se diffuse au cours du XIXe siècle en Europe et propose un nouveau rapport, plus sensible, à la nature. Les artistes, J.-J. Rousseau ou C.D. Friedrich par exemple, rendent compte de leur expérience individuelle du paysage en tant qu'objet esthétique. Ils s'intéressent à l'immensité et au caractère infini de la nature et se tournent vers des paysages plus tourmentés, et jusque-là délaissés, comme le littoral ou la montagne. De nouveaux modèles paysagers s'affirment, le sublime et le pittoresque (inspiré du monde rural), qui vont imprégner la société tout entière.

De nouvelles pratiques voient le jour : elles sont d'abord réservées aux élites. Les jeunes des plus hautes classes de la société européenne effectuent un long voyage, le Grand Tour (XVI-XVIIIe siècles), durant lequel ils visitent des grands sites de ruines et des paysages naturels qui vont marquer l'imaginaire des voyageurs. Les peintures de Claude Gellée, dit Le Lorrain, expriment un monde urbain en ruines repris par une « nature » toute-puissante.

Cet intérêt se développe aussi, alors que le monde urbain gagne du terrain et que la révolution industrielle, suivie de la révolution agricole, a transformé les paysages depuis le XVIIIe siècle et de manière accélérée dans la seconde moitié du XXe siècle. Depuis les années 1970, l'intérêt pour les paysages est également empreint de préoccupations environnementales. Le regard sur la modernité a profondément changé : on s'efforce par exemple d'enterrer les lignes électriques alors que celles-ci s'affichaient avec fierté sur les cartes postales et affiches électorales jusqu'en 1965 et 1981. Des recommandations sont formulées pour mieux intégrer les nouvelles constructions (hangars agricoles, bâtiments des zones d'activités ou commerciales, infrastructures routières) : on a d'abord cherché à les masquer derrière des haies végétales alors que le choix de matériaux et de styles architecturaux plus qualitatifs est aujourd'hui encouragé pour respecter l'identité des lieux.

2. La mise en valeur des paysages

À la fin du XIXe siècle, l'« excursionnisme » marque les débuts des pratiques de loisirs de la bourgeoisie urbaine : les stations thermales, balnéaires et de montagne, deviennent le lieu d'excursions et de pratiques sportives renversant l'image associée à ces espaces, craints jusque-là. Le développement de l'automobile facilite les déplacements. Les paysages spectaculaires deviennent objet d'intérêt pour les sensations qu'ils procurent. Créé en 1890, le Touring Club de France participe ainsi pendant un siècle à la promotion des beaux paysages (installation de panneaux de signalisation routière, goudronnage des routes, édition de guides) que les touristes devenus plus nombreux avec l'instauration des congés payés en 1936 en France, puis l'augmentation des temps de loisirs, visitent en masse.

Le saviez-vous ?
En 1963, l'État lance le plan Racine pour développer le littoral méditerranéen : outre la démoustication, il soutient de grandes infrastructures d'hébergement.
Entre 1964 et 1977, les plans Neige visent la création de stations de sports d'hiver. Ces stations *ex nihilo* sont aujourd'hui décriées.

L'augmentation des flux touristiques a des répercussions très concrètes sur la dimension matérielle des paysages. Dans la seconde moitié du XXe siècle, des aménagements touristiques lourds se développent sur les littoraux (côte Languedocienne par exemple) ou en montagne (création de stations de ski *ex nihilo*) et les infrastructures de transport se multiplient, participant à la modification des paysages ruraux. La multiplication des complexes hôteliers le long des côtes des destinations balnéaires sur le pourtour de la Méditerranée a par exemple profondément bouleversé les paysages littoraux devenus moins attractifs. Le maintien des qualités paysagères est aujourd'hui rendu difficile par la surfréquentation de certains sites.

L'exemple du tourisme montre que le paysage peut donc être « consommé » par celui qui l'utilise, qu'il s'agisse de la contemplation ou de la visite d'un lieu ou bien de la pratique de loisirs récréatifs de pleine nature par exemple.

À partir des années 1980, de nombreuses initiatives locales témoignent d'un recentrage sur les ressources territoriales. Les qualités paysagères sont alors mobilisées pour exprimer l'identité singulière d'un lieu (attractivité résidentielle et touristique), de produits (promotion des productions agricoles et du terroir) et ainsi se démarquer des régions voisines. Le paysage est progressivement reconnu comme un vecteur de développement local par les régions rurales restées à l'écart de la croissance économique et de la modernisation qui découvrent qu'elles sont riches d'un patrimoine singulier à valoriser (création de circuits: route des vins, route des moulins…). La reconnaissance de la spécificité des ressources locales s'inscrit souvent dans des démarches de labellisation qu'illustre par exemple le classement des vignobles de Saint-Émilion (France), Tokaj (Hongrie) ou Cinque Terre (Italie) au patrimoine mondial de l'UNESCO. Il s'agit de se distinguer pour définir l'authenticité du produit promu.

Cette valorisation peut aussi renvoyer à des enjeux identitaires, comme dans l'exemple du parc national de Yellowstone.

Yellowstone : un paysage préservé pour le tourisme et l'identité nationale états-unienne

La création du Parc national de Yellowstone aux États-Unis en 1872 vise non seulement à préserver des paysages « naturels » mais aussi un site renfermant des paysages exceptionnels qui vont faire très vite l'objet d'une mise en tourisme. Située dans les Rocheuses, la vaste région du Yellowstone constitue une étape stratégique sur la route vers le Pacifique. La Northern Pacific Railway a mis en place la seconde ligne transcontinentale des États-Unis reliant les Grands Lacs au Pacifique mais aussi financé l'expédition Washburn qui a découvert la région de Yellowstone en 1870. Le paysage se trouve très vite sur les affiches de promotion de la compagnie ferroviaire qui aménage une halte touristique au cœur du parc. Les parcs américains sont avant tout des lieux touristiques (près de 2,5 millions de visiteurs/an à Yellowstone). Outre le caractère grandiose des paysages, leur attractivité repose aussi sur une dimension identitaire : les paysages préservés de l'Ouest américain sont des témoins de l'histoire des colons et du mythe de la frontière.

IV. Politiques publiques et paysage

Utilisé comme ressource et objet de transformations rapides et profondes depuis la seconde moitié du xxe siècle, le paysage fait l'objet d'une attention croissante de la part des pouvoirs publics. Il s'agit de préserver la qualité des paysages les plus renommés puis de ceux reconnus comme attractifs. La notion fait également référence à un projet politique et économique de mise en valeur des territoires.

Le saviez-vous ?
En 2024, les « beaux paysages » représentaient 4 % du territoire national : 2 700 sites classés et plus de 4 500 sites inscrits.

1. La protection des « beaux » paysages

Le constat d'abandon d'un certain nombre de sites et les conséquences d'une fréquentation croissante des hauts lieux touristiques suscitent une prise de conscience progressive par la société de la valeur patrimoniale des paysages dits « remarquables ». Alors que les monuments historiques (châteaux, édifices religieux) bénéficient d'une loi visant leur protection depuis 1887, la loi du 21 avril 1906 (dont la forme définitive est la loi du 2 mai 1930) marque l'élargissement du patrimoine aux paysages. Cette loi vise le maintien en l'état de tous les « monuments naturels et sites dont la conservation ou la préservation présente, au point de vue artistique, historique, scientifique, légendaire ou pittoresque, un intérêt général ».

Deux niveaux de protection se distinguent : l'inscription pour les sites d'intérêt régional et le classement, plus restrictif, pour les sites d'intérêt national. L'objectif est de préserver ces sites de toute atteinte. Il s'agit aussi bien de sites ponctuels (points de vue, cascades) que de sites couvrant de vastes surfaces (île de Bréhat, massif du Mont-Blanc, forêt de Fontainebleau, gorges du Tarn). En 1943, la protection des monuments historiques intègre les abords : un périmètre de 500 mètres est ajouté. Il s'agit de contrôler les transformations à l'intérieur du champ de visibilité.

Au cours de la seconde moitié du xxe siècle, d'autres mesures tendent à renforcer la protection des paysages remarquables même si elles ne citent pas spécifiquement la notion de paysage. La création des parcs nationaux en 1960 participe à la protection des paysages exceptionnels des montagnes alpines et pyrénéennes, du littoral méditerranéen ainsi que des territoires outre-mer. Le littoral bénéficie par ailleurs de la création en 1975 du Conservatoire du Littoral qui vise à préserver le linéaire côtier (1 450 km de rivages, soit 13 % du linéaire, sont aujourd'hui concernés).

En 1985-1986, les lois Montagne et Littoral renforcent la protection des territoires emblématiques de haute montagne et de bords de mer.

Ces lois ont pour objet de concilier développement et protection dans des territoires spécifiques : il s'agit notamment d'encadrer l'urbanisation de ces zones afin d'éviter les opérations massives réalisées sur la côte languedocienne ou les stations de ski créées ex nihilo qui ont pu défigurer les paysages. Les opérations Grands Sites visent, elles, à assurer la conservation des sites classés au titre de la loi de 1930 qui constituent des hauts lieux touristiques (pointe du Raz, pont du Gard, cirque de Gavarnie…). Le tourisme de masse menace l'intégrité de ces sites : il s'agit de réguler la très forte fréquentation afin de préserver l'attrait du site. Pour cela, des actions de reconquête paysagère sont menées et des solutions sont mises en œuvre pour encadrer la fréquentation (stationnements à distance, régulation des flux…).

À l'échelle mondiale, l'UNESCO labellise depuis 1972 des sites présentant une valeur universelle exceptionnelle justifiant leur inscription sur la liste du patrimoine mondial (ou patrimoine de l'humanité). Initialement, les sites catalogués relèvent du patrimoine naturel : les premiers sont par exemple le parc de Nahanni et de Yellowstone en Amérique du Nord. Depuis 1992, l'UNESCO intègre également des biens culturels définis comme des « œuvres conjuguées de l'être humain et de la nature, ils expriment une longue et intime relation des peuples avec leur environnement » : le Val de Loire a été intégré au patrimoine mondial à ce titre.

2. La reconnaissance des paysages « ordinaires »

C'est dans les années 1990 que les politiques publiques s'intéressent véritablement au paysage en dehors des espaces exceptionnels. Le qualificatif « ordinaire » ne doit pas être appréhendé de manière péjorative. Les paysages ordinaires désignent par défaut les paysages qui ne sont pas exceptionnels ou remarquables. Ils constituent le cadre de vie de la grande majorité de la population (lieux de résidence, lieux parcourus lors des navettes quotidiennes domicile-travail, lieux industriels, etc.). Ces paysages du quotidien sont aussi bien ruraux qu'urbains.

En savoir plus sur les effets de la Loi de 1993 avec le dossier paru en 2013 dans la revue Projets de paysage : https://journals.openedition.org/paysage/11888

Plan local d'urbanisme (PLU) : anciennement « plan d'occupation du sol » (POS), le PLU détermine à l'échelle communale les espaces constructibles et non constructibles et définit les règles d'urbanisme. Depuis 1993, il doit inclure un diagnostic paysager.

Schéma directeur d'aménagement et d'urbanisme (SDAU) : document fixant les règles d'urbanisme opposables aux tiers à l'échelle supra-communale. Il est aujourd'hui remplacé par les SCoT (schéma de cohérence territorial).

À l'échelle nationale (en France) : l'intégration du paysage dans les stratégies d'aménagement

Jusque dans les années 1960, ce sont des logiques protectrices qui guident la politique du paysage. Des politiques régulatrices vont ensuite voir le jour. Elles visent à encadrer les évolutions du paysage. Il s'agit par exemple des règlements d'urbanisme (**PLU**, **SDAU**) qui, depuis 1967, visent à maîtriser l'urbanisation. Finalement, en 1993, paraît la loi sur la protection et la mise en valeur des paysages, dite loi Paysage. Elle modifie les dispositions législatives en matière d'enquête d'utilité publique en obligeant à une meilleure concertation autour des projets d'aménagement. Elle oblige à intégrer dans les dépôts de permis de construire une étude de l'insertion des constructions dans l'environnement et de leur impact visuel dans le but de préserver la qualité paysagère des campagnes lors des opérations de remembrement par exemple ou des abords de villes lors de la création de rocades ou de zones d'activités. Elle rend systématique la prise en compte du paysage dans les décisions d'aménagement du territoire, en mettant un accent particulier sur les paysages ordinaires.

La loi Paysage étend les ZPPAUP (zones de protection du patrimoine architectural, urbain et paysager) mises en œuvre pour protéger des quartiers et des sites à valeur esthétique ou historique. Elles ont été remplacées en 2015 par les aires de mise en valeur de l'architecture et du patrimoine (AVAP), puis par les sites patrimoniaux remarquables (SPR) en 2016.

Il est possible de consulter sur le site « Objectif Paysages » du ministère de la transition écologique et de la cohésion des territoires plusieurs ressources : atlas de paysage, observatoires photographiques du paysage et plans de paysage. Richement illustrés, ces derniers constituent des documents utiles à consulter. Voir https://objectif-paysages.developpement-durable.gouv.fr/.

La loi Paysage impulse la mise en œuvre d'un certain nombre d'outils, volontaires, en faveur d'une meilleure prise en compte des paysages. Elle marque ainsi un glissement d'une analyse des grands paysages, des grands sites touristiques vers le « tout » paysage. Depuis les années 2000, la France s'est ainsi dotée d'atlas de paysage : réalisés à l'échelle départementale ou régionale, ce sont des outils de connaissance proposant un état des lieux (identification d'unités paysagères) et un inventaire des enjeux (dynamique et tendances prospectives). L'action sur les paysages s'appuie, elle, sur la rédaction de plans de paysage le plus souvent à l'échelle intercommunale. Il s'agit d'une démarche volontariste d'une collectivité qui vise à fixer des objectifs et un programme d'actions en termes de paysage pour un territoire. Lancés dans les années 1990, ils s'appuient sur une démarche partagée et concertée visant à définir un projet de territoire permettant la mise en valeur et la maîtrise de l'évolution des paysages.

■ À l'échelle européenne – préserver la qualité et diversité des paysages

La Convention européenne du paysage proclamée à Florence en 2000 par le Conseil de l'Europe est entrée en vigueur en France en 2006. Elle définit le paysage comme « une partie de territoire telle que perçue par les populations, dont le caractère résulte de l'action de facteurs naturels et/ou humains et de leurs interrelations ». Il est affirmé qu'il constitue « partout un élément important de la qualité de vie des populations : dans les milieux urbains et dans les campagnes, dans les territoires dégradés comme dans ceux de grande qualité, dans les espaces remarquables comme dans ceux du quotidien ».

Comme la loi Paysage de 1993, la Convention européenne du paysage ne s'intéresse pas qu'aux seuls paysages remarquables mais vise le maintien de la qualité des paysages qualifiés d'ordinaires car ces derniers participent au bien-être des populations et à la qualité de leur cadre de vie. Le texte de la Convention européenne du paysage « rompt avec au moins un siècle de conception protectionniste du paysage pour l'élargir aux paysages du quotidien et dépasser le simple cadre des paysages remarquables », comme l'explique Y. Luginbühl.

Alors que la banalisation des paysages est dénoncée et que le contexte de mondialisation renforce les volontés de se démarquer et de retrouver une identité, l'objectif est de « préserver durablement la diversité des paysages ». Il s'agit d'accompagner l'évolution des paysages. Pour cela, trois types d'actions sont distingués :

- La protection correspond à des actions de conservation visant le maintien des traits distinctifs d'un paysage caractérisé par une forte valeur patrimoniale.
- La gestion vise à guider et harmoniser les transformations paysagères induites par les évolutions des activités humaines.
- Enfin, l'aménagement comporte une dimension prospective correspondant à la création de paysages. Les politiques publiques en faveur du paysage visent de plus en plus à prendre en compte les attentes des populations afin de déterminer les objectifs de qualité en concertation avec les habitants.

■ Le paysage au service de la transition écologique ?

Enfin, en France, la loi Climat et Résilience, du 22 août 2021, introduit des dispositions importantes pour la protection et la prise en compte du paysage dans le cadre de la lutte contre le changement climatique et la transition écologique. Elle prévoit un renforcement de la lutte contre l'artificialisation des sols. L'objectif est de réduire de moitié le rythme d'ici à 2023 via notamment la densification urbaine et la réhabilitation des friches. Elle encadre l'impact paysager du développement des énergies renouvelables afin d'éviter de perturber les paysages par l'installation de parcs éoliens ou d'installations solaires.

Le paysage fait figure d'outil de dialogue pertinent pour associer les habitants à la mise en œuvre de solutions d'aménagement ou de préservation de l'environnement. Sa portée opérationnelle s'appuie sur son échelle locale (expérience directe et sensible de l'environnement) et sa dimension temporelle propice à la prospective (imaginer des scénarios). Parce qu'il ne nécessite pas un langage technique, il constitue un médium pertinent pour faire le lien entre les matérialités, les processus écologiques, les perceptions et les décisions d'aménagement.

Conclusion

Parfois critiqué pour sa polyphonie (diversité de significations), le paysage est un objet central en géographie dont l'intérêt tient à sa capacité à questionner les relations des hommes à leur environnement de manière plurielle et dynamique. Défini comme le résultat non intentionnel des activités d'une société à un moment donné, le paysage est marqué par une trajectoire : ses formes matérielles changent au cours du temps, selon les usages que font les sociétés de leur environnement. L'attention s'est longtemps portée sur les seuls paysages remarquables, objet d'une mise en tourisme et d'une protection forte. Aujourd'hui, ce sont l'ensemble des paysages, dits ordinaires, qui constituent le cadre de vie de la population qui font l'objet de préoccupations quant au maintien de leur diversité et de leur qualité. Ainsi, les paysages périurbains, composés de lotissements pavillonnaires, de voies rapides et de zones commerciales, ou les paysages uniformisés de l'agriculture intensive constituent de nouveaux paysages. Or, ces formes nouvelles ne coïncident pas toujours avec les attentes de notre société. La prise en compte des représentations du paysage permet de qualifier une demande sociale. Celle-ci est difficile à cerner du fait de la multiplicité des regards. Elle renvoie à des attentes esthétiques pour de « beaux » paysages, des considérations sensibles pour des paysages procurant du bien-être qui soient accessibles et propices à la contemplation et au repos, des critères écologiques pour des paysages respectueux de la biodiversité et de la santé des écosystèmes, mais aussi culturels pour des paysages emblématiques vecteurs d'une identité et d'un patrimoine collectif.

Si la montée en puissance des enjeux écologiques a fait passer le paysage au second plan, dans les objectifs des politiques publiques au profit de la biodiversité et de la lutte contre le changement climatique, le paysage a un rôle à jouer dans leur mise en œuvre. Sa double dimension, objective et sensible, et le caractère éminemment mobile et hybride en font en effet un outil de médiation particulièrement pertinent dans le cadre de l'essor des démarches participatives, puisqu'il peut être utilisé comme support de dialogue entre élus, habitants et spécialistes s'interrogeant sur le devenir d'un territoire. En tant que dimension visible, mais aussi sonore et olfactive, des territoires, le paysage constitue par ailleurs un mode privilégié de (re)connexion avec la nature, qui peut être investi pour rétablir des liens entre les humains et leur environnement (mais aussi entre les groupes) en créant des espaces propices au dialogue et à l'inclusion sociale. La prise en charge de la qualité des paysages ordinaires constitue ainsi un moyen de remédier à une crise relationnelle aussi bien sociale, environnementale qu'émotionnelle.

🕮 POUR ALLER PLUS LOIN

Visiter un atlas de paysage réalisés en France (https://objectif-paysages.developpement-durable.gouv.fr/carte-interactive-1?poi_atlas=1).

Sur la construction des représentations sociales du paysage en France et en Europe :

DAVODEAU H., 2023, *Pour le paysage : manifeste pour une didactique au service du territoire*, Genève, MétisPresses.

Sur les approches historiques du paysage :

DONADIEU P., PÉRIGORD M., BARRAUD R., 2012, *Le paysage : entre natures et cultures*, Paris, Armand Colin.

Corrigés en ligne

Tester ses connaissances

En prenant l'exemple de la forêt de Fontainebleau, reliez les rubriques ci-dessous :

Aspects du paysage	Éléments du paysage	Système associé
Paysage « cadre de vie »	Flore, faune, biomasse, biodiversité, grès, climat…	
		Sociosystème
Paysage « nature »	Peintres de Barbizon, chaos rocheux, site classé…	
Paysage « héritage »	Propriétaire foncier, ONF, plans de gestion, Natura 2000…	
		Écosystème
Paysage « territoire »	Domaine de chasse royale, histoire géologique…	
Paysage « ressource »	Sentiers balisés, escalade, renommée touristique, exploitation du bois…	
		Géosystème
Paysage « esthétique »	Pratiques récréatives, fréquentation, lieu public, souvenirs…	

Questions sur document

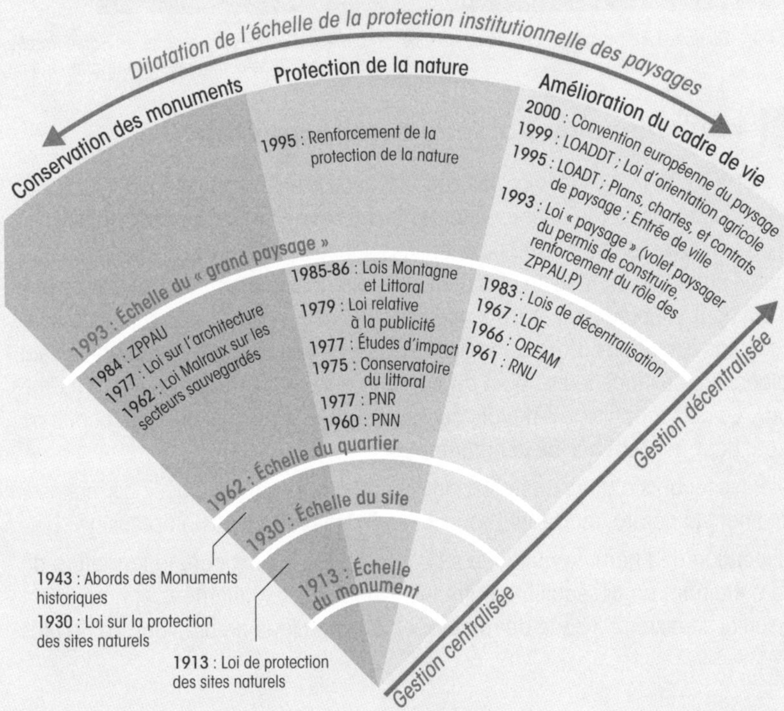

1. Quelles mesures réglementaires visent la **conservation** des paysages en l'état ? Quels sont les types de paysage concernés ?
2. Quelles mesures réglementent la **gestion** des paysages ? Quels sont les types de paysage concernés ?

Source : Davodeau H., 2002, *La sensibilité paysagère à l'épreuve de la gestion territoriale : paysages et politiques publiques de l'aménagement en pays de la Loire*, thèse de doctorat.

▶ Voir Méthodes p. 249, 253.

ÉTUDE DE CAS

La fermeture des paysages : entre évolutions des pratiques agricoles et perceptions de l'environnement

Doc. 1 Muhlbach sur Bruche au début du XXe siècle et en 2005

Source : *Le paysage, c'est l'affaire de tous, 20 années d'actions paysagères en Haute-Bruche*, communauté de communes de la Haute-Bruche.

Doc. 2 « Qu'entend-on par fermeture du paysage ? »

« Largement véhiculé par les médias, les pouvoirs publics et les scientifiques, approprié, semble-t-il, par la société, le phénomène des friches et de la *fermeture des paysages* devient, du milieu des années 1980 au début des années 1990, quasi philosophique… la peur de la nature, la peur de ne plus maîtriser notre environnement : "Le désert vert, voilà ce qui nous est prédit, en provenance des sources les plus diverses, monde agricole et citadins confondus. C'est la panique ! Des terres sans hommes qui produisent des avalanches, des incendies, la fin du paysage et celle de la nature par la même occasion". Le catastrophisme est alors décliné sur tous les plans, dans un conflit où s'opposent deux conceptions de la nature.

D'un côté, les tenants d'une nature humanisée, pour qui domine le désir de maîtriser non seulement la nature, mais tout l'espace, sont de loin les plus nombreux. […]

Cette disparition de l'homme nuirait alors à la diversité écologique, la fermeture du paysage entraînant un déséquilibre entre les dynamiques spontanées et humaines : "le lien social se distend, risque de rompre, et la dynamique anthropique va de plus en plus laisser libre cours à la dynamique de la végétation, dont l'effet risque d'être d'abord l'homogénéisation du milieu, et en conséquence une réduction de la diversité biologique" (Blandin, 1996) [...] frisant "l'horreur écologique".

Économiquement, ensuite, la fermeture des paysages nuirait directement au développement local par dégradation du cadre de vie. [...]

Sur les plans esthétiques et sensibles, enfin, les impacts peuvent être liés aux boisements autant qu'à la friche. [...]

De l'autre côté, les tenants d'une "nature naturelle" élèvent la voix en faveur des dynamiques naturelles ou, au moins, pour envisager une cohabitation. [...] D'autres insistent, d'une part, sur la chance offerte à la société de retrouver un idéal de "nature 'naturelle'" et, d'autre part, sur la nécessité de redonner sa place à la nature. [...] F. Terrasson, particulièrement, dénonce la « peur de la nature » et ce qu'il estime être un faux débat, puisque, selon lui, "ce n'est pas la friche qui menace l'agriculture, mais l'incohérence des politiques internationales. Arrêtons d'opposer la nature et l'exploitation agricole et réinventons un vieux mot ringard qui par bonheur est encore pour quelque temps encore au Petit Larousse. Vive la friche : vive le paysan !" »

Source : Le Floch S. et Devanne S., 2003, « Qu'entend-on par fermeture du paysage ? », Cemagref, ministère de l'Écologie et du Développement durable.

Doc. 3 Avantages et inconvénients de la proximité forestière selon les habitants du plateau des Millevaches, des Maures et des Vosges du Nord

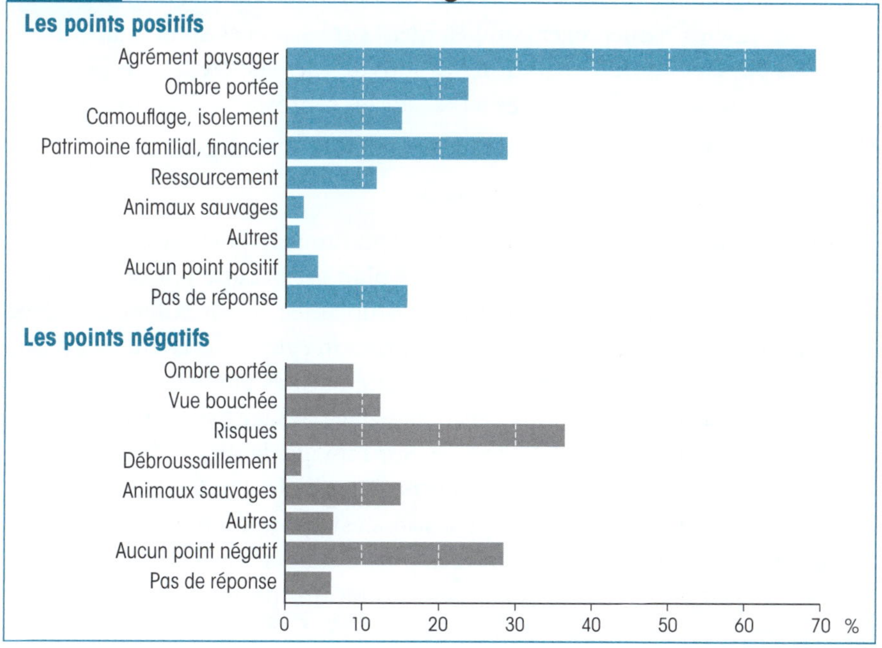

Source : Labrue C., 2009, *L'enfermement des habitations par la forêt*, thèse de doctorat.

ÉTUDE DE CAS

Présentation des documents

- **Doc. 1** Deux photographies prises au même endroit à Mulbach dans les Vosges au début du XXe siècle et un siècle plus tard.
- **Doc. 2** Histogrammes extraits de la thèse de C. Labrue qui a interrogé les habitants de régions de moyennes montagnes en France (plateau de Millevaches, Maures, Vosges du Nord) sur leur perception des paysages forestiers.
- **Doc. 3** Extrait d'un rapport réalisé par le Cemagref en 2003 sur la notion de fermeture du paysage.

Localisation

Les documents traitent des régions de moyenne montagne française qui ont subi une déprise rurale au cours de la seconde moitié du XXe siècle.

Objectifs de l'étude de cas

Il s'agit :
- de décrire le processus de fermeture des paysages ;
- d'observer comment ces paysages sont perçus par les populations.

Commentaire

Ce corpus invite à s'interroger parallèlement sur les processus de transformations des paysages dont l'évolution des activités des sociétés est responsable (abandon des pratiques agricoles ici) et sur les représentations suscitées par ces nouveaux paysages.

I. Le processus de fermeture du paysage

Le **doc. 1** invite à une analyse des transformations du paysage de Mulbach. Sur l'image la plus ancienne, le premier plan est occupé par des paysans occupés à faucher une parcelle de prairie complantée de pommiers. Le village se distingue au second plan par le clocher de son église et la cheminée d'une usine. À l'arrière-plan, le versant est occupé par des parcelles agricoles de petite taille dominées par des reliefs boisés. Ce paysage est le produit d'une activité agricole tournée vers l'élevage. Sur l'image de droite, le bourg s'est densifié et étendu au détriment de l'espace agricole. Du fait de l'abandon des pratiques culturales, une végétation s'est spontanément développée remplaçant les prairies par des friches puis des bois. En d'autres endroits, les prairies ont été remplacées par des plantations permettant de valoriser un patrimoine foncier (**doc. 2**). Le paysage s'est fermé.

II. Des représentations contradictoires de la friche

Le **doc. 3** révèle que les habitants ont une vision complexe des espaces boisés. Ceux-ci procurent des aménités mais aussi des désagréments. Tout semble une question d'équilibre. La forêt participe à l'intérêt paysager du site et permet de s'isoler des voisins mais elle peut nuire en bouchant les vues. Elle apporte l'ombre recherchée dans les jardins situés sur les versants exposés au soleil mais celle-ci devient pénalisante sur les versants non exposés au soleil. Elle constitue un refuge pour les animaux sauvages mais on craint aussi que les broussailles abritent des nuisibles ou que des incendies se propagent. Les représentations sont donc multiples et contradictoires.

III. La remise en cause du maintien systématique de paysages ouverts

- Malgré l'ambiguïté des représentations, des actions sont mises en place pour « rouvrir » ces paysages. Celles-ci consistent en des chantiers de débroussaillage ou la mise en œuvre de mesures agro-pastorales visant à rétablir le pâturage. Le maintien d'habitats ouverts vise également à préserver la biodiversité supposée plus forte que dans des espaces en friches ou boisées.
- Le **doc. 2** révèle d'autres stratégies. Deux visions s'opposent : d'un côté, les défenseurs d'une nature anthropisée et, de l'autre, ceux prônant une nature « naturelle ». Leurs arguments se fondent à la fois sur des critères économiques, écologiques et esthétiques. Les premiers voient en la friche le symbole de la perte de vitalité économique des campagnes et la diminution de la maîtrise de l'homme sur la nature. Ils plaident pour des milieux ouverts. À l'inverse, d'autres militent pour laisser la végétation spontanée évoluer sans contraintes. En réaction à l'intensification de l'agriculture et à l'artificialisation croissante des paysages, d'autres mettent en avant l'intérêt de préserver des espaces de « nature » dans lesquels les processus biophysiques évolueraient librement. Il s'agit de reconquérir des espaces à haut niveau de naturalité correspondant à l'imaginaire du sauvage📖.

📖 Voir Barraud R. et Périgord M., 2013, « L'Europe ensauvagée : émergence d'une nouvelle forme de parimonalisation de la nature », *L'Espace géographique*, n° 3, vol. 42.

Conclusion

Présentée comme un problème paysager à résoudre, la fermeture du paysage est controversée. Cet exemple illustre le décalage entre le rythme de transformation des paysages sur le terrain, fonction de l'évolution des usages des sociétés, et celui des représentations des individus. Le rejet de la friche témoigne de la difficulté à accepter les mutations induites par la modernisation agricole. Cet exemple révèle la coexistence de regards variés sur un même paysage. Ces représentations se traduisent dans l'action publique puisque des programmes sont menés depuis les années 1980 pour maintenir des paysages ouverts tandis que les associations naturalistes promeuvent depuis les années 2000 la libre évolution (c'est-à-dire la non-gestion).

▲ Dessin © Calvi. Dessin paru le site « 4D Encyclopédie du Développement Durable ».

Un constat, deux approches : face à l'épuisement de la Terre, les personnages de cette caricature utilisent un même vocabulaire pour des orientations opposées. Le premier personnage propose de restreindre la consommation des ressources pour protéger l'environnement, tandis que le second veut continuer à l'exploiter, considérant que c'est cette mise en valeur qui permettra de trouver des solutions techniques aux problématiques environnementales. Éthiques bio-centrée et éco-centrée sont ici représentées, avec des lectures antagonistes de ce que peuvent être le développement durable ou la transition.

CHAPITRE

7

Du développement durable aux transitions : la mise en récit des enjeux politiques de l'Anthropocène

PLAN DU CHAPITRE

I. Développement durable et transitions, deux expressions successives pour penser l'agir à l'Anthropocène

II. Le développement durable, objet d'analyse géographique

III. D'une notion l'autre : de la critique du développement durable à des transitions ambiguës

ÉTUDE DE CAS

Les écoquartiers

L'expression « développement durable » est apparue en 1987 dans un rapport intitulé « Notre avenir à tous », rédigé par la Première Ministre de Norvège, Gro Harlem Brundtland. Elle connaît une diffusion majeure à l'échelle internationale à compter du sommet de la Terre de Rio en 1992. Le développement durable y est défini comme ayant pour objectif de « répondre aux besoins du présent sans compromettre la possibilité pour les générations à venir de satisfaire les leurs ». Le développement durable entend concilier trois objectifs : la croissance économique, le développement social, et la préservation de l'environnement. D'un point de vue théorique, le développement durable est censé tenir ensemble, à égalité, ces trois objectifs. D'un point de vue graphique, le développement durable est ainsi souvent représenté comme l'intersection de trois ensembles (sphères économique, sociale, environnementale). Le terme de transition, quoique plus ancien, s'est progressivement imposé au fil des années 2010 dans l'action et les débats publics, en articulation avec le développement durable, voire comme un dépassement de ce dernier.

La transition s'entend comme un changement majeur, dans le cas présent pour intégrer dans le fonctionnement des sociétés les transformations de l'Anthropocène▸. Elle peut être considérée tout à la fois comme objectif et comme trajectoire. Il s'agit d'une dynamique qui peut s'appliquer à un secteur (par exemple, la transition énergétique▸) ou de manière plus générale.

▶ Voir Chapitres 1 et 2.

▶ Voir Chapitre 4.

Dans quelle mesure aborder ces deux notions suivant une approche géographique peut-il aider à comprendre leurs enjeux et limites théoriques et opérationnels ? En quoi ces notions, élaborées à l'échelle internationale ou *a minima* diffusées globalement pour penser des formes de résolution des grands problèmes planétaires, nous obligent-elles à nous interroger sur la place des territoires ?

I. Développement durable et transitions, deux expressions successives pour penser l'agir à l'Anthropocène

Au-delà des définitions proposées plus haut, les deux notions appellent plusieurs commentaires.

1. Une double solidarité, temporelle et géographique

Le développement durable implique une double solidarité, « verticale » entre les générations, et « horizontale » à l'égard des groupes et individus les plus fragiles au présent. Il faut cependant noter que le terme de « durable » est la traduction en français du terme « *sustainable* », qui faisait davantage référence à la construction de projets soutenables, qu'à leur temporalité. Lorsque l'on parle de transition, souvent sur des territoires identifiés, c'est bien pour évoquer une trajectoire dont les générations futures seront les principales bénéficiaires.

2. Des notions systémiques pour penser la complexité du monde

Le développement durable et la transition reposent tous deux sur des approches systémiques et transversales. En pensant ensemble les sphères économique, sociale et environnementale, le développement durable conduit les acteurs à prendre en compte les articulations, voire les interactions entre ces différentes composantes. Ainsi, penser l'agriculture suivant une problématique de durabilité invite à réfléchir aux implications environnementales (pollution, ou à l'inverse, soutien à la biodiversité), économiques (rentabilité des exploitations) et sociales (niveau de vie des populations agricoles, liens sociaux plus ou moins forts entre producteurs et consommateurs). Ce type d'articulation, même simpliste, peut aider à saisir la complexité des enjeux de chaque question, au risque de faire apparaître parfois des paradoxes : ainsi, certaines formes d'énergie ne sont guère durables par ce qu'elles induisent socialement (déplacement des populations dans le cas des grands barrages, renchérissement du prix des céréales dans les pays qui ont fait le choix de développer les bio-éthanols, etc.).

3. Vers une nouvelle gouvernance ?

À ces objectifs de fond s'ajoute une seconde ambition, celle d'un renouvellement profond de la gouvernance. L'élaboration du développement durable comme objectif s'est accompagnée d'une réflexion sur les modalités de participation des acteurs. L'information des acteurs, leur participation, et la mise en place de processus de concertation sont désormais présentées comme des préalables majeurs à ces objectifs de prise en charge des enjeux anthropocènes.

II. Le développement durable, objet d'analyse géographique

1. La construction globale d'un horizon commun

Les dernières décennies ont été marquées par l'émergence d'une prise en charge des enjeux environnementaux au niveau international, au-delà des politiques de protection de la nature stricto sensu. L'adoption de l'Agenda 21 lors du sommet de la Terre à Rio en 1992, qui recense 2 500 recommandations pour le XXIe siècle, fut l'un des premiers jalons de cette diffusion. La plupart des accords internationaux sur le climat (protocole de Kyoto en 1997 par exemple) ou sur la biodiversité s'inscrivent depuis explicitement dans cette logique ; de même, la notion de transition

L'article 2 débute par exemple ainsi : Chacune des Parties […] pour s'acquitter de ses engagements chiffrés en matière de limitation et de réduction […], de façon à promouvoir le développement durable, appliquent… »

est largement présente dans les rapports les plus récents du GIEC, tant pour évoquer les dynamiques physiques que l'objectif d'une transition juste. Au-delà des textes centrés sur l'environnement, plusieurs accords économiques et politiques internationaux évoquent cette ambition : les traités d'Amsterdam (1997) et de Lisbonne (2007) posent par exemple le développement durable comme objectif de l'Union européenne.

C'est donc d'abord et avant tout sur la scène internationale, par le biais de grands accords internationaux, que le terme de développement durable a été défini et s'est progressivement imposé comme un objectif décliné par la suite à diverses échelles et partout dans le monde. Le terme de transition, d'abord mobilisé autour d'initiatives urbaines rapidement mises en réseau, a de même connu une rapide diffusion internationale.

2. L'injonction à « penser global mais agir local »

Si la formule « think global, act local » est bien antérieure à celle de développement durable – on en attribue la paternité à Patrick Geddes, au début du XXe siècle – elle y a été largement associée. L'échelle locale apparaît en effet centrale dans la concrétisation des politiques de développement durable, et ce pour plusieurs raisons.

Fondamentalement, c'est l'échelle locale qui permet la plus grande mobilisation des populations, qui peuvent au contraire se sentir peu concernées par de grands objectifs à l'échelle globale, en apparence abstraits. Il est plus facile d'impliquer les acteurs dans la gestion de leurs déchets quotidiens que dans des gestes destinés à « sauver la planète » de manière très vague ! De même, nombre de projets dits de transition déploient un volet méthodologique reposant sur des initiatives locales partagées : c'est notamment le cas des « villes en transition » dont le modèle établi par Rob Hopkins repose sur un groupe initiateur qui entend construire un fonctionnement urbain plus autonome face à la raréfaction du pétrole. En outre, l'exigence de bonne gouvernance, qui participe pleinement du développement durable, peut apparaître plus aisée à mettre en place localement : concertation et participation se vivent d'abord à l'échelle des territoires de vie et de leurs enjeux.

Enfin, la complexité des liens établis entre enjeux sociaux, environnementaux et économiques est telle qu'il semble bien difficile de la saisir à une échelle globale : penser ensemble tous ces éléments ne semble guère possible que sur des territoires restreints, dont les acteurs et les enjeux sont bien connus.

Pour finir, c'est d'abord et avant tout à l'échelle locale que les enjeux sociaux parviennent à être pris en compte de manière effective.

3. Le développement durable, au cœur de l'aménagement opérationnel local ?

Conséquence de cette reconnaissance, le développement durable a été progressivement intégré aux documents opérationnels d'aménagement. C'est ainsi qu'en France, les Plans Locaux d'Urbanisme (PLU) et Schémas de Cohérence Territoriale (SCoT), mis en place par la loi Solidarité et Renouvellement Urbain en 2000, comportent désormais de manière impérative un Projet d'Aménagement et de Développement Durable (PADD), c'est-à-dire un document politique qui expose les orientations prises pour les années à venir, et oblige donc à réfléchir à l'échelle locale à ces articulations nouvelles. Ce document accompagne le rapport de diagnostic de la situation existante, et le règlement qui découle des orientations choisies dans le cadre du PADD.

Le développement de projets durables peut également se faire suivant des modalités contractuelles, qui reposent donc sur le volontarisme des acteurs locaux : les agendas 21 locaux ou les chartes des parcs naturels régionaux en sont deux exemples.

III. D'une notion l'autre : de la critique du développement durable à des transitions ambiguës

1. Un discours de la durabilité objet de nombreuses critiques

■ Les objectifs parfois divergents du développement durable

Comme le rappelle la caricature présente en introduction, le développement durable entend penser ensemble – et rendre compatibles – des orientations longtemps restées fondamentalement divergentes. Pour certains, le développement durable s'entend comme une légère inflexion d'objectifs qui restent centrés sur la croissance économique ; pour d'autres, le développement durable exprime la priorité laissée aux actes en faveur de l'environnement ; les derniers le lisent comme une obligation nouvelle d'intégrer les préoccupations sociales à la définition des objectifs économiques et des politiques de protection de la nature.

De même, on peut opposer les partisans d'une durabilité forte, qui interdit toute altération du capital naturel, et les tenants d'une durabilité faible, qui repose sur l'idée d'une substitution entre le capital créé et le capital naturel utilisé.

Bref, le terme ne lève pas un certain nombre d'ambiguïtés, au risque d'employer un même vocabulaire pour des objectifs distincts, voire opposés.

■ Les apories géographiques du développement durable

Si l'articulation entre global et local du développement durable n'est pas souvent discutée, elle apparaît pourtant très problématique. Le principe du « penser global, agir local » ne donne en effet guère de détail sur la nature de l'articulation entre ces deux échelles de référence, et leur compatibilité avec la réalité des territoires. On pourrait penser que cette articulation fonctionne suivant un principe homothétique (une action, menée à l'échelle locale de manière identique, contribuerait alors à un grand objectif commun : en réduisant les émissions de gaz à effet de serre dans telle commune, on contribuerait à leur diminution globale). Pourtant, la réalité apparaît bien plus complexe, et se plie difficilement à cette vision fractale du monde dans laquelle une action, multipliée à l'infini, contribue à l'élaboration d'une politique identique à une échelle globale. Plusieurs raisons à cela.

Il est des situations où intérêts local et global sont clairement divergents. Le cas des forêts est à cet égard exemplaire : dans certaines régions de France (comme l'arrière-pays provençal) où les taux de boisement avoisinent les 70 %, la plantation de superficies supplémentaires en bois pourrait difficilement être considérée comme durable. Trouver un usage à ces vastes boisements nés de la déprise rurale et de faible qualité est déjà une gageure ; il n'y a guère de sens à ajouter des forêts supplémentaires à ces paysages déjà en cours de fermeture. Mais à l'échelle mondiale, la déforestation est une réalité▸ contre laquelle toute politique de développement durable doit s'élever. Comment articuler dans ces conditions deux conceptions de la forêt durable, tout aussi justes, mais divergentes entre échelle mondiale et locale? De la même manière, l'inadaptation des principes de la charte d'Aalborg (voir encadré) à certaines situations locales révèle des intérêts divergents. Ainsi, la sortie des politiques hygiénistes héritées du XIXe siècle, compréhensible dans l'environnement européen, au nom d'objectifs de restauration écologique et de renforcement du lien entre habitants et milieux, requiert des adaptations dans des contextes tropicaux où la réapparition de l'eau à ciel ouvert en ville peut entraîner une recrudescence des moustiques, a fortiori dans des agglomérations marquées par une forte mobilité des populations, et une connaissance inversement proportionnelle des risques liés à l'eau. En outre, l'injonction qui est faite aux acteurs « de terrain » de mener à bien une politique dont les objectifs ont été pensés à l'échelle globale est parfois mal vécue, et source d'une absence d'implication, voire d'oppositions locales fortes. L'exemple des politiques de la nature▸, qui opposent un intérêt d'échelle supérieure, nationale voire internationale, à des usages locaux est aussi révélateur des limites du « penser global, agir local ».

▶ Voir Chapitre 4.

▶ Voir Chapitre 5.

■ Des résultats difficiles à appréhender parmi de trop nombreux indicateurs sectoriels

Au-delà des objectifs se pose la question de l'évaluation, et des indicateurs choisis pour dresser un bilan des politiques de durabilité. Plusieurs problèmes se posent pour l'évaluation. Il s'agit en effet de mesurer à la fois les évolutions de chaque « sphère », mais aussi leur articulation plus ou moins réussie. Différents écueils sont progressivement apparus: ainsi, les premières tentatives de mesure du développement durable en France et dans l'Union européenne se sont soldées par le recours à un trop grand nombre d'indicateurs. La stratégie nationale de transition écologique vers un développement durable (SNTEDD) 2015-2020 contient par exemple un tableau de bord contenant 72 indicateurs d'évaluation, portant tout à la fois sur les enjeux écologiques en tant que tels, mais aussi sur l'avancée de la stratégie menée.

En outre, les tentatives de mesure sont rendues délicates par l'hétérogénéité des éléments sélectionnés comme indicateurs phare: les mesures recueillies portent à la fois sur l'évolution de l'empreinte carbone, l'évolution des oiseaux communs spécialistes, la part des énergies renouvelables dans la consommation finale d'énergie ou l'espérance de vie. Difficile dès lors de dégager une vision claire de la durabilité de l'espace analysé.

2. Des critiques croissantes face au développement durable

L'expression « développement durable » peut être dévoyée de son sens initial, au profit d'un objectif qui n'intègre en réalité que peu des autres préoccupations en théorie saisies par la notion. Le terme de « *greenwashing* » désigne les politiques d'entreprise et de territoires qui mettent en avant une durabilité en réalité assez contestable, parce que faisant peu de cas de dimensions environnementale et sociale pourtant mises en avant auprès des consommateurs. Les critiques se sont donc multipliées contre les discours sur le « développement durable », entendus comme une forme de propagande masquant difficilement le maintien d'un objectif très prioritairement tourné vers la production matérielle.

Une autre critique, moins radicale mais souvent portée aux discours de durabilité, tient à la faiblesse des articulations établies entre les sphères environnementale, sociale et économique. Nombre de documents, notamment de documents d'urbanisme, se contentent de rassembler des axes préexistants, souvent déséquilibrés les uns par rapport aux autres, voire divergents, autour d'un objectif affiché de durabilité. Même lorsque les acteurs cherchent réellement à établir une politique transversale, la tradition d'analyse sectorielle l'emporte encore souvent. C'est ainsi que nombre de PLU constituent davantage une juxtaposition des diagnostics dressés par les différents services techniques en charge de l'urbanisme, des transports, de l'environnement, etc., qu'une analyse transversale et partagée.

3. Face à ces critiques, la montée en puissance d'une approche par les transitions

La notion de transition est utilisée de longue date dans les sciences sociales, notamment pour comprendre les changements effectués par la « transition démographique », ou dans les « espaces en transition » de l'Europe médiane après la chute du mur de Berlin. Pour autant, c'est surtout à partir des années 2010 que le terme est utilisé de manière croissante, dans les travaux de recherche et dans l'action publique, face aux enjeux anthropocènes. La notion de transition permet en effet de prolonger en partie les objectifs du développement durable, en pensant plus explicitement des trajectoires, des dynamiques face à ces enjeux déjà présents.

La notion de transition doit donc s'entendre comme un constat mais aussi comme une projection, voire un projet. Elle offre l'intérêt d'une nécessaire réflexion de moyen ou long terme pour penser les nécessaires évolutions systémiques en matière d'énergie, de production, d'écologie et plus généralement de prise en charge des changements globaux en cours. Comme le développement durable, elle peut être pensée à l'échelle d'un territoire, suivant un cadre de pensée combinant approche géographique et historique.

Enfin, contrairement au développement durable, d'emblée adopté surtout par les sphères institutionnelles, et moins fréquemment par les sphères militantes, la notion de transition est de facto utilisée par un spectre plus large d'acteurs, depuis les instances politiques les plus établies (le ministère de l'environnement devient ainsi ministère de la transition écologique à partir de 2017) jusqu'aux acteurs locaux tels les tenants des « villes en transition » autour de Rob Hopkins.

4. Des risques partagés

Que l'on parle développement durable ou transitions, certains écueils sont identiques : le plus évident est probablement celui d'une inaction coupable derrière un discours volontariste, mais il en existe d'autres.

Les trois sphères du développement durable ou les différents qualificatifs accolés à la transition (énergétique, climatique, écologique, etc.) témoignent du même risque de fractionnement sectoriel pour des politiques qui sont précisément conçues initialement comme systémiques. La déclinaison des transitions dans toutes les politiques reproduit, d'une certaine manière, les mêmes travers que les objectifs de durabilité autrefois assignés à chaque secteur d'activité.

Par ailleurs, le développement durable, comme la transition, dit un horizon, derrière lequel peuvent se cacher des objectifs politiques et des mises en œuvre bien différentes : la diversité des approches de la transition énergétique en est un exemple, entre promotion des renouvelables ou maintien d'un mix donnant une large place au nucléaire. De même, l'enjeu de la ville anthropocène peut donner lieu à de multiples modèles et voies, depuis la ville durable définie dans la charte d'Aalborg de 1994 (encadré) jusqu'à la ville en transition, en passant par la ville compacte, la ville payant ses rejets sous forme de droits à polluer, ou encore la ville équitable du point de vue de ses prélèvements et rejets. De ces approches découlent des actions concrètes différentes, voire antagonistes, entre politiques de densification du bâti et développement de l'agriculture urbaine par exemple. Deux politiques peuvent donc servir une même trajectoire en proposant des mesures fondamentalement différentes, ce qui ne contribue ni à leur lisibilité, ni à leur efficacité à échelle globale.

FOCUS La charte d'Aalborg

La charte d'Aalborg, adoptée en 1994 par un ensemble de villes européennes, entend renverser les principes de la charte d'Athènes, rédigée quant à elle en 1933 sous l'égide du Corbusier, et dans une volonté de définition de la « ville fonctionnelle ». La charte d'Aalborg pose le développement durable comme principe central de leur réflexion et de leurs objectifs d'aménagement. Reposant sur la base d'une signature volontaire, la charte d'Aalborg constitue « un tournant urbanistique », qui se traduit concrètement par une modification sensible des projets d'urbanisme. Le tableau suivant, extrait lui aussi des travaux de C. Emelianoff, montre bien combien l'exigence affichée de durabilité peut avoir des transcriptions locales à rebours de soixante ans de pratiques d'aménagement et d'urbanisme.

Charte d'Athènes (1933)	Charte d'Aalborg (1994)
Principe de la table rase	Attitude patrimoniale Partir de l'existant et le mettre en valeur
Abstraction de l'architecture par rapport au contexte environnant (historique, géographique, culturel, écologique) Style international	Insertion du bâti dans un environnement multidimensionnel Diversité architecturale
Zonage	Mixité fonctionnelle et politiques transversales
Fluidification de la circulation Séparation des circulations	Réduction de la mobilité contrainte Reconquête de la voirie par tous les modes de transport
Urbanisme d'experts Géométrisation et rationalisation de la ville	Urbanisme participatif Singularité des réponses

Source : D'après Emelianoff C., 2002, « La notion de ville durable dans le contexte européen : quelques éléments de cadrage », *Cahiers français*, n° 306, vol. 71, p. 48-65 (https://www.cairn.info/revue-l-information-geographique-2007-3-page-48.htm).

Cette initiative est particulièrement intéressante, tant par ses contours que par ses limites. Parce que le développement durable global se joue largement en villes – celles-ci concentrant une part majeure de la consommation d'énergie fossile par exemple – et parce que ces initiatives offrent une visibilité positive aux espaces concernés, les autorités urbaines et métropolitaines se sont saisies de manière volontariste de ces questions. On sort donc d'une approche réglementaire, imposée, de l'action publique. Par ailleurs, la tension entre global et local est bien perceptible : est affirmée dans la charte d'Aalborg la prééminence des réponses singulières et locales, mais au service d'une démarche et d'un enjeu commun. Comment articuler ces deux tendances ? Enfin, les difficultés concrètes de mise en œuvre transparaissent rapidement : comment établir des politiques transversales et bâtir des espaces mixtes alors que les structures administratives et la ville préexistante sont dominées par la sectorisation fonctionnelle et le zonage ?

En outre, l'analyse géographique des politiques de développement durable et de transition laisse apparaître des formes de durabilité dite « importée ». Autrement dit, le territoire considéré peut s'afficher comme durable, mais c'est en réalité au détriment d'un autre territoire, voisin ou non. À l'échelle des États, nombre de politiques d'exportation des déchets relèvent de cette durabilité en trompe-l'œil :Ainsi, le démantèlement hors des frontières françaises du porte-avion Clemenceau entre 2003 et 2010 s'est soldé par une série de rocambolesques pérégrinations entre la France, le Royaume-Uni et l'Inde, de nombreuses associations écologistes s'élevant notamment contre un désamiantage du navire exposant les populations d'un pays en développement ou polluant des eaux hors du territoire d'origine du bateau. Les politiques de transition énergétique présentent aussi de fortes ambiguïtés, le développement des énergies renouvelables dans certaines régions d'Allemagne s'accompagnant, par exemple, d'une extraction massive du lignite pour maintenir des centrales à charbon, particulièrement discutables, dans d'autres.

Enfin, on peut s'interroger sur la valeur prédictive des deux discours : les politiques de développement durable et de transition peinent à intégrer l'incertitude dans les raisonnements suivis, au risque d'une lecture trop orientée vers un futur désirable, et finalement peu conforme à la réalité des trajectoires en cours. Le terme de transition peut suggérer l'idée d'une trajectoire linéaire, simple, et dont les contours sont d'ores et déjà bien cernés. La réalité est souvent bien plus complexe, comme le montrent, par exemple, les inflexions fortes en matière de transition énergétique face à des événements imprévus tels que la guerre en Ukraine à compter de 2022, qui modifie sensiblement l'approvisionnement en gaz du continent européen.

À RETENIR

- Le développement durable, défini comme un développement permettant de « répondre aux besoins du présent sans compromettre la possibilité pour les générations à venir de satisfaire les leurs », est devenu en l'espace d'une vingtaine d'années l'horizon de la plupart des politiques internationales et nationales.
- Des principes à la réalité, de nombreux écueils apparaissent, notamment dans l'articulation entre échelle globale du constat et échelle locale des actions. Les politiques territorialisées de développement durable reposent en outre parfois sur un report des nuisances et difficultés sur d'autres territoires, ce qui pose problème.
- Le développement durable a donc fait l'objet de critiques en impuissance, voire en hypocrisie (*greenwashing*). Les discours cherchant à penser l'action face aux enjeux anthropocènes ont progressivement davantage mobilisé le terme de transition à compter des années 2010, qu'elle soit assortie ou non d'un adjectif pour la qualifier (écologique, énergétique, etc.).
- La notion de transition permet de répondre à certaines des critiques formulées quant au développement durable, en pensant davantage les trajectoires et en introduisant l'idée d'un changement de paradigme d'action (le développement ne constitue plus un cadre préalable).
- Cependant, nombre de critiques demeurent : l'effort vers une gouvernance plus largement partagée apparaît souvent insuffisant ; la faible intégration de l'incertitude est souvent pointée ; le maintien de partitions sectorielles est également critiqué ; enfin, la diversité, voire l'incohérence des traductions territoriales de la transition apparaissent comme un gage de l'implication des acteurs locaux, mais aussi une limite forte de cette approche qui peine souvent à articuler grande et petite échelle d'action.

POUR ALLER PLUS LOIN

Afin d'approfondir la réflexion sur la dimension géographique de la notion de développement durable, et notamment la prise en compte de l'échelle locale, voici un article extrait d'un numéro spécial de revue qui peut faire utilement l'objet d'une fiche de lecture :

Theys J., 2002, « L'approche territoriale du "développement durable", condition d'une prise en compte de sa dimension sociale », *Développement durable et territoires*, dossier n° 1 (http://developpementdurable.revues.org/1475).

Corrigés en ligne

Questions sur document

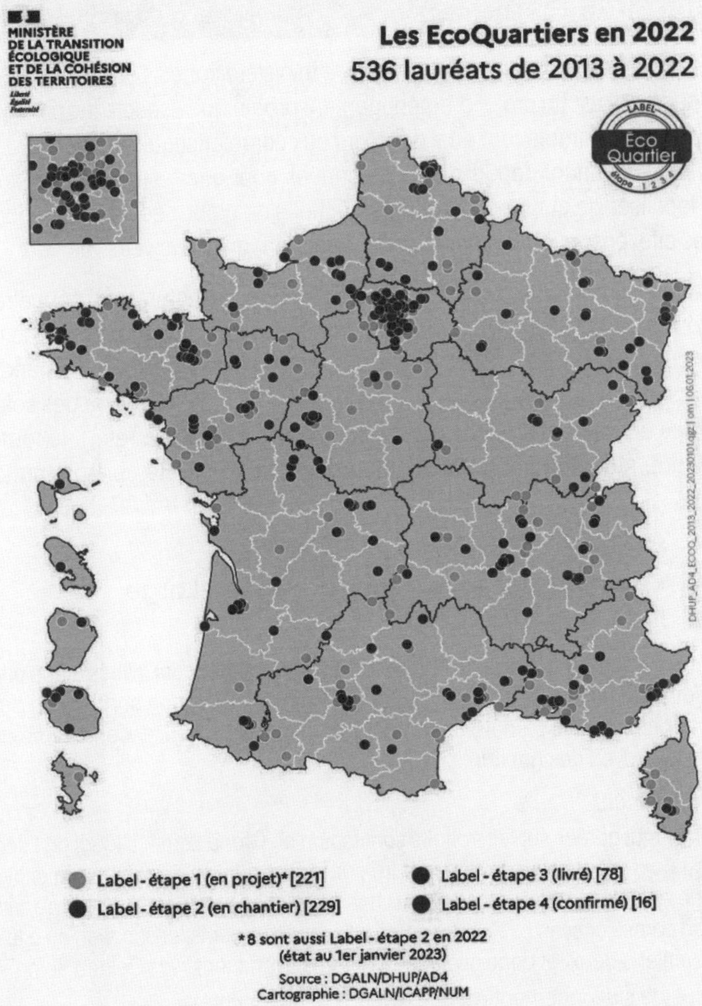

Source : © Ministère de la Transition écologique
(https://www.actu-environnement.com/ae/news/label-refonte-ecoquartier-2023-42018.php4).

À partir de cette carte recensant l'ensemble des projets labellisés ou en demande de labellisation écoquartier en France, analysez la classification proposée par le Ministère, et les localisations de ce type d'implantation. Peut-on dégager des logiques spécifiques dans l'apparition de ce type de démarches locales de durabilité ?

ÉTUDE DE CAS

Les écoquartiers

Les écoquartiers

Si l'on s'en réfère au label mis en place par le ministère français de l'Environnement, un écoquartier « est un projet d'aménagement urbain qui respecte les principes du développement durable tout en s'adaptant aux caractéristiques de son territoire ». Les termes foisonnent depuis quelques années pour décrire la multiplication des projets localisés de quartiers durables à l'échelle du globe : éco-districts, quartiers durables citoyens, quartiers basse consommation, quartiers verts, etc.

Cette variété sémantique s'explique par la diversité des lectures qui peut être faite de ces quartiers, et plus encore de leurs priorités. S'agit-il de promouvoir la mixité sociale et la participation avant tout – ce que laissent par exemple entendre les textes récents du ministère français du Logement – ou de faire vivre des solutions innovantes en matière de construction (bâtiments **BBC**, **HQE**, etc.), le tout dans une optique plus nettement écologique de limitation de la consommation de matériaux et de rejets carbonés ?

BBC : bâtiments basse consommation.
HQE : haute qualité environnementale.

Doc. 1 « Dunkerque : le quartier du Grand Large face à ses réalités »

« Ce mardi soir, les habitants du Grand Large (et de Neptune) sont invités à une première réunion des fabriques d'initiatives locales. Les motifs de grogne sont légion dans cet écoquartier qui, depuis sa naissance en 2009, a du mal à trouver son rythme de croisière. Le point avec des habitants.

Le stationnement

Les voitures mal garées sur les trottoirs sont légion au Grand Large. L'idéal de l'écoquartier conçu pour n'accueillir qu'une voiture par foyer est loin. "Personne n'a expliqué le fonctionnement du quartier aux nouveaux habitants", constate Anna Feugueure, vice-présidente du comité citoyen [...]. "Et vu le prix des appartements, en location ou à la vente, il faut travailler à deux, et donc avoir deux voitures", renchérit Yves Colaert, le président. Le manque de stationnement est une revendication récurrente. [...]

L'environnement

Là où une jolie jachère fleurie pourrait faire l'affaire, la verdure est représentée par... des mauvaises herbes : "On ne demande pas des espaces verts au cordeau, mais au moins un petit coup de tondeuse pour que ce soit propre. On nous avait dit qu'il fallait patienter deux ou trois ans avec les travaux, mais là, ça fait cinq ans", se plaignent des « anciens » du Grand Large. "Les friches deviennent des décharges."

"Tout le monde doit faire des efforts", constatent les représentants du comité, qui souhaitent que les bailleurs sociaux mettent "un référent par résidence".

Les sacs-poubelle éventrés au pied des containers à ordures enterrés ne sont pas non plus du plus bel effet. La faute à un manque de civisme, mais aussi d'explication sur le fonctionnement du quartier, ainsi que de… corbeilles à déchets, jugent-ils.

L'accès au quartier

Depuis deux ans, les bus ne passent plus au cœur du Grand Large mais s'arrêtent à L'Escale. Certains habitants ne seraient pas contre une navette, comme celle qui dessert le quartier vers la digue et Malo, l'été.

Pour désenclaver le quartier, certains demandent aussi la construction du pont du Grand Large, un projet pour l'instant mis en stand-by.

Les aménagements

Les commerces se font attendre […]. Le comité citoyen propose encore la création d'un city stade ou d'un espace sportif en extérieur sur une friche, et une réflexion « avec les habitants sur l'aménagement du parc urbain ».

Fabriques d'initiatives locales Neptune – Grand Large, ce mardi, à 18 h 30 à l'auberge de jeunesse L'Escale. Ouvert à tous. Accueil pour les 3-12 ans. »

Source : *La Voix du Nord*, 8 juin 2015 (disponible sur : www.lavoixdunord.fr/archive/recup%3A%252Fregion%252Fdunkerque-le-quartier-du-grand-large-face-a-ses-realites-ia17b47588n2874237).

Doc. 2 Des non-dits normatifs des écoquartiers

« En adoptant une […] vision cohésive et hygiéniste du quartier, cette approche systémique transforme premièrement toute pratique imprévue en action déviante, alors même que les contraintes quotidiennes liées à ce modèle durable porté par les acteurs publics n'ont pas été publicisées par les bailleurs et les promoteurs, qui rencontraient des problèmes de commercialisation.

Deuxièmement, elle intègre un ensemble de flux originaires de cet espace très diversifiés (ventilation naturelle assistée, tri sélectif, stationnement, mixité, récupération des eaux pluviales, espaces partagés, chauffage urbain…) et difficilement comparables. Alors même qu'elle minimise dans le même temps les flux qui le traversent, et notamment les parcours biographiques, résidentiels et quotidiens, le contexte socio-économique local, etc.

Troisièmement, elle évacue la conception et les concepteurs qui ont mis en place ce "système", mais n'omet pas d'y insérer en revanche des habitants qui ne maîtrisent pourtant ni les choix retenus ni l'incertitude sur leur dénouement au quotidien.

Enfin, si la "forme" urbaine, en termes d'usage et de peuplement est novatrice, la gestion se résume de fait à un dialogue classique entre des habitants atomisés et des autorités centralisées, qu'il s'agisse de bailleurs ou de syndics privés.

Installé dans une mixité imposée et ne possédant aucun levier décisionnel partagé, chacun n'a d'autorité pleine ou relative que sur son logement, ce qui pénalise toute gestion collective de l'espace, alors que celle-ci semble indispensable compte tenu des fondements du projet et des tensions qu'ils devraient probablement engendrer, notamment en termes de séparation privé/public. »

Source : Boissonade J., « Le développement durable face à ses épreuves. Les enjeux pragmatiques des écoquartiers », *Espaces et sociétés*, 4, n° 147, p. 57-75 (disponible sur : https://halshs.archives-ouvertes.fr/hal-00710803/document).

Doc. 3 **Plaquette de présentation du quartier Grand Large**

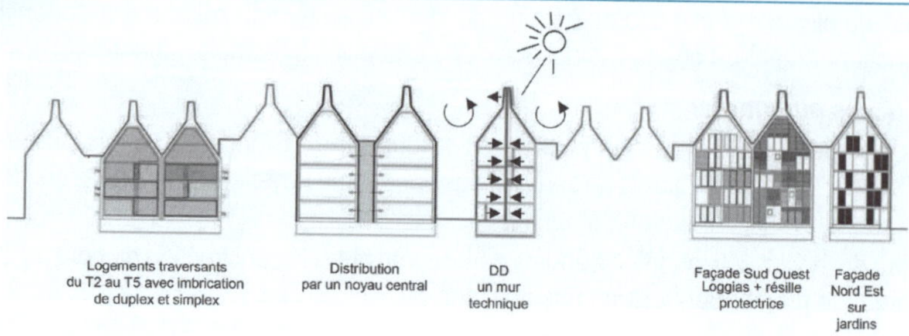

Une architecture à haute qualité environnementale

*L'**isolation périphérique** de tous les logements*
*Les immeubles à gables (collectifs) : **première opération française** réalisée avec une **ventilation naturelle assistée***
*Le raccordement des **collectifs** et intermédiaires au **réseau de chauffage urbain avec comptage individuel**.*
*Le **chauffage au gaz** pour les logements **individuels** avec production d'eau chaude sanitaire par **chauffe-eau solaires**,*
*La **récupération des eaux de pluies** pour l'arrosage des espaces verts publics et collectifs,*
*Les **toitures végétalisées** sur les logements individuels (hors toitures en pente),*

Et pour l'ensemble du Grand-Large :
*La priorité donnée aux **circulations douces**,*
*La collecte des déchets par **conteneurs enterrés**,*
*La mise en place du système **Hydrelis** (disjoncteur d'eau) sur les logements privés en accession et en location.*
***Domitil**. Fourniture d'accès internet haut débit par courant porteur à environ 10€/mois avec services spécifiques*
*La réalisation d'une **maison de quartier** en première phase.*

Source : www.ville-dunkerque.fr/fileadmin/user_upload/Grands-projets/2011/2011-GdLarge.pdf

Présentation des documents

Les documents présentés proviennent de sources variées et prennent des formes très distinctes.

- **Doc. 1** : C'est un texte journalistique extrait d'un quotidien régional, *La Voix du Nord*. Cet article annonce la tenue d'un conseil de quartier, et expose par la même occasion les différents griefs des habitants face à la conception de l'écoquartier, quelques mois après avoir emménagé.
- **Doc. 2** : Il s'agit d'un extrait d'un article scientifique portant sur le quartier grand Large. Au-delà de cette étude de cas, l'auteur entend mettre en évidence un certain nombre de difficultés plus générales de la mise en pratique des principes du développement durable.
- **Doc. 3** : Le document, constitué de textes et de schéma, est extrait d'une plaquette de présentation du quartier diffusée par la ville. Cette page expose l'ensemble des innovations techniques exploitées dans la construction des habitats du quartier, et les grands principes associés à ces éléments matériels.

Ces trois documents répondent à des motivations différentes : promotion du quartier (**doc. 3**), état des lieux des avis des habitants (**doc. 1**), analyse plus globale des ressorts des formes de mécontentement enregistrées (**doc. 2**). Il ne faut pas perdre de vue que les **doc. 2** et **3** sont des documents partiels, qui ne rendent pas compte de l'intégralité des arguments développés par leurs auteurs.

Localiser l'étude de cas : savoir contextualiser

La ville de Dunkerque, située dans les Hauts de France, est une ville portuaire, marquée historiquement par la présence de chantiers navals. Ceux-ci ont disparu en 1989, débouchant sur la constitution massive de friches, et déstructurant un tissu urbain jusqu'alors largement tourné vers la mer et les activités associées. Face à la crise économique et territoriale induite par l'abandon des activités navales, une succession de projets a vu le jour pour restructurer la zone. Un projet d'écoquartier, baptisé Grand Large, a progressivement été mis en place, et les premiers habitants ont pu éprouver au quotidien les principes de fonctionnement et l'architecture de cet ensemble qui se veut résolument innovant en matière de durabilité. Les projets de développement se poursuivent depuis 2010 (livraison de 125 nouveaux logements en 2025, création d'une voie douce végétalisée baptisée « Fil vert » reliant le quartier au centre, par exemple).

Objectifs de l'étude de cas : quelles informations extraire, quelle réflexion mener ?

Les différents documents invitent à deux niveaux distincts d'analyse et à leur confrontation :

- Tout d'abord, quelles sont les caractéristiques concrètes et les contraintes de ce quartier ? Le **doc. 3** évoque les grands axes architecturaux et fonctionnels du projet, tandis que le **doc. 1** relate les sources concrètes de mécontentement des habitants.
- Ensuite, que peut-on en déduire quant à la mise en pratique des principes du développement durable ? Peut-on généraliser à partir de cette étude de cas ?

Sélectionner et expliquer l'information

Du projet à la réalité, quels écarts peut-on mesurer ici ? Dans quelle mesure sont-ils révélateurs de difficultés plus générales de mise en pratique des principes théoriques du développement durable ?

I. L'écoquartier Grand Large : quelles ambitions ?

L'analyse des différents documents dessine les contours de ce projet local de développement durable. On relève dans ce projet d'écoquartier la grande place accordée à la dimension constructive, tant dans les paysages que dans les implications techniques des choix architecturaux effectués. La plaquette diffusée par la ville de Dunkerque insiste fortement sur le caractère innovant des constructions, notamment d'un point de vue environnemental. Les constructions proposées se veulent en effet vertueuses du point de vue de la consommation énergétique (chauffage urbain, qui, en l'occurrence, utilise la chaleur de récupération industrielle issue de l'usine ArcelorMittal à proximité ; panneaux solaires ; travaux d'isolation qui permettent de limiter les déperditions de chaleur) que de la ressource en eau (récupération des eaux pluviales pour les usages collectifs). L'importance accordée aux jardins, espaces verts, toitures végétalisées contribue à l'image de qualité environnementale du quartier. La référence à la maison de quartier – et plus largement dans la plaquette à l'ensemble des espaces publics – permet également d'insister sur la dimension sociale du projet, l'ambition collective qu'il est censé porter. Le registre de discours du texte est très technique pour exposer les principes de la durabilité dans un territoire sinistré par la désindustrialisation. Certains éléments sont en revanche évoqués de manière très rapide et peu détaillée : les circulations douces sont « privilégiées » mais pas décrites dans la plaquette de la mairie, qui mentionne aussi rapidement une « collecte des déchets par conteneurs enterrés ».

II. Difficultés concrètes

L'article de la *Voix du Nord*, publié en 2015, dresse la liste des récriminations des habitants du quartier après quelques mois sur place. Les principales critiques faites à l'écoquartier sont, tout d'abord, la faible urbanité de ce nouvel espace de vie, aujourd'hui sans commerces, transports en commun ni infrastructures sportives suffisants pour répondre aux besoins des habitants arrivés avant la réalisation de l'ensemble des éléments du projet. L'absence de gestion des espaces verts dans la phase constructive intermédiaire est également mal vécue par les habitants, qui décryptent les mauvaises herbes présentes comme signe d'une absence d'entretien et de gestion du territoire par les autorités municipales. Par ailleurs, les principes établis au cœur même du projet d'écoquartier ne vont pas sans poser problème à nombre d'habitants : ainsi, la pénurie volontairement organisée de places de parking cristallise toutes les critiques d'habitants souvent propriétaires de deux véhicules et opposés à l'idée de garer leur voiture à l'extérieur du quartier. De même, l'absence de collecte des déchets au nom du tri et d'un stockage en conteneurs enterrés débouche sur des décharges sauvages de la part d'habitants non préparés aux contraintes induites par cette démarche environnementale.

La gouvernance apparaît également en difficultés : plusieurs entités sont évoquées (fabriques d'initiatives locales, groupe informel « d'anciens du Grand Large », comité citoyen, etc.), et laissent apparaître des groupements multiples, multiformes, ainsi qu'une difficulté générale de l'ensemble des acteurs en présence à discuter des enjeux du quartier dans un cadre institutionnel pertinent.

III. Analyse des écueils locaux de la durabilité

Le **doc. 2**, extrait des travaux de J. Boissonade, permet d'analyser de manière approfondie les raisons de ce hiatus entre projet et réalisation. Autour de l'étude de ce cas précis, le scientifique met en évidence la place implicite conférée aux habitants dans le bon fonctionnement de ce quartier, dont les seuls aspects techniques ont été approfondis et mis en exergue par les promoteurs du projet, architectes comme autorités municipales. La difficulté de ces nouveaux habitants à intégrer les contraintes induites par ces innovations, essentiellement environnementales, contribue à leur mécontentement.

Un jeu défavorable des temporalités est également perceptible : le caractère inachevé du projet, perceptible dans le paysage comme dans l'offre de services, donne aux habitants l'impression d'une carence de gestion de la part des acteurs responsables (**doc. 1**).

En outre, l'absence de dialogue entre promoteurs du projet, instances gestionnaires « habituelles » des parcs de logements et habitants n'est pas sans impact sur la dégradation des perceptions du lieu (**doc. 1** et **2**).

De manière plus large, on relèvera l'absence quasi-totale de réflexion sur la dimension économique du projet : si celui-ci avait pour objectif de faire disparaître du tissu urbain les anciennes friches, il ne s'est pas accompagné d'un projet économique spécifique, de même que les activités de services n'ont guère été pensées comme prioritaires, alors même que les commerces font partie intégrante des éléments nécessaires à l'appropriation territoriale du lieu par les habitants.

Au total, la prééminence donnée à deux des trois sphères du développement durable (environnementale et sociale) débouche sur un projet en partie déséquilibré. Dans les faits, le projet proposé s'appuie sur nombre d'innovations techniques, notamment en matière environnementale (**doc. 3**), mais difficiles à mettre en œuvre faute d'une réflexion suffisante sur la gouvernance novatrice rendue nécessaire par de telles démarches, qui misent tout à la fois sur les actions individuelles dans un projet qui se veut collectif. On pourrait ajouter à ces difficultés d'autres éléments critiques, perceptibles de manière plus elliptique dans les documents : ainsi, l'évocation du tarif élevé des loyers (**doc. 1**), ainsi que le type de logements privilégiés (duplex, triplex) pourrait permettre d'évoquer l'hypothèse d'une certaine gentrification des lieux, à rebours de l'ambition affichée d'un quartier présentant une réelle mixité sociale.

MÉTHODES

La dissertation

Qu'est-ce qu'une dissertation ?

La dissertation est un exercice de raisonnement très codifié par lequel l'enseignant mesure la capacité d'un étudiant à identifier un objet de réflexion, à sélectionner les informations les plus pertinentes et à les articuler dans une démonstration convaincante.

Objectifs et enjeux de la dissertation

- Tout commence avec un intitulé de dissertation, dont la formulation est plus ou moins détaillée, qui invite à réfléchir sur une région, un type de territoire, un processus ou encore une notion géographique.
- De cet intitulé, l'étudiant doit dégager un questionnement à partir duquel il va établir une **démonstration** argumentée, appuyée par des **exemples** précis. Le premier enjeu d'une dissertation est ainsi de transformer l'intitulé en problème, une question qui va constituer le fil directeur de l'argumentation : c'est la **problématique**. Il est ensuite attendu de l'étudiant qu'il réponde au problème posé par une série d'arguments qui découlent les uns des autres. Le raisonnement doit ainsi conduire à la formulation d'une thèse en réponse à la problématique de départ.
- Une bonne dissertation doit par conséquent convaincre le lecteur que la thèse défendue est logique. La force de l'argumentation dépend de la capacité à structurer les étapes de la démonstration. Pour cela, il faut réfléchir plus particulièrement à l'**enchaînement des arguments**, *via* les transitions. Elles sont essentielles car elles explicitent les liens de cause, de conséquence, d'opposition, les paradoxes.

Exemples d'intitulés de dissertation

Problématique explicite (– à +)

- – Villes et campagnes en France
- L'organisation spatiale de la métropole parisienne
- Rôle et place des villes frontalières dans le système urbain nord-américain
- Les quartiers informels dans les villes du Sud : territoires de la pauvreté ou moteurs de l'urbanisation ?
- + La mondialisation entraîne-t-elle une recomposition spatiale des villes ?

Conseils et erreurs à éviter !

Un exercice de dissertation conduit souvent aux erreurs suivantes :

• **Faire une leçon.** Dans une dissertation, il est demandé à l'étudiant d'avoir un avis (une thèse) sur le sujet proposé : il doit donc trancher entre plusieurs interprétations et défendre cette opinion grâce à des exemples argumentés. La simple récitation de connaissances ou une présentation descriptive sans argumentation sont donc à éviter.

• **Le hors-sujet.** Le hors-sujet consiste en un glissement vers un thème qui n'est pas au centre de l'intitulé proposé. Cela ne veut pas dire que ce thème n'est pas intéressant, mais ce n'est pas celui qu'on attend étant donné le sujet proposé à la réflexion. Le hors-sujet découle souvent d'une volonté de vouloir écrire tout ce que l'on sait sur un sujet, sans hiérarchiser ses connaissances en fonction de leur pertinence pour le sujet donné.

Les étapes de la dissertation

Suivre avec rigueur les étapes suivantes devrait permettre d'éviter les erreurs récurrentes.

1. Lire le sujet et l'analyser précisément

- Se poser les questions suivantes : quels sont les mots utilisés dans l'intitulé ? S'agit-il de notions de géographie ? Dans ce cas, commencer par chercher la ou les définitions. S'agit-il de mots du langage courant (ex. : crise, permanences, mutations…) ? Dans ce cas, chercher les définitions, voir si elles permettent de mobiliser des notions géographiques.
- S'interroger sur les espaces géographiques et les périodes temporelles concernés par l'intitulé du sujet. Il faut bien cerner les bornes spatiales et chronologiques : parfois, il ne faut pas hésiter à dire qu'elles posent problème et qu'elles vont varier en fonction du sens qu'on donne à telle ou telle notion.
- Porter une attention particulière à l'emploi du singulier ou du pluriel, qui modifie la portée des notions. Le pluriel invite à questionner la diversité d'un fait ou d'un objet géographique alors que le singulier oriente la réflexion vers le général.

- Déterminer ensuite les relations entre les termes du sujet : c'est souvent de ces relations qu'émerge la problématique. Dans les formulations les moins détaillées, l'ordre des mots, les coordinations et les prépositions sont autant d'indices qui permettent d'expliciter les liens sous-entendus entre les termes du sujet.
- Par exemple, un sujet intitulé « Les villes européennes » doit être analysé différemment d'un sujet « Les villes en Europe ». Le premier invite à réfléchir à la singularité des villes européennes (par rapport aux autres villes dans le monde), alors que le second oriente davantage vers les notions d'organisation spatiale et de répartition des villes dans le territoire européen.

2. Lister toutes les questions soulevées par l'intitulé

Il existe un certain nombre de questions qui peuvent faciliter l'élaboration de la problématique : Où ? Pourquoi là et pas ailleurs ? Depuis quand ? Comment ? Avec quelles conséquences spatiales ? Quels sont les acteurs concernés ? Quels processus et notions de géographie permettent d'expliquer les processus étudiés ? Quels exemples peuvent être mobilisés sur ce sujet ?...

3. Élaborer une problématique

- La **problématique** est le fil conducteur de la dissertation. C'est une question « cachée » dans l'intitulé à laquelle le devoir va s'attacher à répondre. La problématique s'exprime en une phrase qui présente de façon synthétique le questionnement et non en une série de questions juxtaposées.
- Pour élaborer la problématique, on peut procéder en deux temps :
  - Dans un premier temps, dégager un problème sous-jacent à l'intitulé : une contradiction, un paradoxe, qui découle de la confrontation des termes. Si l'on reprend le sujet « Les villes européennes », on note par exemple qu'on a d'un côté une notion, la ville européenne, qui semble suggérer un modèle universel de ville et, de l'autre, un pluriel qui insiste sur la diversité. Il y a donc une tension entre le général et le particulier.
  - Dans un second temps, formuler une question qui va servir de colonne vertébrale à l'argumentation : par exemple, en quoi les villes

La formulation de la **problématique** est un moment clé de la dissertation puisqu'elle permet de présenter de façon concise et hiérarchisée les enjeux soulevés par l'intitulé.

européennes se distinguent-elles des autres villes dans le monde de sorte qu'on peut effectivement dégager une spécificité de ces villes ?

4. Élaborer un plan

Une fois formulée la problématique, l'étudiant peut construire le plan qui doit apporter des éléments de réponse successifs à la question qu'il vient de poser. Il est déconseillé de construire son plan avant la problématique : sans idée précise de la question à laquelle on veut répondre, on risque de proposer un catalogue d'informations qui ne s'enchaînent pas les unes aux autres et donc de passer à côté de la démonstration argumentée attendue.

5. Rédiger le devoir

- Comme dans tout exercice de rédaction, il faut soigner la précision de l'expression et la maîtrise du vocabulaire géographique. Les notions de géographie ne sont pas substituables les unes aux autres : la rigueur dans l'utilisation des termes, la capacité à les mobiliser au bon endroit, la faculté à les définir est essentielle.
- Il faut aussi faire attention à la construction des phrases (syntaxe), au respect des règles de grammaire et toujours se relire pour éviter les fautes d'orthographe (y compris sur les noms de lieux).

L'organisation formelle de la dissertation

▶ Voir Schéma ci-contre.

- La dissertation est formellement très codifiée et il faut en respecter strictement les règles. Toute dissertation doit être divisée en trois temps : l'introduction, le développement et la conclusion. Chacun de ces temps est à son tour subdivisé selon une organisation stricte▸. Ces règles sont communes à tous les enseignants et ne peuvent être considérées comme accessoires.
- En fonction du temps alloué, le développement peut être allégé (les grandes parties ne contenant qu'une seule sous-partie par exemple).

Structure schématique d'une dissertation

- Les étoiles indiquent un saut de ligne qui permet de délimiter visuellement les trois temps de la dissertation. Les traits en biais indiquent un retour à la ligne (sans saut de ligne donc) qui peut être accompagné d'un alinéa.
- Une bonne dissertation doit être bien équilibrée : les parties du développement doivent être de longueur identique. Idéalement, l'introduction et la conclusion sont également de même longueur (il ne faut donc pas négliger la conclusion qui permet de répondre à la problématique présentée en introduction).

Introduction

Entrée en matière / Accroche
Définition des termes du sujet / Problématisation / Phrase de problématique
Annonce du plan

***

Développement

	[Option 1]	*[Option 2]*
Première partie	Phrase d'introduction de partie	Phrase d'introduction de partie
	Première sous-partie	Première sous-partie
	Deuxième sous-partie	Deuxième sous-partie
	Troisième sous-partie	Troisième sous-partie
	Phrase de conclusion de partie	*
	*	Phrases de transition
		*
Deuxième partie	Phrase d'introduction de partie	
	Première sous-partie	Première sous-partie
	Deuxième sous-partie	Deuxième sous-partie
	Troisième sous-partie	Troisième sous-partie
	Phrase de conclusion de partie	*
	*	Phrases de transition
		*
Troisième partie	Phrase d'introduction de partie	
	Première sous-partie	Première sous-partie
	Deuxième sous-partie	Deuxième sous-partie
	Troisième sous-partie	Troisième sous-partie
	Phrase de conclusion de partie	Phrase de conclusion de partie

***

Conclusion

Reformulation/synthèse de ce qui a été dit dans le développement
Ouverture/mise en perspective

APPLICATION « Les inégalités face aux risques environnementaux à l'heure de l'Anthropocène »

▶ Les titres indiqués ici entre crochets ne doivent pas apparaître dans la copie.

[Introduction]▶

Accroche faisant référence à un territoire précis.

Dans le delta de la Padma, au Bangladesh, la déforestation de la mangrove a été responsable d'une forte réduction de la biodiversité en même temps que de l'augmentation de l'exposition de la population aux aléas hydroclimatiques. Face à l'exacerbation du danger et à la réduction de leurs moyens de subsistance, les populations locales font ainsi face à une telle incertitude qu'elles sont contraintes de migrer vers les quartiers informels de Dacca. Les mutations environnementales mettent ainsi en évidence les difficultés d'adaptation de populations toujours plus vulnérables, à l'heure de l'Anthropocène qui semble renforcer les inégalités face aux risques environnementaux.

Le sujet est posé en toutes lettres à la fin de l'accroche.

Les termes du sujet sont définis et référencés.

L'environnement se définit comme les relations et interactions entre les sociétés et les milieux qu'elles habitent et transforment. On peut ici comprendre les « inégalités » comme des écarts en termes de cadres de vie, d'accès aux ressources ou encore d'exposition et de vulnérabilité. Elles tendent à être repensées aujourd'hui dans le contexte de l'Anthropocène, néologisme utilisé par Paul Crutzen au début des années 2000 avec Eugene Stormer dans la revue *Nature*. Il s'agit de l'époque de la planète anthropisée, insistant sur les changements globaux qui ont, par leur ampleur (mondialisation, urbanisation, développement, consommation croissante d'énergie…), été à l'origine d'un effet de serre excédentaire. Le réchauffement climatique qui en résulte produit de multiples changements climatiques régionaux qui peuvent augmenter localement les risques environnementaux, c'est-à-dire le niveau de danger de populations exposées à des aléas d'origine naturelle contre lesquels ils ne sont en mesure ni de se protéger, ni de s'adapter. On se demandera donc en quoi, dans un contexte de changements globaux à l'heure de l'Anthropocène, les inégalités environnementales se renforcent, creusant l'écart entre les territoires capables de s'adapter aux transformations en cours et ceux de plus en plus vulnérables où le risque de catastrophe augmente ?

Problématique annonçant une contradiction à résoudre

Annonce de plan claire

Dans une première partie, on montrera que les inégalités, face à des risques environnementaux qui se complexifient, sont visibles à toutes les échelles et révèlent des situations de vulnérabilité. Ces dernières se renforcent en raison d'un manque d'adaptation croissant des sociétés. En dernier lieu, on présentera des trajectoires spatiales d'adaptations encore très contrastées, révélant un monde à différentes vitesses face aux risques de l'Anthropocène.

[I. DES INÉGALITÉS À TOUTES LES ÉCHELLES FACE AUX RISQUES ENVIRONNEMENTAUX QUI SE RENFORCENT]

Une courte phrase de présentation doit remplacer le titre des grandes parties dans le corps du texte.

[1. Des catastrophes en augmentation qui révèlent les fractures du monde]

La répartition même des crises et des catastrophes témoigne de l'inégale intensité des risques environnementaux. Les désastres les plus forts se calquent, à l'échelle globale, sur les césures de la mondialisation en termes de développement. Sur plus de 2,6 millions de morts survenus à cause des aléas naturels, les deux-tiers ont eu lieu dans les pays en développement ou émergents. On dénombre par exemple plus de 230 000 victimes pour le tsunami survenu dans l'océan Indien en décembre 2004 et pour le séisme d'Haïti en janvier 2010.

Une sous-partie se présente sous la forme d'un paragraphe unique composé d'un argument et d'un exemple.

[2. L'Anthropocène entraîne des mutations environnementales qui aggravent les risques]

Les changements climatiques produits par le réchauffement ne sont ni uniformes dans leurs manifestations ni égaux dans leur répartition sur Terre. Le sixième rapport d'évaluation du GIEC montre en effet que pour un forçage radiatif de 8,5 W/m^2 (faible atténuation des émissions de gaz à effet de serre, forte consommation d'énergies non renouvelables) l'augmentation de température peut dépasser les 5°C d'ici la fin du siècle dans les régions tropicales continentales d'Afrique du Nord et les 7°C en Amérique du Sud. Cela entraînerait des risques mortels pour la santé humaine, tout particulièrement dans les villes qui continuent de croître dans ces régions et où les îlots de chaleur urbains risquent d'y rendre invivables les quartiers informels, peu aménagés et peu adaptés aux fortes chaleurs. Les changements climatiques peuvent aussi se manifester par l'augmentation des cyclones dans l'espace tropical, menaçant fortement les littoraux peuplés. C'est le cas dans les Caraïbes, où les ouragans augmentent depuis 1966 (Katrina en 2005, Sandy en, 2012, Maria et Irma en 2017). Les changements globaux aggravent ainsi certains aléas dans des régions en développement qui continuent de se peupler.

[3. Des inégalités aux injustices : une relégation des plus vulnérables vers les espaces les plus exposés]

À exposition égale, certains territoires sont cependant plus dangereux que d'autres, en raison d'une vulnérabilité plus forte. Celle-ci est liée à une marginalisation multiforme : les populations les moins intégrées à la mondialisation, les plus en marge du développement sont celles qui sont contraintes d'habiter les interstices dangereux délaissés par les plus aisés. On peut ici s'appuyer sur le cas de Jakarta (Indonésie) : le site deltaïque de la ville l'expose directement aux inondations fluviales et à des submersions marines d'autant plus graves que la métropole s'enfonce sous son propre poids. Cette subsidence est provoquée par le tassement des couches sédimentaires meubles compressées par les hauts gratte-ciels et le pompage des nappes phréatiques. Les parties les plus riches de l'agglomération sont remblayées pour les protéger des inondations. En revanche, les quartiers les plus pauvres s'enfoncent toujours plus, exacerbant le risque pour leurs habitants, dont certains même habitent directement les berges des cours d'eau. Les risques en ville révèlent des segmentations sociales qui conduisent ceux qui sont les moins capables de se protéger à habiter les espaces les plus exposés : on passe d'une forme d'inégalité à une injustice qui exacerbe les risques environnementaux.

Paragraphe essentiel pour revenir au sujet et faire avancer la progression de la réflexion.

[**Conclusion partielle :**] à toutes les échelles, les inégalités environnementales sont l'expression dans l'environnement des sociétés des césures socio-spatiales qui les segmentent, ce qui entraîne des situations de risque contrastées à l'époque de l'Anthropocène.

[**Transition :**] ces situations d'inégalités sont aujourd'hui renforcées et produites par les changements globaux dont les effets menacent principalement les sociétés qui y contribuent le moins.

[II. UNE DIFFICILE RÉDUCTION DES RISQUES À L'HEURE DE L'ANTHROPOCÈNE ?]

[1. Une culture du risque encore à construire pour une gestion efficace]

Pendant longtemps, la gestion des risques s'est bornée à atténuer par des aménagements les effets d'un aléa (mitigation) mais sans forcément corriger les causes de la vulnérabilité. Cette dernière n'est d'ailleurs pas que la manifestation d'une situation de marginalité, elle est également systémique et combine aussi bien des facteurs sociaux que des causes individuelles (connaissances, mémoire et culture du risque), sans oublier une dimension politique qu'il ne faut pas négliger. La vulnérabilité révèle ainsi les multiples dysfonctionnements d'un territoire sur lequel les acteurs (population, secours, autorités) aussi bien que les aménagements ne sont pas prêts à faire face à l'occurrence d'un aléa. En France, à la Faute-sur-Mer (Vendée), les zones humides en arrière de la flèche sableuse qui longe l'Anse de l'Aiguillon ont été urbanisées alors même que la zone était inondable. Lorsque la tempête Xynthia s'est produite en février 2010, la surcote (augmentation momentanée du niveau de la mer) ajoutée à la houle poussée par le vent a eu tôt fait de rompre la digue qui était censée protéger un quartier résidentiel. La submersion a causé la mort de 29 personnes. L'absence de culture du risque entraîne une forte vulnérabilité et révèle des sociétés inégalement préparées et adaptées aux mécanismes du milieu qu'elles habitent.

[2. Une difficulté d'adaptation qui renforce les aléas et les inégalités]

La question de l'adaptation apparaît ainsi cruciale : la méconnaissance du milieu favorise non seulement de nouveaux aléas mais aussi de nouveaux risques inégalement surmontés. L'aménagement du littoral des atolls des Tuamotu (Polynésie Française) accélère l'érosion de ces récifs coralliens déjà très exposés aux aléas hydroclimatiques (cyclones, surcotes et submersions) par leur faible altitude. La présence de digues, de jetées, d'épis perturbe le fonctionnement des transferts sédimentaires qui forment les plages : la dérive littorale est rompue par les aménagements et les plages régressent peu à peu. À Rangiroa, plus grand atoll de Polynésie Française, plusieurs motus ont déjà quasiment disparu. Les plus riches sont capables de faire face aux inondations, de surélever leur maison voire de partir momentanément ou durablement vers Tahiti ; les plus pauvres sont condamnés à rester et à en subir les dommages.

[3. Résilience difficile et permanence des risques]

Si la vulnérabilité désigne la capacité à faire face à un aléa et à réduire sinon éviter une catastrophe ou une crise, la résilience traduit la capacité d'une société et d'un territoire à s'adapter pour vivre avec la menace. Il s'agit d'une forme d'équilibre environnemental qui permet la continuité et la stabilité du territoire : l'occurrence d'un aléa ne risque plus d'en altérer voire d'en oblitérer le fonctionnement. Ces capacités d'adaptation

▶ Exemple qui s'appuie sur une référence.

demeurent encore très inégales et maintiennent certains territoires dans une forme de paralysie. C'est ce que montre Julie Hernandez▸ au sujet de la Nouvelle-Orléans, ravagée par l'ouragan Katrina en 2005 lorsqu'elle explique que plusieurs années après la catastrophe, la vulnérabilité persiste. Les problèmes sont à la fois d'ordre institutionnels avec l'incompétence de la municipalité prématurément abandonnée par la FEMA (Agence fédérale de gestion des situations d'urgence) ou encore à cause de la confusion dans le versement des indemnités. Le tissu urbain apparaît plus fragmenté que jamais : la ville se désintègre dans un climat de violence propice au maintien de formes d'inégalités fortes puisque la solidarité urbaine se dissout dans une méfiance généralisée.

[**Conclusion partielle :**] en plus de la vulnérabilité, l'inégale culture du risque, les aménagements dangereux et la résilience difficile montrent que face aux risques environnementaux les stratégies d'adaptation demeurent très fragiles.

Dans le cas d'une troisième partie en forme de typologie, les critères de classement sont à présenter.

[**Transition :**] À partir de l'inégale vulnérabilité qui aggrave les risques environnementaux (I) ainsi que de l'inégale capacité d'adaptation et de gestion en contexte anthropocène (II), plusieurs trajectoires d'adaptation face aux risques peuvent être identifiées à l'échelle mondiale.

[III. UNE INÉGALE CAPACITÉ D'ADAPTATION QUI RÉVÈLE DES TRAJECTOIRES DE VULNÉRABILITÉ CONTRASTÉES FACE AUX RISQUES ENVIRONNEMENTAUX]

[1. Les territoires les plus développés tentent de réduire les inégalités face aux risques environnementaux : une adaptation en cours ?]

Le premier type concerne les territoires les plus développés, capables de mettre en œuvre des stratégies de gestion des risques pour accompagner les territoires menacés vers une meilleure adaptation. Ce sont les grandes métropoles comme les États développés qui sont ainsi capables de mener cette stratégie de gestion pour entamer une transition vers de nouveaux équilibres. L'exemple archétypal que l'on peut développer ici serait celui de l'Europe occidentale et des plans de gestion des risques qui y existent. On peut développer le cas de la France et de tout l'appareil institutionnel et réglementaire (plans de prévention, documents d'information communaux) qui existe pour tenter de réduire le plus possible les inégalités face aux risques environnementaux.

Autres espaces du même type : le Japon, l'Amérique du Nord, la Nouvelle-Zélande, l'Australie, les littoraux chinois, Singapour, la péninsule arabique (sauf le Yémen).

[2. Des inégalités fortes qui renforcent des risques environnementaux encore difficilement pris en compte : l'adaptation comme clé du développement ?]

Dans les pays en développement et dans les grands émergents (Chine, Inde, Brésil, Russie), se caractérisent par un développement inégal qui renforce les risques environnementaux. Déforestation de la taïga sibérienne, désertification en Mongolie inférieure, pression sur l'eau en Inde sont les révélateurs d'un développement consommateur de ressources qui augmente les risques. Au Maroc, les séismes d'une magnitude 6 environ ont été nombreux (1960, 2004 et 2023) et responsables de la mort de près de 20 000 personnes. Marrakech, notamment, est marquée par des bidonvilles où des milliers d'habitants vivent dans des conditions précaires, inadaptées à la force des tremblements de terre : *leur* effondrement est la principale cause des près de 3000 décès que le séisme de septembre 2023 a provoqués. L'urbanisation rapide n'a pas pris en compte les normes parasismiques. Le développement semble se faire au prix d'inégalités qui augmentent les risques.

Autres espaces du même type (inadaptations environnementales entraînant des risques) : Amérique latine, Afrique du Sud, Nigéria, Maroc, Tunisie, Égypte, Turquie, Proche-Orient, Caucase, Russie, Europe de l'Est (Biélorussie, Ukraine, Moldavie), Asie centrale, Inde, Pakistan, Chine, Mongolie, Asie du Sud-Est (sauf Pays Moins Avancés – PMA).

[3. Un climat de risque permanent à l'heure de l'Anthropocène qui entretient des inégalités persistantes : une adaptation encore inaboutie]

Dans les pays les plus en marge de la mondialisation (pays en développement, surtout les PMA), les mutations de l'Anthropocène entretiennent un climat d'urgence très peu surmonté. Les risques y sont permanents, renforcés par des inégalités produites par un développement fragile : les relations environnementales entre société et milieu apparaissent ici déséquilibrées. En ce sens, le risque est une donnée quotidienne et les inégalités s'exacerbent. Les Petits États Insulaires en Développement (PEID) font face aux effets maritimes du changement global. Les îles les plus basses des atolls du Pacifique (Kiribati, Tuvalu...) et de l'océan Indien (Maldives) font face à la remontée du niveau marin qui augmente l'intensité des submersions en cas de tempêtes tropicales. L'environnement est ainsi une contrainte, d'autant plus élevée que ces États estiment payer le prix du développement des pays les plus riches.

Autres espaces du même type (le niveau élevé de contraintes environnementales et sociales produit de très forts risques qui limitent le développement) : On retrouve ce type parmi la plupart des PMA (Pays Moins Avancés) d'Afrique subsaharienne (Sahel, centre de l'Afrique, grands Lacs) et d'Asie du Sud-Est (Cambodge, Laos, Birmanie) ainsi que dans les États enclavés des montagnes d'Asie du Sud (Népal, Bhoutan, Afghanistan).

[**Conclusion partielle :**] à l'échelle mondiale, les inégalités révèlent un problème d'adaptation face aux risques et aux transformations en cours, permettant de distinguer trois grands types d'espace inégalement capables de faire face aux mutations en cours : les espaces développés déjà engagés et/ou capables de s'engager dans une transition environnementale pour limiter les facteurs de risque comme la vulnérabilité, les espaces dont les inégalités persistantes produisent des inadaptations environnementales qui renforcent les risques et enfin les espaces vulnérables à tous points de vue.

[CONCLUSION]

Les risques environnementaux augmentent à l'heure de l'Anthropocène, non pas seulement à cause des effets des changements climatiques, mais surtout en raison de la permanence et du renforcement des inégalités à toutes les échelles. Cela se manifeste notamment en termes de vulnérabilité face aux aléas, mais se révèle aussi dans l'inégale capacité d'adaptation des territoires face à des menaces multiformes encore mal cernées. Surmonter les risques, c'est pouvoir s'adapter aux changements en cours, dans tous les domaines : mais si les pays développés sont en mesure de s'adapter rapidement, d'autres espaces se caractérisent par une inadaptation qui se renforce et qui produit d'autant plus de risques ; ces derniers sont d'ailleurs, dans les espaces les moins développés, de véritables freins au développement qui entretiennent une forme de vulnérabilité structurelle.

Le commentaire de carte topographique

Qu'est-ce qu'une carte topographique ?

La **carte topographique** représente une portion d'espace de manière détaillée et rigoureuse, mais elle est le fruit de choix (objets, figurés…). En France, on utilise surtout les cartes de l'Institut géographique national (IGN).

L'OBJET « CARTE TOPOGRAPHIQUE »

Une carte topographique de l'IGN est constituée de différents éléments :
- la carte elle-même occupe l'essentiel de la **feuille** ;
- un extrait de la légende de l'IGN réunit les éléments pertinents pour l'espace représenté ;
- un encart présente les métadonnées (date de parution, date des données, projection…) ;

La couverture de la carte est également riche d'informations :
- le titre correspond à la ville la plus peuplée et éventuellement à un site d'intérêt touristique ;
- le numéro permet de situer la carte dans la couverture de la France ;
- un carton de localisation permet de situer l'espace dans un ensemble plus large, par rapport aux principales villes ou aux massifs ;
- une photographie montre en général un élément touristique de la carte.

La **feuille** est le terme utilisé pour désigner l'ensemble de la page.

Lire une carte topographique

- Sur une carte, l'espace est représenté à plat, par l'intermédiaire d'une **projection** et à une certaine **échelle**. La plus courante étant l'échelle 1/25 000 (cartes TOP 25). Cette échelle permet de couvrir la France en 2 000 cartes. Les cartes TOP25 sont éditées à destination des randonneurs et des touristes : les éléments touristiques y sont donc surreprésentés.

La **projection** est l'opération mathématique par laquelle on représente l'espace terrestre (sphérique) sur un plan, en cherchant à minimiser les déformations.

- L'**altitude** est notée sur la carte :
  - par des courbes de niveau : lignes de couleur bistre (brun-orangé) qui relient entre eux tous les points de même altitude. Elles sont équidistantes (séparées par la même distance, souvent 10 ou 20 m). En mer, les profondeurs sont indiquées par des lignes bleues, les isobathes.
  - par des points côtés qui indiquent l'altitude d'un point donné.
- L'**estompage**, ombre grisée venant d'un point de lumière fictif au nord-ouest de la carte, permet de faire ressortir visuellement le relief.

Les échelles

L'échelle est le rapport entre la mesure relevée sur le terrain et la mesure de la même portion d'espace reportée sur la carte. Elle peut s'écrire :

– Sous forme de fraction : 1/25 000 ou 1 : 25 000.

– Sous forme graphique : 0 500 1 000 km

L'échelle étant une fraction, une échelle 1/100 000e (qui représente une portion d'espace plus grande) est plus petite qu'une échelle 1/25 000e (qui représente une portion d'espace plus petite, mais de manière plus précise).

Sur une carte au 1/25 000e, 1 cm sur la carte équivaut à 250 m sur le terrain.

Attention !
En géographie, on parle de **petite échelle** à l'échelle mondiale et de **grande échelle** à l'échelle locale.

Les étapes du commentaire de carte topographique

1. Contextualiser et décrire

- Repérer le nom, le numéro, la date, l'échelle et le type de carte.
- Décrire la **situation** de l'espace représenté en le localisant par rapport à des ensembles plus vastes. Donner un ordre de grandeur des distances.
- Décrire le site (surtout pour une ville), c'est-à-dire la topographie à une échelle locale (relief, présence d'un cours d'eau…). Les sites peuvent être associés à une fonction : sites défensifs sur un promontoire par exemple.

Situation : ensembles administratifs (région, département), espaces proches (grandes villes, grands éléments de relief…), axes de communication (voies d'eau, autoroutes…) ou autres éléments significatifs (proximité d'une frontière…).

2. Repérer les principaux éléments

Du général au particulier :

- les grands ensembles physiques (massifs montagneux, plaines, cours d'eau…) et leurs caractéristiques : altitude, hydrologie… ;
- les principales villes, le réseau urbain et sa hiérarchie ;
- l'organisation par les grands axes de communication ;
- la mise en valeur (agriculture, industrie, habitation…) ;
- les caractéristiques de chaque sous-ensemble : la présence de haies et d'habitat dispersé est caractéristique du bocage, de nombreux silos témoignent d'une activité céréalicole, de petites unités d'habitation séparées forment un quartier pavillonnaire…

3. Rédiger un commentaire

- Il suit une démarche proche de la dissertation ou du commentaire de documents. Il repose sur une lecture problématisée de la carte et sur la description, avec un vocabulaire précis, de l'espace concerné. Il contient :
  - une **introduction** qui identifie la carte, décrit la situation et le site, fait apparaître les principaux thèmes et propose une problématique ;
  - un **développement** organisé en plusieurs parties ;
  - une **conclusion** qui récapitule les principales observations et qui répond à la problématique.
- Il est possible de réaliser un croquis de synthèse faisant ressortir les principaux types d'espaces, leur organisation et les activités de manière simplifiée. Il doit obéir aux règles de la sémiologie graphique.

Il n'existe pas de plan « type » pour un commentaire de cartes. Toutefois, lorsque la feuille présente plusieurs types d'espaces bien différents par leur topographie et leur mise en valeur, il est possible de faire de chacun d'eux une partie. Lorsque plusieurs thèmes peuvent être relevés sur la carte, le plan thématique est également possible.

Conseils et erreurs à éviter !

- Réciter des connaissances sur l'espace concerné sans les appuyer sur des observations précises de la carte.
- Faire des relevés de détails sur la carte sans les exploiter.
- Chercher à être exhaustif dans la description de la carte.

APPLICATION Extrait de la carte IGN 3532 ET Les Arcs-La Plagne

Document

Source : extrait de la carte IGN TOP 25 Les Arcs-La Plagne (3532 ET).

Commentaire

Le territoire représenté sur la carte topographique des Arcs-La Plagne (TOP 25 3532 ET) est emblématique de la haute montagne (que l'on considère celle-ci en fonction d'un seuil altitudinal – en général au-delà de 2000 m –, d'un critère biogéographique – la limite supérieure de la forêt –, ou suivant les usages anthropiques spécifiques qui y sont développés) et de ses enjeux environnementaux et d'aménagement. Figurant le cœur du massif de la Vanoise, l'un des massifs cristallins internes des Alpes françaises (nommé ainsi compte tenu de la nature des roches le composant : granit, quartzite, gneiss…, et de sa position dans l'ensemble alpin), ainsi que l'extrémité du Beaufortain au nord-ouest, séparés par la vallée de la Tarentaise (au fond de laquelle coule l'Isère), cette carte met en évidence des usages très concurrents de l'espace. Dans quelle mesure cette région témoigne-t-elle d'un renversement des regards et des pratiques sur la haute montagne, entre relégation et revalorisation des sommets dans les dernières décennies ?

I. Le domaine de la haute montagne

1. Une combinaison extrême d'altitude et de pente

De l'altitude et de la pente : cette définition minimale de la montagne s'exprime ici de manière nette. La frontière réunit au sud-est des sommets d'altitudes considérables (aiguille de la Grande Sassière, 3747 m), mais c'est au centre de la carte que l'on observe les principaux pics, comme le mont Pourri (3779 m). Les dénivellations contribuent à façonner un paysage marqué par des arêtes vives, et des pentes dépassant souvent les 40 %. Le calcul de % de pente se calcule ainsi : (altitude de départ – altitude d'arrivée)/distance (en mètres). Une pente de 40 % correspond à un angle d'inclinaison topographique de 22° environ. Ce type de calcul constitue une valeur ajoutée dans un commentaire de cartes.

Au total, se dessine un massif de haute montagne, structuré autour de chaînons aux lignes de faîte d'orientations multiples, qui traduisent la complexité structurale de la région.

Aucune étude de détail du sous-sol – en l'occurrence marqué par une grande complexité lithologique et tectonique – n'est attendue en l'absence de la carte géologique. En revanche, les modelés, bien visibles sur la carte topographique, doivent impérativement être étudiés.

2. Des paysages façonnés par les glaces

La carte présente de nombreux glaciers (de la Sassière, du Geay, etc.) que l'on repère par des courbes de niveau bleues. Si leur taille est variable (à peine 200 m pour le glacier inférieur des Balmes, mais près de 2 km pour le glacier sud de la Gurraz), leur orientation l'est moins, la plupart étant situés sur les ubacs, c'est-à-dire les versants exposés au nord, moins ensoleillés, permettant un meilleur maintien de la glace. Ces glaciers régressent, voire disparaissent, entre 1980 et 2009 du fait du réchauffement climatique (ex. de l'ancien glacier de l'Argentière).

L'érosion glaciaire dessine des modelés spécifiques, d'autant plus visibles que les glaciers ont disparu. On peut observer des cirques glaciaires, amphithéâtres de roche creusés par l'action du glacier au sud-ouest de la pointe des Plates des Chamois, ou au contact de la frontière italienne. Au fond des cirques se nichent parfois des lacs de surcreusement glaciaire (le lac Noir), qui exploitent les creux réalisés par le glacier. Les matériaux arrachés à la paroi par les glaciers constituent des moraines. Elles se déposent lors du retrait du glacier et sont en partie repérables sur la carte par de petits points noirs. C'est par exemple le cas au nord-ouest de l'aiguille Grive (anciennes moraines frontales déposées par le glacier aujourd'hui disparu). La fonte des glaces a aussi contribué au fil du temps à la constitution de cônes de déjection importants (*cf.* le Grand Nant).

3. Des risques spécifiques

Ces caractéristiques induisent un certain nombre d'aléas à l'origine de risques. La digue paravalanche construite au-dessus de Tignes-le-Lac illustre l'acuité de ces problématiques, notamment pour les stations touristiques. De même, l'absence de construction à proximité des principaux cours d'eau et sur les cônes de déjection peut s'expliquer par la connaissance du risque élevé d'inondation et la volonté d'occuper une zone exposée.

L'originalité de ce milieu de haute montagne transparaît donc autour des contraintes liées à l'altitude, à la pente et au froid. Mais contrainte ne signifie pas nécessairement handicap. Il s'agit de caractéristiques qui contribuent aux modèles de développement de la région sans les déterminer.

II. Des modèles de développement territorial spécifiques à la haute montagne

Les paysages de la région des Arcs illustrent la succession de modèles de mise en valeur dont a bénéficié la haute montagne, et leur organisation très spécifique.

1. Le modèle agro-sylvo-pastoral, ou l'exploitation des complémentarités de la montagne

La mise en valeur traditionnelle de la montagne repose sur l'exploitation complémentaire dans l'espace et dans le temps des différents terrains. Deux logiques principales organisent le territoire étudié : l'étagement et l'exposition.

On entend par étagement l'implantation de la végétation et des activités en fonction de l'altitude le long des flancs d'une montagne. Les étages sont souvent moins tranchés que ne le laissent supposer des représentations schématiques, mais n'en demeurent pas moins centraux ici. Hormis quelques vergers et vignes en situation de microclimat favorable, le fond de vallée est réservé à l'élevage hivernal et au fourrage, tandis que les premières zones au-delà de la limite supérieure de la forêt sont pâturées l'été, d'où leur nom d'estives. Les bâtiments d'altitude isolés (chalets, granges) étaient des habitats temporaires pour les bergers accompagnant les troupeaux de bovins, dont le lait peut être utilisé pour la production du fromage AOP de Beaufort. Entre ces deux territoires d'élevage, la forêt, quoique difficile d'accès, est exploitée (*cf.* les scieries). Les toponymes révèlent combien l'étagement et son exploitation sont intégrés au territoire vécu des habitants (« *x* d'en bas » et « *x* d'en haut »).

L'exposition contrastée des versants structure également beaucoup l'espace montagnard. Suivant les cas, c'est l'exposition au vent et aux précipitations (milieu tropical notamment) ou au soleil (adret, ubac) qui joue le plus. Dans le cas présent, ce sont bien les contrastes d'ensoleillement qui jouent un rôle majeur : les versants ensoleillés, tournés vers le sud, appelés adrets, sont souvent déboisés pour le pâturage des bêtes, tandis que les ubacs, déjà évoqués, sont largement utilisés à des fins sylvicoles, avant d'être mis en tourisme du fait d'une durée supérieure de leur enneigement.

2. La mise en tourisme progressive des étages de la montagne

On peut retracer le développement de « l'or blanc » par le développement progressif des stations de ski depuis les premières pentes jusqu'aux plus hautes altitudes. La montée en altitude s'est accompagnée d'une évolution du modèle architectural et de financement. Les stations les plus anciennes et les plus basses, dites « de première génération », se sont développées à partir de noyaux villageois préexistants, tandis que les stations de 2e et 3e générations ont été construites *ex nihilo*, suivant les bases de l'urbanisme collectif des années 1960-1970 (exemple des Arcs). Les pistes, surtout tracées sur les ubacs, convergent vers un espace central (la « grenouillère ») qui rassemble de nombreux immeubles abritant commerces, logements et parkings. Les critiques portées à ce type d'architecture ont débouché sur un dernier modèle de station, de « 4e génération », qui réexploite les archétypes de l'architecture de montagne (chalets individuels) en contrebas des implantations précédentes (exemple de Sainte-Foy Tarentaise).

3. Des remises en question

Les chalets en ruine et les broussailles témoignent des difficultés de l'élevage extensif : les zones qui avaient été défrichées pour permettre l'installation des alpages retournent progressivement à la forêt.

La succession des modèles de stations de ski illustre la fragilité du développement touristique : si ces équipements emploient une large partie de la population, ils sont soumis aux fluctuations de la clientèle (crise économique, évolution de la demande sociale, etc.), alors même que les investissements (télésièges, téléskis, etc.) sont considérables.

III. Enjeux et conflits : la montagne, entre protection et développement

La région des Arcs est aujourd'hui tiraillée entre exigence de protection des milieux remarquables et mise en valeur, notamment touristique, de ces hautes altitudes.

1. Une protection stricte au cœur du premier Parc national français

L'extrait de carte proposé correspond à une édition de 2018, c'est-à-dire postérieure à l'examen par les communes anciennement comprises dans la zone périphérique d'une possible signature de la charte du parc national. Ceci équivaudrait pour ces communes – qui accueillent les principales stations de ski du massif – à accepter de participer à un espace de moindre contrainte, mais au sein du PNV. Ce processus issu de la loi de 2006 sur les parcs nationaux a été conçu pour favoriser l'adhésion des communes à la démarche du parc et renforcer le rôle de celui-ci dans le développement local.

Pour autant, si quelques très rares communes ont fait le choix d'une telle adhésion – c'est le cas de Peisey Nancroix, dont une partie du territoire apparait au sud de l'exrtait – l'immense majorité des communes de la Vanoise a refusé l'adhésion, illustrant la difficulté de conciliation entre des usages fondamentalement différents du territoires de montagne.

2. Des conflits majeurs

Les contours de la zone de cœur ne semblent répondre à aucune logique naturaliste : incluant ou non les glaciers, souvent au-delà de la zone forestière mais pas toujours, etc. Ces contours biscornus révèlent en réalité les compromis effectués pour résoudre les conflits▸ apparus dès 1963. De même, l'éloignement de la station de Tignes du cœur de parc s'explique par la volonté de préserver les intérêts touristiques de la région. Aujourd'hui encore, la proximité entre les installations électriques du barrage ou les pistes de ski et le cœur du parc semble problématique.

▶ Voir Chapitre 4.

3. Des tentatives de compromis entre protection et développement

La carte de 2009 représentait l'« aire maximale d'adhésion », c'est-à-dire l'ensemble des communes susceptibles de ratifier la charte du parc et d'accepter ainsi de participer à un espace de moindre contrainte, mais au sein du PNV. Cette aire abrite la plupart des stations de ski citées. La carte illustre les évolutions de la politique de protection de la nature en France depuis les années 1960 : s'il s'agissait alors de soustraire des écosystèmes remarquables à l'influence des sociétés, la redéfinition en 2006 des parcs nationaux oriente leur philosophie davantage vers un développement local durable.

Pour autant, l'opposition au parc de la grande majorité des maires de l'aire optimale d'adhésion, rendue visible par le rejet de la charte en 2015, illustre la difficulté de conciliation entre des usages fondamentalement différents du territoire de montagne▸.

▶ Le commentaire est accompagné d'un croquis. Voir p. 246.

Le croquis de synthèse

Qu'est-ce qu'un croquis de synthèse ?

Le croquis de synthèse résume de manière graphique et spatialisée les principales informations sur un thème donné. Il peut également être utilisé pour simplifier une carte topographique. Les objectifs du croquis sont :

– de résumer des informations de manière spatialisée ;

– de faire ressortir les grandes lignes de l'organisation d'un espace.

Règles de base du croquis en géographie

- Il constitue une démonstration en soi, et doit donc être problématisé.
- Il est un discours graphique, qui doit répondre aux règles du langage cartographique, c'est-à-dire de la sémiologie graphique.
- Sa lisibilité est essentielle : il doit être conçu et réalisé avec soin, en veillant à lui accorder suffisamment d'espace (une page entière) et sa légende doit être visible en même temps.

Grands principes de sémiologie graphique

- Il existe trois grands types de figurés :

  – les **figurés surfaciques** (ou zonaux) permettent de représenter un élément sur un espace étendu (à-plats de couleurs ou hachures) ;

  – les **figurés ponctuels** permettent de représenter un lieu ou un élément localisé (points dont la forme, la taille et la couleur peuvent varier selon l'intensité du phénomène ;

  – les **figurés linéaires** permettent de représenter un mouvement ou une infrastructure (traits pleins ou pointillés, flèches).

- Un phénomène est représenté par un figuré et un seul. Les couleurs chaudes traduisent les valeurs positives, les couleurs froides les valeurs négatives.

Les étapes de réalisation d'un croquis

1. Analyser le sujet et trouver un titre problématisé.
2. Concevoir et ordonner la légende.
3. Réaliser la carte en superposant les à-plats de couleur, puis les éléments ponctuels, puis linéaires.
4. La nomenclature est toujours écrite à l'horizontale, sauf pour les cours d'eau et les chaînes de montagne (en suivant le cours de l'eau ou la ligne de crête).
5. Placer l'échelle et l'orientation.

MATÉRIEL NÉCESSAIRE

- Crayon à papier, gomme et taille-crayons.
- Crayons de couleur permettant de réaliser des camaïeux (plusieurs tons de vert et de bleu par exemple).
- Feutres fins.
- Stylos de différentes couleurs.
- Règle graduée.
- Normographe (ou trace-formes) contenant les formes de base (cercle, carré, triangle, polygone…) dans plusieurs tailles.

Conseils et erreurs à éviter !

- Chercher à représenter des éléments qui ne sont pas lisibles à l'échelle de la carte.
- Utiliser le même figuré pour plusieurs types d'éléments ou différents figurés pour le même type d'élément.
- Rechercher l'exhaustivité sans tenir compte de la problématique.

Trame schématique à suivre lors de la réalisation d'un croquis

Titre général ❶ du croquis : indique la localisation et utilise au moins l'un des mots clés du sujet

Cadre : ❷ pour délimiter visuellement l'espace du dessin (et l'espace concerné par l'échelle)

Titres des parties : ❸ expriment les arguments de la démonstration, qui reprennent le(s) notion(s) clés annoncées dans le titre général

Figurés ❹

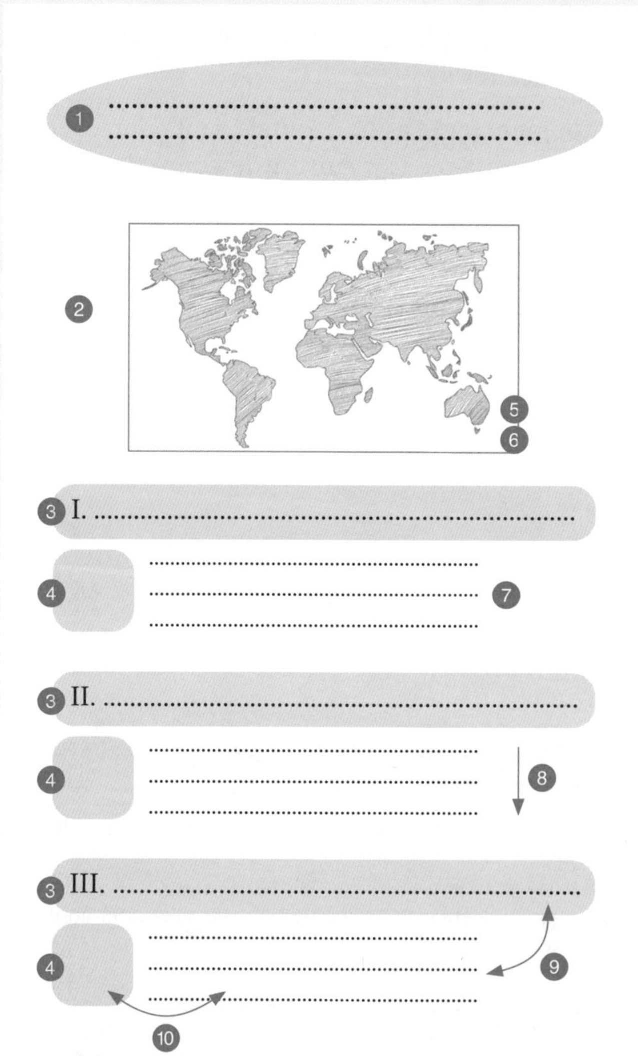

❺ **Orientation :** le plus souvent au même endroit que l'échelle (même si possible de l'indiquer **dans un coin** en haut du dessin)

❻ **Échelle :** selon la convention de présentation,toujours dans un **coin bas** du dessin

❼ **Légendes des figurés :** montrer l'apport de cette information **factuelle pour la démonstration générale**

❽ **Respecter la progressivité :** de l'information la plus générale à la plus particulière, de la plus centrale à la plus anecdoctique

❾ **Les figurés doivent démontrer l'argument annoncé dans le titre de partie.**

❿ Respecter la cohérence entre figuré et légende : si figuré ponctuel, information ponctuelle
Exemples : ■ Aéroport ▭ Zone aéroportuaire

En vert : les éléments OBLIGATOIRES pour tous les croquis.

Schéma © Pascale Nédelec, 2016.

APPLICATION Croquis d'interprétation de la carte IGN 3532 ET Les Arcs-La Plagne

L'exercice s'appuie sur le commentaire de la carte IGN 3532 ET Les Arcs-La Plagne au 1/25 000e▸. La difficulté principale réside dans la capacité à produire une véritable démarche analytique qui ne soit pas un simple décalque des informations représentées sur la carte.

▶ Voir p. 240.

La démarche nécessite de déterminer une problématique précise à laquelle le croquis fournira une réponse graphique.

Définir la problématique

Dans le cas présent, la question principale à soulever est celle de la multiplicité des usages des environnements de la haute montagne, aussi bien protégés dans des parcs et des réserves qu'exploités à des fins agricoles ou touristiques.

Formaliser graphiquement la problématique

Le croquis va devoir insister sur cette variété, et donc jouer sur les possibilités de superposition des figurés surfaciques : ainsi seront visualisés les espaces où deux logiques s'affrontent :

- La trame perpendiculaire au cœur du croquis met bien cette situation en avant (aire d'adhésion du PNN confrontée aux grands domaines skiables).
- La superposition de tous les types de figurés (linéaire, surfacique et ponctuel) révèle les multiples usages de cette montagne.

Les usages contrastés d'un environnement de haute montagne : l'exemple de la Vanoise

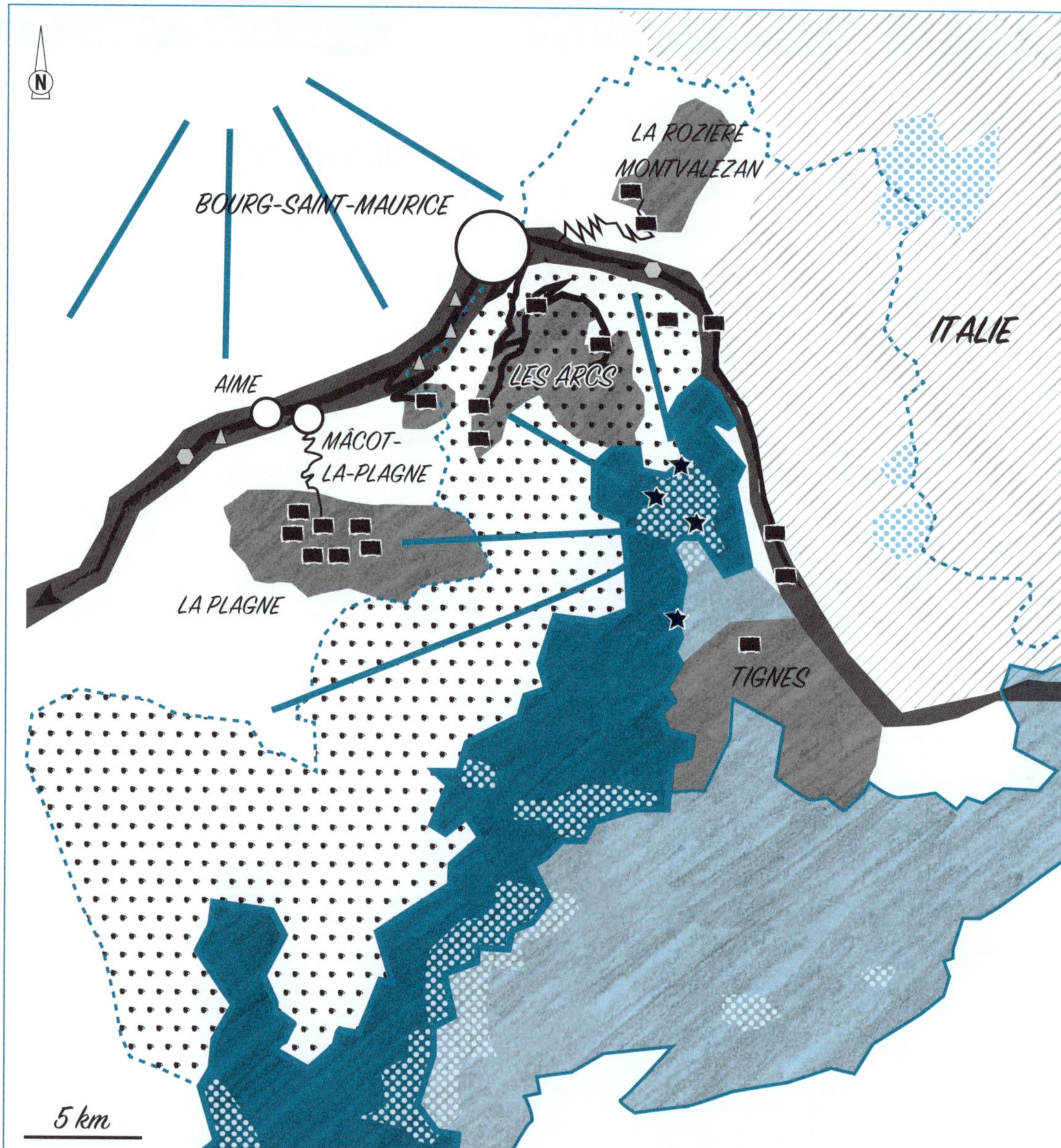

Légende

I. LE MASSIF DE LA VANOISE : DES PAYSAGES REMARQUABLES (ET DES ESPACES PROTÉGÉS...)

- Principaux glaciers
- Principaux sommets > 3 000 m
- Cœur du Parc national de la Vanoise
- Aire d'adhésion optimale
- Réserves naturelles

II. ... EXPLOITÉS DE MANIÈRE CONTRASTÉE...

- Stations de ski
- Domaines skiables
- Haute montagne frontalière, isolée
- Complémentarité des terroirs
- Potentiel espace de conflit d'usage

III. ... ET ORGANISÉS AUTOUR DE LA VALLÉE DE LA TARENTAISE

- Vallée de la Tarentaise
- Principal axe de communication
- Routes en lacets reliant les stations de ski à la vallée
- Ville > 6 000 habitants
- Ville > 1 000 habitants
- Implantation industrielle
- Vignes et vergers

Le commentaire de paysage

Qu'est-ce qu'un commentaire de paysage ?

▶ Il s'agit d'objets matériels (arbre isolé ou pavillon par exemple) qui participent au caractère d'un paysage par leur arrangement et leur signification culturelle.

- Le commentaire de paysage consiste à restituer les observations réalisées sur le terrain ou à partir d'une photographie (ou d'autres documents) sous la forme d'une description organisée accompagnée idéalement d'un croquis. Il s'agit de décrire de manière fine l'organisation des formes du paysage en commençant par sa structure ou ossature dépendante du relief puis d'identifier l'ensemble des **motifs élémentaires**▸ (qui composent une scène unique).
- Cet exercice requiert de mobiliser un vocabulaire approprié.
- Une synthèse est rédigée afin de mettre en relation les différentes observations ayant permis de distinguer plusieurs **unités paysagères** caractérisées par une topographie singulière et un arrangement d'éléments. Une lecture attentive du paysage doit permettre de faire ressortir les enjeux propres à chaque espace étudié puisque certains éléments révèlent des dynamiques.

Une **unité paysagère** désigne une partie de territoire présentant une certaine homogénéité.

Les étapes du commentaire de paysage

1. Décrire le document

- **Préciser** s'il s'agit d'une photographie (oblique, verticale, aérienne ou au sol) ou bien d'une représentation picturale.
- Si l'information est connue, **mentionner la date** (année) mais aussi la saison du document car certains paysages, comme les paysages agricoles ou touristiques par exemple, présentent des physionomies changeantes.
- **Identifier le point de vue** choisi par l'auteur du document pour définir d'où la photographie a été prise et situer le paysage dans un espace plus vaste.

2. Nommer les éléments du paysage

- **Inventorier l'organisation des éléments** présents sur l'image en distinguant et nommant précisément les objets identifiés. Cette étape s'appuie d'abord sur la topographie (lignes de force, repérage des grandes masses). Il s'agit en fait de rendre compte de l'ossature du paysage.
- **Observer la répartition** des éléments d'occupation du sol dans l'espace. Chaque paysage résulte de la combinaison d'objets élémentaires. Porteurs d'information, ces derniers peuvent être organisés autour de grandes catégories telles que la végétation (surfaces boisées, surfaces en herbe, absence…), le bâti (habitations, usines, édifices religieux, infrastructures routières…), en fonction des activités productrices associées telles que l'agriculture (parcellaire, type de culture…) ou les transports (routes, ponts…) par exemple. Ces catégories doivent aider à construire une lecture géographique organisée du paysage.
- On peut ici s'aider avec un **tableau** dans lequel on va lister pour chaque plan de l'image les différents éléments repérés. Il s'agit d'un outil analytique utile pour lire le paysage qu'il faudra ensuite utiliser pour recomposer les caractéristiques de chaque unité paysagère.

3. Analyser et interpréter

- Commenter sous la forme d'une **synthèse organisée**. Celle-ci consiste à expliciter les spécificités de chaque unité de paysage aussi bien du point de vue de leur répartition vis-à-vis de la topographie des lieux que de leur agencement interne.
- **Prendre du recul** pour rendre compte de la manière dont ces objets s'agencent les uns par rapport aux autres et pour identifier les dynamiques repérées. Certaines composantes du paysage témoignent de tendances (évolution des pratiques agricoles, aménagement en cours, abandon d'infrastructures, etc.) qu'il faut expliquer à l'aide de ses connaissances. La dimension esthétique du paysage doit être prise en compte et replacée dans son contexte : œuvre d'art, affiche de promotion touristique, photographie amateur.

4. Réaliser un croquis interprétatif

Réaliser un croquis visant à délimiter des secteurs homogènes, ou unités paysagères, sur l'espace étudié. Ces unités partagent la même physionomie paysagère : chacun se caractérise par un agencement distinct d'objets élémentaires. Les limites entre deux unités peuvent être nettes ou bien floues. Le croquis s'accompagne d'une légende explicite et structurée▸.

▶ Voir Méthode du croquis de synthèse p. 250.

Conseils et erreurs à éviter !

• Un des éléments clefs du croquis de paysage repose sur la maîtrise d'un **vocabulaire précis et adéquat**.

• La réussite du croquis nécessite d'opérer des **allers-retours entre les échelles d'observation** : le croquis ne doit pas consister en un décalque exhaustif des éléments observés mais bien proposer une représentation synthétique tandis que la légende fera référence à l'arrangement des objets élémentaires dans chacune des unités paysagères.

APPLICATION Un paysage agricole d'Asie du Sud-Est

Document Rivière de la Nam Ha et abords du village de Nalan Neua (Luang Namtha, Laos)

Photo © Marie-Anne Germaine, novembre 2016.

Présentation

La photographie ci-dessus présente un paysage agricole typique des régions de montagnes tropicales d'Asie du Sud-Est. Elle a été prise en novembre 2016 dans le nord du Laos soit après la saison des pluies, pendant la période de récolte du riz qui constitue la principale production agricole locale. Les lignes directrices sont imposées par la topographie de la vallée de la rivière Nam Ha. On repère facilement trois plans sur cette photographie prise depuis le versant situé en rive gauche de la rivière : (1) la rivière Nam Ha, (2) le fond de vallée rizicole et (3) les versants de montagne.

Analyse préalable

Ces catégories sont à définir pour chaque type de paysage : elles peuvent changer.

La **végétation spontanée** borde les berges d'un cours d'eau.

Plans de l'image ou Topographie (ossature du paysage)	Végétation naturelle ou spontanée	Végétation liée à l'agriculture	Éléments construits
1. La rivière	**Végétation spontanée** au bord de la rivière Arbres plus hauts sur le versant de rive gauche (1er plan) : ripisylve	Aucun (mais l'eau de la rivière peut être utilisée pour alimenter les productions agricoles)	Aucun
2. Le fond de vallée et la terrasse rizicole	Végétation plus dense suivant un linéaire à droite de l'image (ripisylve le long d'un affluent provenant du versant)	Parcellaire agricole (petites surfaces laniérées). Riz récolté (jaune) et non collecté (vert clair) Zone de battage du riz (couleur plus claire)	Constructions dispersées sur pilotis avec matériaux végétaux (bambous, feuillages) et modernes (tôles) Réseau de diguettes matérialisant les canaux d'irrigation alimentant les casiers rizicoles
3. Les versants de montagne	Forêt dense Friches d'âges différents	Parcelles cultivées et récoltées (jaune)	Quelques constructions isolées

Commentaire

La rivière Nam Ha se jette dans la rivière Nam Tha quelques kilomètres en aval. C'est une rivière d'environ 10 mètres de large. Elle est séparée du fond de vallée par une berge bordée d'une végétation spontanée composée d'herbes et de buissons ainsi que d'arbres en rive gauche. On appelle ripisylve la végétation rivulaire qui longe une rivière.

Le fond de vallée est plat. Il s'étire de la rivière Nam Ha au pied du versant de montagne sur une largeur d'environ 300 mètres. Il est occupé par des parcelles agricoles précisément découpées. Leurs limites sont nettement visibles. Il s'agit en fait du réseau géométrique de diguettes qui révèle l'aménagement de casiers irrigués. C'est donc un paysage de riziculture qui occupe le fond de vallée. À l'exception de trois ensembles de parcelles qui se détachent par leur coloris vert, les casiers viennent d'être récoltés. Ces derniers ne sont pas totalement à nu : on devine qu'il reste au sol les chaumes (ou tiges) de riz qui apparaissent de couleur foncée. Les taches plus claires matérialisent les aires de battage : les gerbes de riz sont disposées sur le sol propre (les chaumes sont coupés) et battues à la main pour extraire les grains des panicules. Plusieurs constructions modestes sont dispersées dans les champs. Il s'agit de constructions en matériaux végétaux utilisés par les villageois pendant les différentes étapes de la production du riz. Elles permettent aux paysans de résider dans les champs éloignés du village, pendant la saison des pluies entre juin et octobre principalement pour assurer la préparation des casiers (labour, repiquage), surveiller la croissance du riz (sarclage, entretien du réseau d'irrigation, surveillance des prédateurs) puis la récolte.

Les versants de la montagne présentent une physionomie plus hétérogène. Les limites entre les éléments paysagers sont aussi plus floues. Une partie des versants est recouverte par une forêt dense apparaissant avec une teinte plus foncée. Ces parties boisées les plus anciennes occupent notamment le fond de vallée d'un affluent rejoignant la Nam Ha. On repère à l'inverse des surfaces presque à nu sur les versants. Il s'agit de parcelles cultivées en agriculture pluviale. Sur les pentes, les villageois n'ont pas aménagé de système d'irrigation. La parcelle n'est pas immergée dans l'eau : la culture du riz dépend des apports pluviométriques de la saison des pluies.

Cette culture est itinérante : chaque parcelle n'est cultivée qu'une année (parfois deux), puis elle est abandonnée en jachère afin que la fertilité du sol se reconstitue. Cette pratique, appelée abattis-brûlis, consiste à défricher une parcelle de forêt (plus ou moins ancienne) puis à brûler les débris végétaux. Il s'agit d'une agriculture extensive à long cycle : la forêt se régénère sur une période de 20 ans, passant d'un stade de friche herbacée à un stade de friche arborée jeune puis mature, avant d'être de nouveau défrichée.

Pour ne pas épuiser la fertilité des sols et la forêt, de vastes surfaces sont nécessaires afin de conserver des révolutions longues. Ce système n'est tenable qu'avec de faibles densités de populations. Ce type de mise en valeur agricole[📖] explique la mosaïque paysagère qui caractérise les versants sur lesquels alternent des parcelles récoltées récemment, de jeunes friches herbacées et arborées, des forêts secondaires reconstituées et des forêts plus denses sur les sommets.

📖 Pour approfondir, lire Ducourtieux O., 2009, *Du riz et des arbres*, Paris, Karthala.

Croquis interprétatif

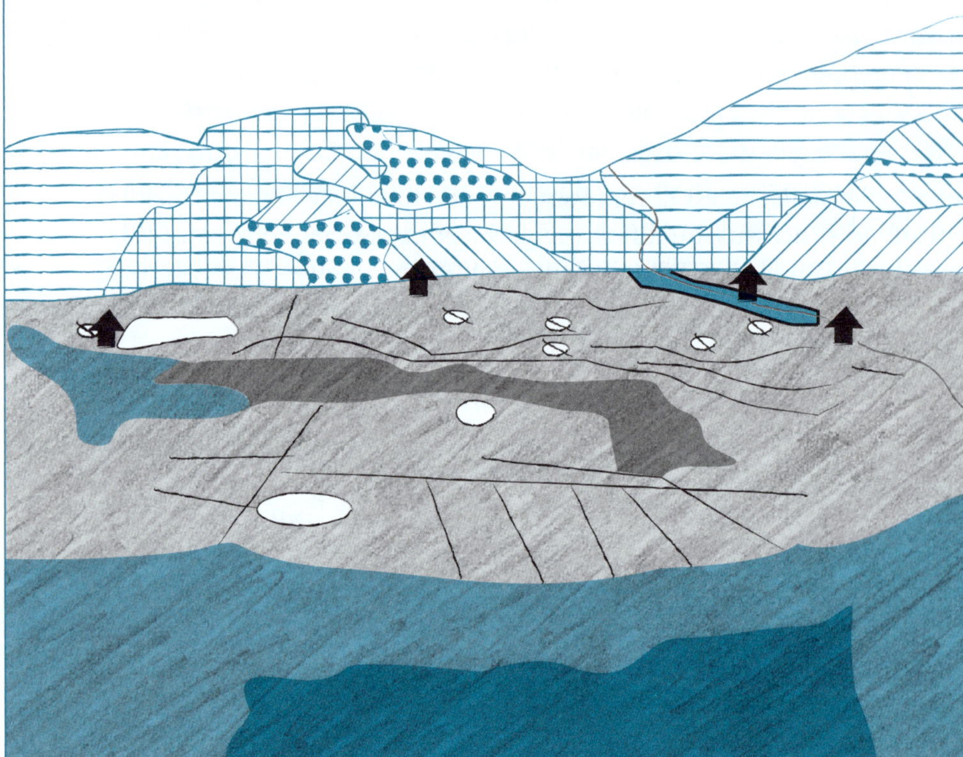

I. UN VERSANT DE MONTAGNE PRÉSENTANT UNE MOSAÏQUE DE BOIS, FRICHES ET CULTURES

- Parcelle cultivée
- Friche herbacée
- Friche arborée jeune
- Boisements secondaires
- Boisements denses
- Construction

II. UN FOND DE VALLÉE RIZICOLE IRRIGUÉE

- Digues et canaux d'irrigation délimitant les casiers rizicoles
- Casier récolté
- Casier non récolté
- Aire de battage
- Construction
- Végétation spontanée

III. LA RIVIÈRE NAM HA

- Rivière
- Ripisylve (végétation rivulaire)

Le schéma fléché

Qu'est-ce qu'un schéma fléché ?

- Un schéma fléché est la représentation de tous les éléments constitutifs d'un processus, qu'il faut hiérarchiser et associer en montrant les relations qui les unissent. Il peut s'agir d'une chaîne de décisions et d'actions (acteurs : institutions, organisations, individus…) mais aussi du fonctionnement d'un territoire (échelles spatiales et temporelles, aspects physiques, caractéristiques sociales et économiques, enjeux politiques, culturels…).
- On peut structurer de plusieurs manières ce type de schéma :

  – Une **organisation arborescente**, représente très bien l'enchaînement d'une structure très hiérarchique, comme un organigramme d'acteurs.

  – Une **organisation linéaire** horizontale ou verticale, elle, est souvent utilisée pour schématiser le déroulement d'un processus depuis ses causes jusqu'à ses conséquences.

  – Une **organisation circulaire** est plus adaptée à un phénomène fonctionnant comme une boucle, particulièrement à l'approche systémique. Ce cas de figure est utile pour représenter l'équilibre ou le déséquilibre d'un territoire : on parle alors de **rétroactions** (on identifie un « cercle vertueux » ou un « cercle vicieux » sur le territoire étudié).

  - L'objectif est donc de répondre à une **problématique** précise en schématisant la progression du raisonnement, qui doit indiquer un point de départ et un point d'arrivée. Le schéma fléché suppose de remettre dans le bon ordre les différents éléments envisagés, et ensuite de symboliser leurs relations par des flèches. Celles-ci peuvent représenter des causalités simples. Les doubles-flèches symbolisent des **interactions** (influences réciproques).

Exemple d'organigramme : hiérarchie des acteurs et du processus décisionnel de la gestion de l'eau dans l'Atlas marocain au cours du temps

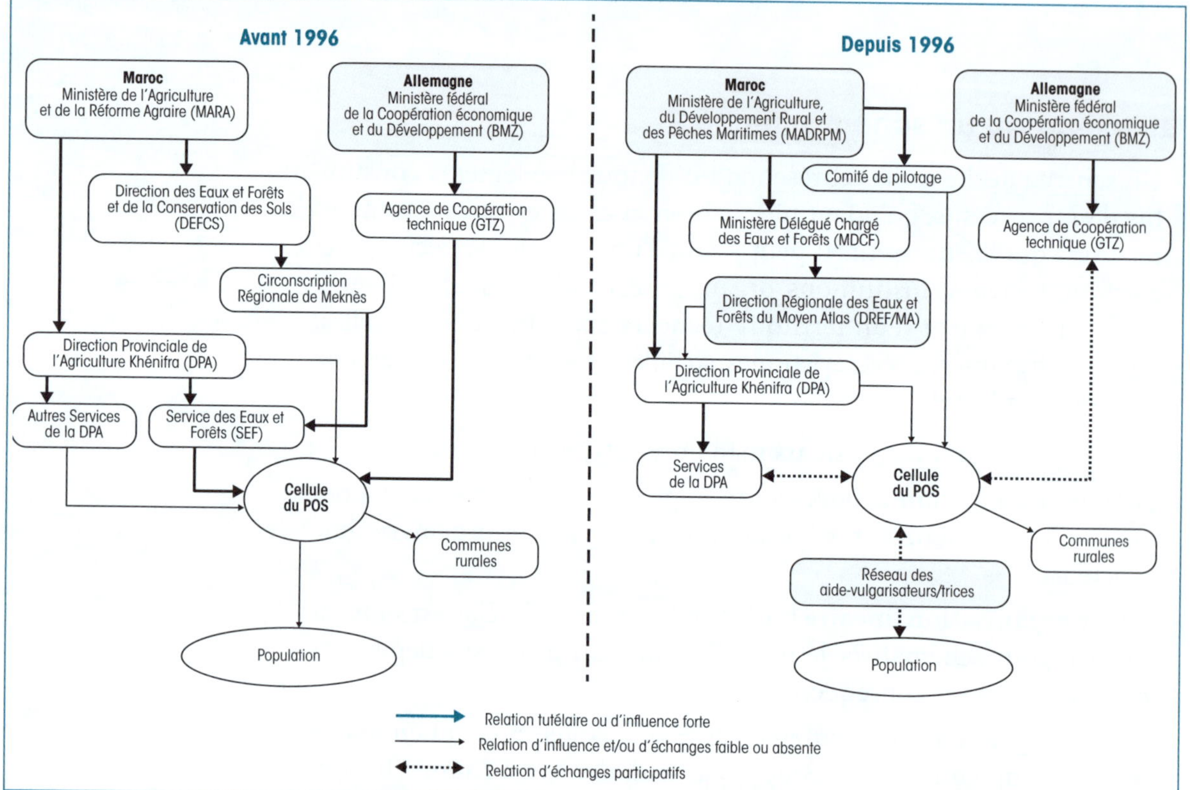

Source : El Jihad M.-D., 2010, « Les difficultés de gestion des ressources "naturelles" et de développement rural dans un milieu anthropisé : l'expérience du Projet *Oued* Srou (Maroc central) », *Norois* [En ligne], 216|2010/3, mis en ligne le 1er décembre 2012, consulté le 15 février 2017.

Exemple de schéma fléché linéaire, illustrant un processus d'enchaînement d'aléas

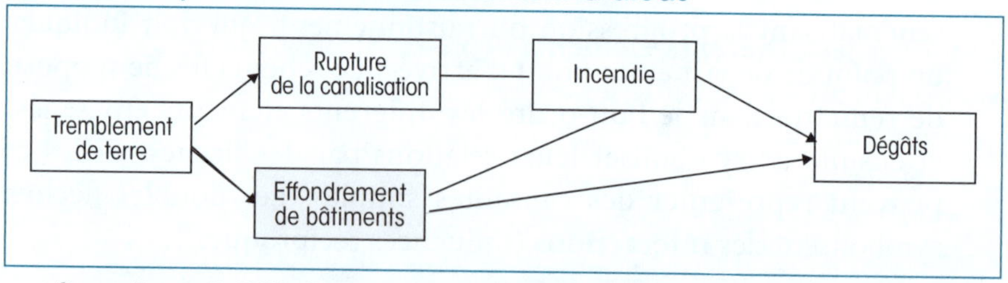

Source : Provitolo D., 2005, « Un exemple d'effets de dominos : la panique dans les catastrophes urbaines », *Cybergeo : European Journal of Geography* [En ligne], document 328, mis en ligne le 29 novembre 2005, consulté le 15 février 2017.

Exemple de schéma fléché circulaire, illustrant une boucle de rétroaction

Le système punjabi

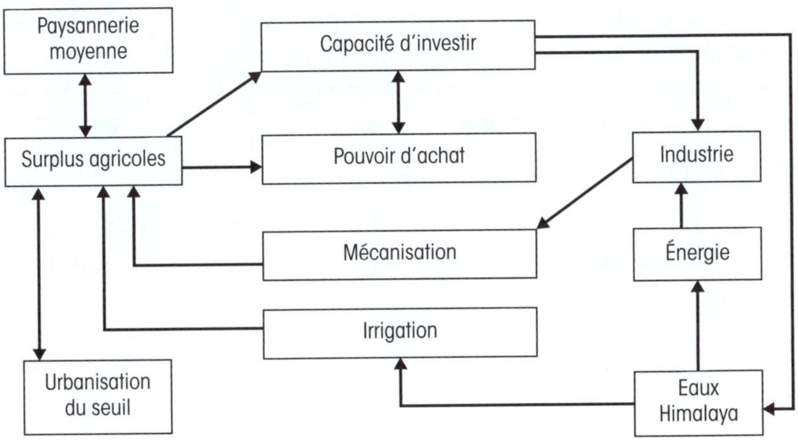

Source : François Durand-Dastès © http://geoconfluences.ens-lyon.fr.

Les étapes de réalisation du schéma fléché

Réussir un schéma fléché, c'est d'abord **réunir toute l'information disponible** pour n'oublier aucun élément.

- Lire attentivement le sujet et **relever les informations que contiennent les documents**. Il faut commencer par bien cerner le territoire étudié, d'abord en le délimitant très précisément dans l'espace et dans le temps.
- Identifier les **différents éléments** de ce territoire, les **regrouper** thématiquement puis ensuite les analyser et les **hiérarchiser** les uns par rapport aux autres. Cette étape permet de comprendre le problème qui est posé sur le territoire étudié et que le schéma doit représenter. Les échelles spatiales et temporelles peuvent être explicitement représentées pour montrer les nuances spatiales d'un processus et/ou son évolution au cours du temps.

Conseils et erreurs à éviter !

- Les relations entre les éléments sont toujours **orientées** et **symbolisées par des flèches**, lesquelles peuvent être explicitées par une courte mention (dépend de, influe sur, interagit avec, provoque, accélère, ralentit, etc.).
- Pour améliorer la lisibilité du schéma, on peut le diviser en différents **sous-ensembles thématiques ou spatiaux**. Les éléments de même nature peuvent aussi être colorés de manière identique. Une légende doit être associée pour expliquer le code couleur adopté.
- La réalisation d'un schéma fléché nécessite l'usage d'un **vocabulaire rigoureux** pour identifier et représenter le processus.
- La **lisibilité** est essentielle : la réalisation doit tenir sur une seule page et être la plus claire possible pour que la fluidité du raisonnement puisse être facilement suivie.

APPLICATION Le Sahel face à la sécheresse et à la désertification

Doc. 1 Le Sahel

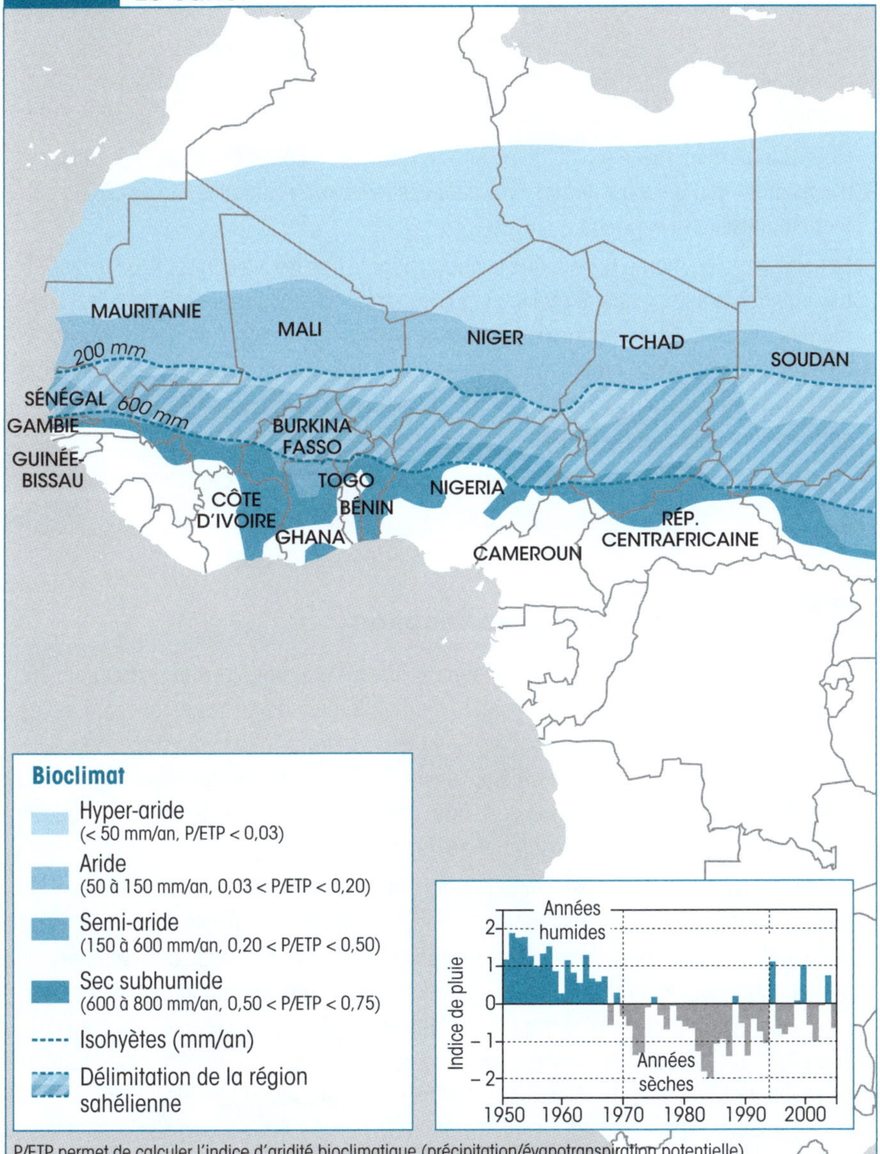

P/ETP permet de calculer l'indice d'aridité bioclimatique (précipitation/évapotranspiration potentielle).

Source : Évaluation des écosystèmes pour le Millénaire.

▶ D'un point de vue climatique, le Sahel est défini comme un espace compris entre les isohyètes 200 et 600 mm, formant une bande latitudinale comprenant six pays d'Afrique de l'Ouest. La saison des pluies ne dépasse pas trois mois et les précipitations sont irrégulières d'une année sur l'autre.

Doc. 2 L'ampleur de la désertification au Soudan

« La croissance démographique et les progrès techniques du XXe siècle n'ont pas été sans dégrader la couverture végétale : la population soudanaise est passée de 2 millions en 1898 à 28 en 1998. La pression humaine et animale s'est traduite de diverses façons sur l'environnement.

[...] La couverture végétale une fois décapée pour faire place aux cultures de sorgho ou de mil, la terre est laissée à nu après la récolte : la mince pellicule de terre arable ayant perdu toute structure à la suite des labours est vite emportée par le vent [...].

L'agriculture mécanisée [...] a des effets au moins aussi désastreux, par ses déboisements méthodiques, ses labours profonds, son souci de rentabilité maximale à court terme qui exclut toute jachère.

Le bétail a crû au même rythme que la population, et il se trouve confronté à l'extension des cultures qui le prive des meilleurs pâturages : il est donc repoussé vers les terres marginales. La consommation de bois de feu et de construction est aussi responsable de cette désertification aréolaire. Les villes, outre leur besoin domestique en charbon de bois, doivent alimenter leurs boulangeries et leurs fours à briques en grosses pièces qu'elles vont chercher de plus en plus loin. »

Source : Lavergne Marc (dir.), 1989, *Le Soudan contemporain*, Paris © Éditions Karthala.

Doc. 3 Les défis de la désertification

« La désertification est l'un des plus grands défis environnementaux et un frein majeur à la satisfaction des besoins élémentaires des populations en zones arides. Le plus souvent, elle est associée à un certain nombre de manifestations physiques et socio-économiques telles que l'ensablement, l'avancée du désert, l'érosion et la dégradation des sols, la déforestation, le déclin de la productivité biologique des terres, la croissance démographique, l'utilisation inappropriée des technologies. [...]

Quant à la sécheresse, elle désigne le phénomène naturel qui se produit lorsque les précipitations ont été sensiblement inférieures aux niveaux normalement enregistrés et qui entraîne de graves déséquilibres hydrologiques préjudiciables aux systèmes de production des ressources en terres. Dans la zone circum-saharienne, la sécheresse est l'un des impacts les plus importants des variabilités climatiques, elle constitue également un facteur aggravant à long terme de la désertification et de tout son cortège de problèmes socio-économiques. [...] Alors que la problématique des variabilités et changements climatiques est abordée selon une perspective de long terme, la désertification est, elle, injustement appréhendée sur le court terme. [...]

Sur le plan socioéconomique, il existe une relation sociale fort complexe entre changements climatiques, désertification et diversité biologique. [...] Ils se manifestent notamment par la baisse des rendements agricoles, le faible retour sur investissement, la destruction des villages et des habitats, les pertes en vies humaines, la destruction des espaces culturaux, les pertes matérielles, les déplacements des populations, et les pertes du cheptel. [...]

La désertification provoque des tensions sur l'utilisation des terres, des migrations et la désagrégation des tissus sociaux. »

Source : Al Hamndou Dorsouma et Requier-Desjardins Mélanie, 2008, « Variabilité climatique, désertification et biodiversité en Afrique : s'adapter, une approche intégrée », *VertigO* [En ligne], vol. 8, n° 1, avril.

Définir le cadre géographique du processus et une problématique

L'objectif est de montrer que le Sahel est un espace fragile soumis aux processus de désertification. D'un point de vue climatique, le Sahel est défini comme une zone comprise entre les isohyètes 200 et 600 mm, formant une bande latitudinale comprenant six pays d'Afrique de l'Ouest. La saison des pluies ne dépasse pas trois mois et les précipitations sont irrégulières d'une année sur l'autre. Le travail consiste à expliquer le processus de la désertification dans une région spécifique, le Sahel, défini comme un espace de transition entre le désert saharien, au nord, et la zone soudanienne, au sud (*Es-Sahel* en arabe signifie littéralement « rivage » ou « bordure »).

Quelles sont les causes qui génèrent la désertification ? Quelles conséquences peut-on également mettre en évidence ? → **Problématique**

Distinguer et classer les informations issues des divers documents

L'élaboration d'un schéma nécessite de sélectionner dans les documents les informations essentielles.

Que peut-on retenir des documents suivants ? Il est conseillé de classer les informations extraites des documents à l'aide d'un tableau.

Ne pas confondre !
Sécheresse et désertification, la sécheresse étant une cause aggravante de la désertification.

Relever les informations des documents

Doc. 1	Climat semi-aride, avec une période sèche dominante, variabilité climatique importante avec de longues périodes de sécheresse
Doc. 2	Croissance démographique forte, progrès technique, dégradation du couvert végétal, modification de l'agriculture, intensification et modernisation, érosion, extension du pâturage, croissance du cheptel, consommation du bois de chauffe
Doc. 3	Dégradation des terres, déforestation, sécheresse, migration, pertes humaines, baisse des rendements

Après avoir identifié et sélectionné les informations importantes, il faut les regrouper en grands thèmes. Dans le cas de la désertification, on peut identifier des éléments liés à des processus naturels et d'autres liés à des phénomènes anthropiques. Également, il est possible de séparer ceux qui relèvent des causes et ceux qui relèvent des conséquences.

Regrouper et hiérarchiser les informations

	Causes	Conséquences
Phénomènes naturels	Variabilité climatique, sécheresse	Réduction du couvert végétal, érosion
Phénomènes anthropiques	Croissance démographique, modernisation agricole	Surexploitation des ressources, réduction des rendements, famine, migration, conflits

Formaliser graphiquement le schéma explicatif

Choisir le type de schéma

Dans le cas présent a été choisie une organisation linéaire verticale, permettant de bien décomposer le déroulement du processus de désertification, partant de ses causes, à la fois naturelles et anthropiques, jusqu'aux conséquences, également multiples.

La région du Sahel correspond à un climat semi-aride, avec une longue période sèche. Cette région a connu également des périodes de sécheresse prolongées, survenues dans les années 1970 et 1980, qui ont fragilisé à la fois le milieu naturel et les sociétés fondées sur une agriculture pluviale et sur le pastoralisme. La variabilité des sécheresses peut être également accentuée dans un contexte de changement climatique.

La **surexploitation** désigne le stade où un prélèvement excessif de la ressource dépasse sa capacité de renouvellement.

Dans le même temps, on peut observer une augmentation de la population sahélienne, qui a pour conséquence d'accroître la pression sur le milieu, en particulier du fait de l'intensification agricole et pastorale. La conséquence de cette pression est une **surexploitation** de la ressource pastorale (surcharge) et une modification des pratiques agricoles qui se traduit par l'intensification agricole et pastorale et un changement d'affectation des sols. La surexploitation des ressources fragilise le milieu naturel, voire provoque des processus de dégradation, comme la détérioration des pâturages et l'appauvrissement des sols.

L'accroissement démographique entraîne aussi une extension de l'urbanisation et s'accompagne de l'augmentation du prélèvement de ressources énergétiques telles que le bois de chauffe, accentuant la déforestation et engendrant des pollutions diverses. C'est bien la combinaison des facteurs naturels et anthropiques qui est à l'origine du processus de désertification. La conséquence de ces divers facteurs est l'aggravation des processus de dégradation des sols, comme l'érosion et la réduction de la capacité de renouvellement de la végétation. Cela provoque une baisse de la productivité agricole et pastorale, responsable sur le long terme du processus de désertification.

Ainsi, la désertification résulte de modes d'exploitation et de gestion des terres inappropriés dans le contexte de milieu fragile et contraint que représente le Sahel. Les conséquences de la désertification sur les sociétés sahéliennes se manifestent par une destruction des milieux naturels, une aggravation de l'insécurité alimentaire, et plus largement de la pauvreté, pouvant entraîner localement des famines. Cela peut se traduire également par des phénomènes de migrations des populations et d'aggravation des conflits sur les ressources naturelles.

Schéma fléché

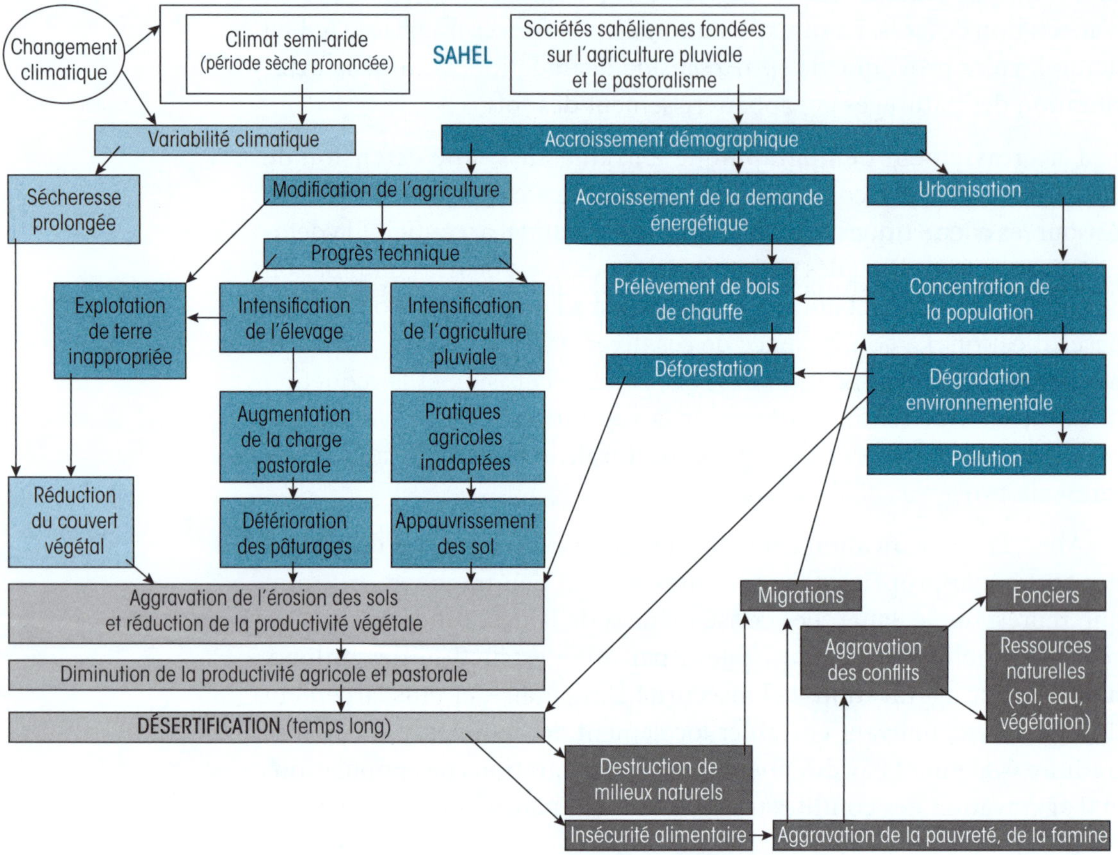

Le commentaire de statistiques

Qu'est-ce qu'un commentaire de statistiques ?

- Un tableau de statistiques est un ensemble de cases rangées en lignes et en colonnes, contenant des données chiffrées. Le commentaire de statistiques consiste à lire les données présentées dans le tableau, à analyser le tableau en sélectionnant les informations les plus significatives, et à construire un commentaire organisé et argumenté de ce tableau.
- En statistiques, la « population » désigne l'ensemble étudié (qu'il s'agisse d'êtres humains ou d'objets mesurés). Le « caractère » ou « variable » est le critère (quantitatif ou qualitatif) choisi pour étudier cette population. Le caractère a plusieurs « modalités », correspondant aux différentes valeurs ou aux différents états que peut prendre le caractère.
- Les tableaux à une entrée portent sur un seul caractère d'une population ; les tableaux à double entrée présentent simultanément deux caractères d'une population, l'un en ligne, l'autre en colonne.

Les étapes du commentaire de statistiques

1. Lire attentivement le tableau

- Lire le **titre** du tableau pour identifier le(s) thème(s) traité(s).
- Lire les **titres des lignes et des colonnes** pour identifier les caractères et les modalités étudiés.
- Identifier la **source** et la **date** du document.
- Identifier les **unités** dans lesquelles le tableau est exprimé.
- Repérer les éventuelles **informations complémentaires** (en note autour du tableau), indiquant par exemple que les données ne portent que sur un échantillon, ou encore que certaines données sont non disponibles (N.D.).

- Identifier les **autres informations importantes pour lire le tableau** : totaux (en ligne ou en colonne), moyennes, séries chronologiques, etc.

2. Analyser le tableau

- Faire **ressortir l'idée générale et la tendance dominante** résultant de l'ensemble du tableau. Identifier dans le tableau, à partir du titre, des intitulés des lignes et des colonnes, et des chiffres les plus évidents, le(s) caractère(s) et modalité(s) dominant(es). Puis, étudier les informations plus spécifiques.
- Faire des **calculs** : ainsi, lorsqu'il s'agit de valeurs absolues, il peut être utile, en confrontant ces valeurs aux totaux, de calculer des pourcentages.
- **Interpréter** : faire des liens entre les variables étudiées ; mobiliser les connaissances sur la question ; expliquer les tendances générales (ou minoritaires mais significatives) ; formuler des hypothèses ; porter un regard critique sur les informations.

3. Commenter le tableau

- Rédiger un **commentaire organisé** du tableau statistique, en partant du général pour aller vers le particulier, et en organisant les interprétations effectuées précédemment.
- Bien **hiérarchiser les informations**, afin de montrer que le tableau a été non seulement compris, mais aussi traité et analysé.
- Accompagner éventuellement le commentaire d'un **graphique** pour représenter les informations traitées et faire ressortir les idées importantes tirées de l'analyse du tableau.

Conseils et erreurs à éviter !

- **Attention aux erreurs de calcul !** Bien distinguer les données absolues (en chiffres bruts) des données relatives (taux, proportions, indices, etc.) ; vérifier si les données sont exprimées en milliers ou en millions ; les coefficients multiplicateurs ne s'additionnent pas, ils se multiplient ; etc.
- Le commentaire doit se fonder sur du **vocabulaire précis.** Ainsi, ne pas dire que telle variable « évolue », ce verbe étant trop imprécis.

APPLICATION Les usages de l'eau en Nouvelle-Aquitaine

Tableau 1 Volumes d'eau prélevés en 2021 en France métropolitaine et en Nouvelle-Aquitaine par type d'usages et par type de ressource

2021	France (milliards de m^3)							Nouvelle Aquitaine (millions de m^3)						
les différents usages de l'eau	eaux de surface	eaux de surface %	eaux souterraines	eaux souterraines %	eaux de transition	eaux de transition %	TOTAL	eaux de surface	eaux de surface %	eaux souterraines	eaux souterraines %	eaux de transition	eaux de transition %	TOTAL
Alimentation en eau potable	2	36	3,6	64	0	0	**5,6**	107,2	21	402,2	79	0	0	**509,4**
usage industriel	1,2	55	0,9	41	0,1	5	**2,2**	96,1	68	32,1	23	13,1	9	**141,3**
usage agricole	1,6	64	0,9	36	0	0	**2,5**	166,9	35	315	65	0,1	0	**482**
production d'énergie	14,8	75	0	0	4,9	25	**19,7**	73,1	1	0	0	4920,9	99	**4994**
Tous usages	19,6	65	5,4	18	5	17	**30**	443,3	7	749,3	12	4934,1	81	**6126,7**
Tous usages hors énergie	4,8	47	5,4	52	0,1	1	**10,3**	370,2	33	749,3	66	13,2	1	**1132,7**

Tableau 2 Volumes d'eau prélevés en 2021 par région et par type d'usage

volumes prélevés en eau en millions de m^3 (2021)	Nouvelle-Aquitaine	Île-de-France	Centre-Val de Loire	Bretagne	Bourgogne-Franche-Comté	Normandie	Hauts-de-France	Grand Est	Pays de la Loire	Occitanie	Auvergne-Rhône-Alpes	Provence-Alpes-Côtes d'azur	Corse	TOTAL
Alimentation en Eeau potable	509,5	794,8	212,1	253	275,1	261,2	389,3	423,9	283,1	573,6	639,6	592,9	47	4745,6
Usage industriel	141,4	229,3	21,7	22,7	70,4	212,6	218,5	467,3	19	116	466,8	284,3	1	2129,6
Usage agricole	482,1	15,5	223,7	5,1	11,5	7	31	78,8	144,4	598	175,9	646,2	55,6	1992,7
Production d'énergie	4993	78,6	622,8	0	0,1	0	0	863,2	865,7	199,7	12112	0	0	14742,1
TOTAL	6126	1118,2	1080,3	280,8	357,1	480,8	638,8	1833,2	1312,2	1487,3	13394,3	1523,4	103,6	23610

Tableau 3 Évolution des volumes d'eau prélevés en Nouvelle-Aquitaine de 2010 à 2021 (millions de m^3)

	Évolution des volumes d'eau prélevés (millions de m^3)											
Nouvelle Aquitaine	**2010**	**2011**	**2012**	**2013**	**2014**	**2015**	**2016**	**2017**	**2018**	**2019**	**2020**	**2021**
Alimentation en eau potable	506,8	499,4	500,8	486,6	483,4	491,9	493,3	493,5	499,3	501,5	514,2	509,5
Usage industriel	194,9	196,5	197	189,8	179,5	176,7	173,5	170,9	163,1	145	139,6	141,3
Usage agricole	702,8	624,7	706,5	590,4	448,1	671,3	718,6	512,5	583	572,1	641	482,1
Production d'énergie	4881,6	4822	4878	4747,3	4844,8	4469,6	5217	5141,4	5120,2	5173	4789,1	4994
Prélèvement tous usages	6286,1	6142,6	6282,3	6014,1	5955,8	5809,5	6602,4	6318,3	6365,6	6391,6	6083,9	6126,9

Source : banque nationale des prélèvements quantitatifs en eau, 2023.

Note : Les données sont issues des déclarations faites au titre de la redevance pour prélèvement de la ressource en eau (fixée pour un seuil de volume annuel prélevé de plus de 10 000 m^3). Les données ne sont donc pas exhaustives et comportent des estimations.

Présentation des documents

Identifier les sources

Les données statistiques présentées s'organisent en 3 tableaux, issues des données de la banque nationale des prélèvements quantitatifs en eau (BNPE), base nationale dédiée aux **prélèvements** annuels sur la ressource en eau, pour la France.

Identifier les unités de mesures. Attention, ce ne sont pas les mêmes entre les différents tableaux.

Le **tableau 1** présente les volumes d'eau prélevés en 2021 en Nouvelle Aquitaine avec comme unité de mesure le million de m^3 et ceux prélevés en France avec comme unité de mesure le milliard de m3. Il s'agit de données absolues, accompagnées de données relatives en pourcentages. Les volumes d'eau prélevés sont distribués en fonction des grands secteurs d'activité ayant l'usage de la ressource hydrique. La ressource hydrique est également subdivisée en fonction de sa source, soit issue des eaux de surface (canal, cours d'eau naturel, nappe alluviale, retenue alimentée par un forage en nappe alluviale, retenue collinaire, retenue alimentée par un prélèvement effectué dans un cours d'eau), soit issue des eaux souterraines (nappe profonde, source, retenue alimentée par forage en nappe profonde, retenue alimentée par une source), soit issues des eaux de transition dites aussi eau littorales (eaux saumâtres des estuaires et lagunes).

Lire attentivement les lignes et les colonnes

Le **tableau 2** reprend les informations statistiques présentées dans le tableau 1, si ce n'est que les données ne représentent les prélèvements d'eau en 2021 que pour les quatre grands secteurs d'activité pour l'ensemble des régions de la France métropolitaine. Le **tableau 3** offre une série diachronique des volumes d'eau de 2010 à 2021 pour la région Nouvelle Aquitaine.

Analyse

Faire des calculs pour faciliter l'analyse

Hiérarchiser les informations : des plus grandes valeurs aux plus petites

En région Nouvelle Aquitaine (**doc. 1**), les prélèvements en eau, tous usages confondus, s'élèvent à près de 6 126 millions de m^3. Il est plus pertinent de calculer la part en pourcentages que représentent les volumes d'eau prélevés par secteur d'activité. On peut noter l'importance du secteur de l'énergie qui prélève 4 994 millions de m^3, soit 81 % de la ressource hydrique. Avec 509,4 millions de m^3 prélevés, la part des volumes prélevés pour les besoins en eau potable représente 8 %. Viennent ensuite les prélèvements agricoles, évalués à 482 millions de m^3, soit 7 %. Le secteur industriel prélève les quantités d'eau les plus faibles :

141,3 millions de m^3 (2,3 % du volume total). Au regard de la nature de la ressource hydrique, la très grande majorité de la ressource hydrique prélevée est issue des eaux de transition, presque exclusivement orientée pour le secteur de l'énergie, du fait de la centrale nucléaire du Blayais dans l'estuaire de la Gironde. Si on se limite aux eaux douces continentales, il apparait que les prélèvements se font majoritairement dans les eaux souterraines, à hauteur de 63 %, mais cela cache des grandes disparités selon les secteurs, les eaux de surface étant majoritairement prélevés pour les usages industriels (75 %) et pour la production d'énergie (100 %), alors que l'alimentation en eau potable (79 %) et l'agriculture (65 %) prélèvent majoritairement dans les eaux souterraines.

Il est intéressant de comparer la situation de la région Nouvelle Aquitaine avec la situation nationale, et avec les autres régions de France métropolitaine (**doc. 2**), en ayant au préalable converti les valeurs absolues en valeurs relatives. La région Nouvelle Aquitaine présente une situation relativement similaire à la situation nationale où le secteur de la production de l'énergie prélève la plus grande part de la ressource hydrique (66 %), suivi par le secteur de l'eau potable (18,6 %). L'analyse du tableau 2 permet de montrer que cette situation n'est pas identique par toutes les régions, soulignant des disparités régionales selon l'usage dominant qui est fait de la ressource hydrique. Comme la Nouvelle Aquitaine, d'autres régions prélèvent majoritairement l'eau à destination du secteur énergétique comme Auvergne-Rhône-Alpes (90 % de la ressource), Pays de la Loire (66 %) et Centre Val de Loire (58 %), où se concentre la grande majorité du parc des centrales nucléaires du pays. Pour d'autres régions, comme Provence Alpes -Côtes d'Azur, Occitanie et Corse, c'est le secteur agricole qui prélève le plus d'eau, tandis qu'en Bretagne, Bourgogne Franche-Comté, Haut de France et l'Ile-de-France, c'est le secteur de l'eau potable qui prédomine au regard des prélèvements d'eau. Enfin, certaines régions prélèvent de manière significative l'eau pour le secteur industriel telles que la Normandie, Haut-de-France, Grand Est, l'Île-de-France et Bourgogne Franche-Comté.

→ Toujours convertir des valeurs absolues en valeurs relatives pour comparer

L'analyse du **tableau 3** permet de connaitre pour la Nouvelle Aquitaine l'évolution des prélèvements par usage de 2010 à 2021. La tendance des prélèvements en eau tous usages confondus est à la baisse, passant de 6 286 Mm^3 en 2010 à 6 126 Mm^3 en 2021. Les prélèvements liés à la production d'énergie ont une part très importante dans la répartition

→ Faire ressortir la tendance dominante

des prélèvements, représentant 81 % (4 994 Mm^3) en 2021, la très grande majorité des prélèvements se faisant dans les eaux saumâtres pour le refroidissement de la centrale du Blayais ; ils sont relativement stables dans le temps en volume, mais sont en augmentation au regard de leur part relative dans les prélèvements totaux (77 % en 2010).

En 2021, hors production énergétique, 45 % de la ressource hydrique est consacrée à l'alimentation en eau potable (509,4 Mm^3). Les prélèvements d'eau potable, après une très légère baisse entre 2010 et 2018, ont à nouveau augmenté et sont depuis 2019, supérieurs aux volumes de 2010. Sa part relative à nettement augmenter (36 % des prélèvements en 2010), dépassant parfois le secteur agricole comme en 2014 ou en 2021. Les prélèvements agricoles en 2021 représentent 42 % du total prélevé (hors secteur de l'énergie), soit 482 Mm^3. L'évolution des prélèvements pour l'agriculture est très fluctuante d'une année à l'autre car ils sont très dépendants des situations pluviométriques, plus ou moins favorables, même si on peut observer un recul relatif de la part des prélèvements agricoles depuis 2010, où ils représentaient 50 % des prélèvements. Les prélèvements des activités industrielles représentent 12 % (141,3 Mm^3) en 2021. Après une augmentation de ces prélèvements jusqu'en 2012, on observe depuis une diminution continue des volumes prélevés de ce secteur même si leur part relative reste équivalente.

Proposer des interprétations ←

Commentaire

Mobiliser des connaissances à l'appui des documents. ←

Les prélèvements désignent la quantité d'eau extraite au milieu naturel à un instant donné, qu'il ne faut pas confondre avec la consommation qui correspond à la différence entre la quantité prélevée et la quantité non restituée dans le milieu, variable selon les usages. Des prélèvements sont effectués dans les eaux de surface, les eaux souterraines et les eaux de transition pour satisfaire les usages domestiques, les besoins des activités industrielles et agricoles ainsi que de production d'énergie. En 2021, 30 milliards de m^3 d'eau ont ainsi été prélevés en France. La production d'électricité est le secteur qui utilise les plus grandes quantités d'eau (près de 65 % du total prélevé et 59 % des eaux douces) essentiellement pour assurer le refroidissement des centrales thermiques de production d'électricité (nucléaires ou à flamme), en excluant les quantités mobilisées pour le turbinage des barrages hydroélectriques, qui sont bien plus

Mobiliser des connaissances à l'appui des documents. ←

importantes. L'alimentation d'eau potable a utilisé 5,6 milliards de m^3 soit environ 18 % du total prélevé. L'industrie et l'irrigation occasionnent des prélèvements comparables, autour de 2 milliards de m^3. Ces prélèvements se font en majorité dans les eaux de surface (65 %), sauf pour l'eau potable pour laquelle le recours aux eaux souterraines est fréquent, étant généralement de meilleure qualité. Les prélèvements d'eaux saumâtres représentent 17 % des prélèvements, destinés presque exclusivement à la production de l'énergie (98 %).

En Région Nouvelle Aquitaine, Les prélèvements sont préférentiellement réalisés dans les eaux de transition à hauteur de 80 %. On constate que le poids du secteur de l'énergie sur les prélèvements d'eau est largement au-dessus de la moyenne nationale due à l'exploitation des eaux de l'estuaire de la Gironde pour la centrale nucléaire du Blayais qui prélève à elle seule près de 4,9 milliards de m^3. Ces 10 dernières années, la tendance des prélèvements pour ces différents usages est à la baisse. Cette évolution reste toutefois très dépendante des conditions climatiques et des pratiques de production, notamment agricoles. La situation de 2021 apparait exceptionnelle puisque c'est la seconde année sur la période étudiée que les prélèvements agricoles sont inférieurs aux prélèvements pour l'eau potable. En effet, la Nouvelle Aquitaine est une région agricole où le secteur des grandes cultures (céréales, oléagineux) est puissant et où l'irrigation se pratique sur de grandes surfaces de production. On peut faire l'hypothèse que la diminution régulière des volumes prélevés du secteur industriel depuis 2014, est due à l'amélioration des techniques de prélèvement mais aussi à une baisse de l'activité.

Mobiliser des connaissances à l'appui des documents.

Les documents re rendent pas compte des dynamiques temporelles des besoins en eau et de la ressource hydrique disponible, ceux-ci variant au cours de l'année, pouvant créer des situations de tension non saisies avec les seules données de la BNPE. À la question de la quantité de l'eau, s'ajoutent également les problèmes de qualité de l'eau, qui peuvent rendre impropre aux prélèvements des ressources pourtant disponibles. La question des prélèvements de la ressource hydrique est d'autant plus cruciale que cette ressource certes renouvelable est impactée par les effets du changement climatique.

Proposer éventuellement des limites au document et conclure avec d'autres perspectives.

Graphiques proposés pour la Nouvelle Aquitaine

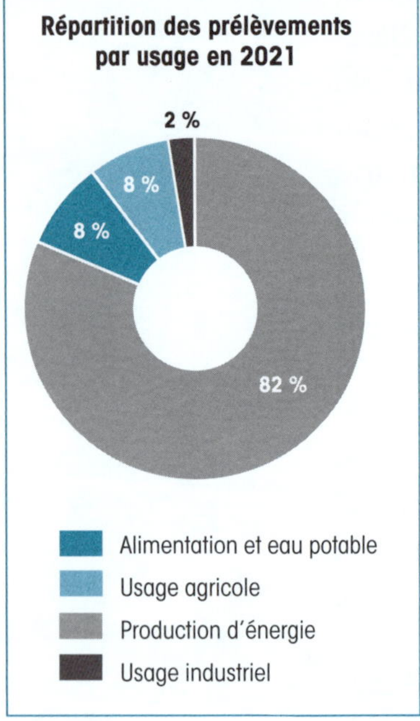

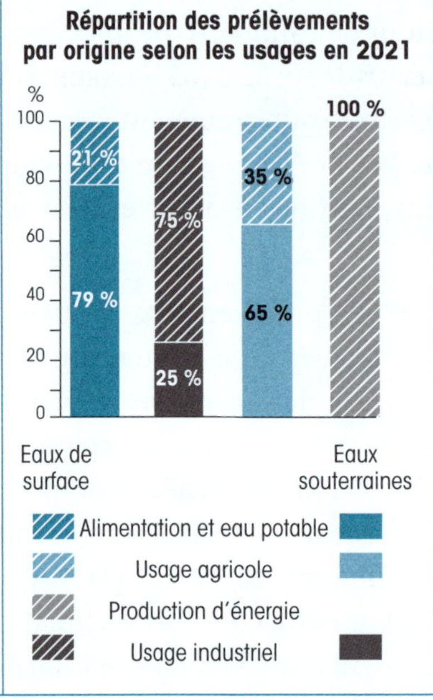

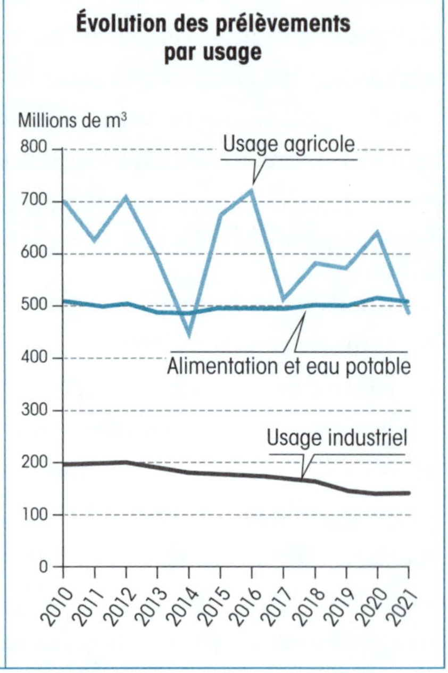

Accompagner le commentaire de graphiques

INDEX

A

B

C

D

E

F

G

H

I

J

K

L

M

N

O

P

Q

R

T

U

V

Avec les contributions de :
Éloïse Libourel (méthodes du croquis de synthèse et du commentaire de carte topographique)
Pascale Nédélec (méthode de la dissertation)
Christophe Quéva (méthode du commentaire de statistiques)

26,90 €

264009 - (I) - OSB 80° - PMS 312U - SOF - MSN
Dépôt légal : février 2025
Imprimé en Espagne par Unigraf S. L.